U0208428

绿色发展理念下生态城市空间建构与分异治理研究

Spatial Construction and Differentiation Governance of Eco-City under the Concept of Green Development

◎ 孙 颖／著

西安交通大学出版社
XI'AN JIAOTONG UNIVERSITY PRESS

图书在版编目（CIP）数据

绿色发展理念下生态城市空间建构与分异治理研究／孙颖著 . —西安：西安交通大学出版社，2022.3

ISBN 978-7-5693-1989-7

Ⅰ．①绿… Ⅱ．①孙… Ⅲ．①生态城市－城市空间－研究 Ⅳ．① X21

中国版本图书馆 CIP 数据核字（2020）第 249970 号

书　　名	绿色发展理念下生态城市空间建构与分异治理研究	
著　　者	孙　颖	
责任编辑	张瑞娟	
责任校对	于睿哲	

出版发行	西安交通大学出版社
	（西安市兴庆南路 1 号　邮政编码 710048）
网　　址	http://www.xjtupress.com
电　　话	（029）82668357　82667874（发行中心）
	（029）82668315（总编办）
传　　真	（029）82668280
印　　刷	湖南省众鑫印务有限公司

开　　本	710mm×1000mm　1/16　印张　16　字数　251 千字
版次印次	2022 年 3 月第 1 版　2022 年 3 月第 1 次印刷
书　　号	ISBN 978-7-5693-1989-7
定　　价	98.00 元

如发现印装质量问题，请与本社发行中心联系调换。

孙　颖　湖南长沙人，生态学博士后，硕士生导师。湖南省青年骨干教师，湖南省优秀创新创业指导教师，拥有近8年海外留学、进修与工作经历，精通英语、俄语。现任职于中南林业科技大学，担任"湖南省商务厅跨境电商发展专家师资库"特聘专家，湖南省普通高等学校哲学社会科学重点研究基地"生态经济与绿色发展研究中心""农林经济管理研究中心"以及"全国教育系统社会稳定风险研究评估中心"等多家科研机构专家级科研人员。长期从事区域生态一体化、城市治理与生态经济管理等方面的教学与科研工作。现主持省部级各类科研项目5项，参与国家级科研项目2项、省部级科研项目3项、校级项目多项；近5年，发表SCI、CSSCI、CSCD、北大核心等高质量科研学术论文7篇，发表国家级、省级教学教研期刊论文多篇。个人所获各类荣誉成果累计达39项，其中国家级奖项9项、省级奖项15项，多项研究成果得到各级领导的肯定性批示，科研与教学成果显著。

前　言

　　城市是人类生存之地、发展之基。生长和发展于城市的人们，也创造着城市。人类与自然的和谐共生是城市发展的永恒主题。但自进入工业社会以来，工业生产的高速发展与人口的激增，导致人类对生态资源的掠夺逐渐超出了城市的承载能力，资源枯竭、生态破坏、环境恶劣等一系列城市化问题不断凸显。在全球城市化进程不断加速的今天，城市空间建构与城市空间分异治理等问题已成为当代自然与社会科学家们所面临的一个巨大挑战。如何合理建构城市居住空间、规划城市公共空间、治理城市空间分异，以及促进城市不同阶层居民间的交往与融合，均成为当代城市发展过程中急需探讨与解决的热点问题。

　　英国前首相温斯顿·丘吉尔（Winston Churchill）有一句名言，多年来一直影响着城市空间建构的发展："我们塑造了我们的家园和住所，反过来我们塑造的环境也在影响着我们的生活。"绿色生态空间作为当代城市空间建构的重要组成部分，随着城市经济化进程的加速而不断恶化。高密度的商业中心与居住区域不断侵占着城市中的绿色空间、景观地带与生态环境，导致了大气污染、温室效应等一系列环境问题。近年来，加速推进的城市化进程与绿色、生态、宜居空间的矛盾不断加剧，促使对低碳生活、生态城市与人居环境的研究日益增多。目前，调节区域生态平衡，改善生态环境质量，构建和谐、宜居的生态城市空间，已成为现代城市研究的主旨所在。

　　绿色发展理念是以和谐、共生、效率、创新、协调、开放、共享与可持续发展等为目标的一种社会经济增长和发展方式。自改革开放以来，我国已步入工业化与城市化快速发展阶段，取得的成绩令人瞩目，为全球经济增长、社会发展贡献了巨大的力量。与此同时，城市快速发展过程中所产生的分异治理问题逐渐显现。生态环境的持续改善不仅可显著提升人类的生活质量，更可促进区域经济发展。绿色发展理念强调对生态资源的综合利用效率，倡导改善生态资源利用结构、研发绿色发展技术、引导社会经济结构绿色化转变以及建构生态城市，在守护生态环境的基础上，实现在有限的生态环境资源下社会经济效应的不断提升。

本书基于绿色生态发展理念与生态宜居空间的视角，阐述了当代城市空间建构的过程与面临的具体问题，并系统探索与研究了城市空间建构的本源、动因、现象、表征以及治理问题，为生态城市的建构指明了方向。本书从人类最根本的需求开始研究，探索了城市空间建构的动力、过程、分配以及分异等问题。这不仅有助于我们更加深入地了解生态城市空间建构的真实内涵，更有助于我们有效地解决因城市空间分配不均所导致的种种冲突和矛盾。在此基础上，本书提出了具有针对性的生态城市空间建构与治理路径，为人类建构合目的性、合规律性的宜居生活空间与生态城市，提供了实质性的帮助。

本书主要从以下 8 个方面进行阐述：

（1）从生态城市空间建构的基础拉开序幕。城市空间建构的基础源于人类对城市发展的基本诉求，是自然空间的规律性、社会空间的意识性、历史空间的统一性三者的完美融合。空间建构的实质在于利益分配，而利益分配与城市空间分异之间具有很强的关联性。

（2）绿色宜居与生态城市空间的内涵解读。本书从绿色宜居与生态可持续发展的视角出发，结合人的自然性与城市空间形态的生态宜居性，以及人的社会性与城市空间功能的生态经济性，归纳出生态城市空间建构的基本要素，为城市空间建构奠定基础。

（3）生态城市空间建构的核心原则。本书全面归纳出"以人为本""分配正义""统一建构"是指导城市空间建构的三大核心原则，指出应始终将其贯彻于空间规划的思想之中。

（4）本书从原始部落、封建城池、市民社会、工业城市、智慧城市等城市发展的 5 个主要阶段出发，结合不同时期的空间发展形态与结构，归纳出"生产力发展直接影响城市空间演化进程"这一论断。

（5）本书通过考察资本、权力、政治与阶级斗争的关联度，识别、解析出城市空间分异产生的原因与具体表征。

（6）基于上述分析，本书在城市空间演化的过程中，通过解析阶层分化对城市空间分异所产生的影响以及空间隔离与当代城市空间分异的具体表现，切入当代城市空间分异治理这一城市治理难题。

（7）在治理城市空间分异的路径选择上，本书归纳出"多元主体共识"是城市空间分异治理的核心主旨，指出"族群融合—混合居住—公众参与"是城市空间分异治理的基本路径。

（8）最后，本书展望了未来城市的发展趋势，将未来智慧生态城市的发展方向引入当代城市空间建构。通过探寻生态、能源、自然与人类等的联动、融合、共生、互动等关系，指出"绿色、生态、智慧"的共生城市自组织发展模式是未来城市发展的新趋势，并以新加坡为例进行了验证。最终，完成了绿色生态发展理念下的生态城市空间建构与空间分异治理研究。

简而言之，全面建设生态文明必须从治理生态城市入手。生态城市建设不仅是社会发展的必然趋势，更是一种"共赢"的城市治理模式。这不仅契合我国发展的基本国策，更是治理资源恶化问题、化解经济与生态矛盾的有效途径。生态城市与宜居空间不仅满足了人类不断发展的现实需求，更是人类全面自由发展的保障。生态城市与宜居空间符合自然界发展的客观规律，是城市可持续发展的必要条件。在某种程度上，生态城市与宜居空间推动着社会阶段的发展进程。本书与近年来我国大力倡导的绿色发展理念与生态文明思想相契合，从绿色生态发展理念的视角审视了现代城市空间建构与其快速发展过程中所产生的分异现象，可为实现人类社会的发展进步和生态系统的平衡提供有助益的借鉴。

孙　颖

2020 年 6 月

目　录

第一章　绪　论

　　空间问题历来是哲学、社会学、地理学、管理学等众多学科讨论和关注的热点领域之一。自古希腊亚里士多德提出"空间的相对性和有限性"开始,对于空间的讨论和研究就进入了人们的视野之中。自改革开放以来,我国经济建设取得了重大的成就与发展,国民经济步入工业化和城市化快速发展阶段,人口不断向大城市聚集,一批特大城市与超大城市就此产生。据统计,2017 年年末,我国城镇常住人口占总人口的比重已达 58.52%。我国常住人口超过 500 万的特大城市已达 17 座,其中常住人口超过 1 000 万的超大城市已有 4 座。特大城市的高速发展促使大量产业与企业不断聚合,形成了以特大城市为中心的创新资源最集中、创新人才最密集、创新活动最活跃以及财富最密集的区域,不断推动着全国经济向前发展。值得注意的是,快速发展的城市化进程导致城市居住人口与居住空间、社会配套、功能规划之间存在着日益凸显的巨大压力。因此,根据居民的生活需求,合理建构、规划相匹配的城市空间,建构更加适合人类居住与发展的绿色、生态、宜居空间的时代诉求尤为急迫。这其中所包含的旧城区的更新、新城区的建设以及新旧空间衔接所导致的城市空间分异等一系列社会现实问题,已成为现阶段城市治理必须面对的难题与痛点。在此背景下,基于居民生活需求,特别是基于绿色生态发展理念与宜居空间视角,对城市空间建构与城市空间分异治理问题进行系统梳理与归纳,亦成为一个急需探讨与研究的重要领域。

第一节　问题的提出与研究的价值和意义

一、城市空间问题的提出

近年来，我国城市化进程不断加速。据预测，到 2060 年，我国城市化水平将从 2017 年的 58.52% 上升至 70.1%，届时将有超 10 亿人口居住在城市，其中特大城市、大中城市的居住人口总量将攀升至 9 亿人口之众。城市便利的生活条件与完善的配套设施，不断吸引着大量人口涌入城市来发展与生活；反过来，人口的迁移与增长又不断促进城市化进程的飞速发展。但正如"二律背反"一样，在经济社会发展的同时，社会中也潜伏着巨大的危机。资本、土地、技术与权力等一系列社会关系因素交集在城市这一有限的空间中，人口贫富差距加大，城市空间分异现象日益凸显①。

可以说，城市空间分异的概念源自空间异化。空间异化指的是不同阶层、不同特性的居民聚集在城市不同的空间范围里，从而形成了一种具有共性的亚文化现象，进而形成了不同的城市居住社区。城市正是由不同的居住社区组成的，居住社区的同质聚集促使社区分化现象的产生，并直接影响着城市的发展进程，是极具两面性的。从积极意义而言，不同阶层的居住分化可以增强空间的自我调控功能，有助于提高空间区域效率，分别满足不同群体的差异化需求，进一步推进城市空间区域化功能的完善。从消极意义而言，这一现象的产生导致区域持续性分隔与隔离，从而产生城市空间分异现象，由此带来一系列的社会问题，为城市的和谐发展埋下了隐患。

首先，城市空间分异体现在地理层面上，造成不同区域间公共资源分配不均。不同区域内居住阶层的不同，造成资本投入程度的各异，如公共教育资源、医疗资源、景观资源、交通资源等分配不公，均会进一步加速城市的阶层分化。其次，

---

① "城市空间分异"概念解析：由于种族、贫富、文化、教育等方面差异所致的社会不同阶层的居民居住在不同的城市空间区域中，导致其居住的空间不断分离与同类聚集，逐渐使整个城市呈现出一种居住分化或者是相互隔离的状态。

城市空间分异体现在社会层面上，阻碍了社会各阶层间的群体交往，并逐渐造成了群体间的冷漠与抗拒，从而加剧了社会各阶层之间的冲突与矛盾。法国影响巨大的"城市革命"、美国频发的枪击暴力事件、2019年震惊全球的新西兰枪击案，均是阶层分化矛盾带来的严重后果。地理空间结构隔离与社交心理情感隔离，均为和谐城市进程中的主要障碍，如不有效治理将制约城市的发展。

简而言之，空间异化更侧重于人与空间的关系，是人与人的关系的一种折射；城市空间分异则是一种现象，一种侧重于空间结构分化与隔离的具体城市现象。城市空间分异更侧重于反映空间异化导致的结果，是一种城市空间结构的不平衡，而这种不平衡的空间结构又影响着人与空间的关系。本书通过探究城市空间建构的过程以及空间分异形成的本源、动因与过程，力图基于绿色生态发展视角，为治理城市空间分异问题梳理出清晰的脉络，以期为和谐城市的发展提供一些有效的借鉴与启示。

二、研究的背景与价值

经济的高速发展、工业的不断创新，不仅推动着城市的不断扩张，更影响着财富的区域聚集和阶层的不断分化。人民对美好生活日益增长的需求与区域发展不平衡、空间资源分配差异化之间的矛盾日益凸显。社会空间结构转变造成了城市空间结构的失衡。城市空间随着生产力的发展与经济结构的改变而不断演化、转变、分化，进而产生分异、失衡、再重构。目前，城市空间分异已成为影响城市居民居住幸福感的重要因素之一。

2016年2月，《中共中央 国务院关于进一步加强城市规划建设管理工作的若干意见》明确指出，应"完善城市公共服务……健全公共服务设施。坚持共享发展理念，使人民群众在共建共享中有更多获得感。"在此思想指导下，北京、上海、广州、深圳、重庆等特大城市分别积极开展了新一轮城市总体规划，旨在为居民创建更具幸福感的城市空间体验。在此背景之下，如何合理建构居民生活空间、合理规划城市公共空间、正确对待城市空间分异负面影响的出现，以及促进城市不同阶层间的交往与融合均成为城市和谐发展急需解决的基本问题，因此对城市空间建构与城市空间分异治理进行全面研究，可推动城市和谐发展，满足人类不断增长的对美好生活、和谐生活的现实需求。

生态兴则文明兴，生态衰则文明衰。人与自然的和谐共生关系反映出良好的生态环境对人类社会发展的巨大影响。绿色宜居与生态空间构成的生态城市，是人类、社会、自然协调且具有可持续性的良性城市状态。生态城市的提出不仅能解决资源恶化对城市发展的瓶颈制约，而且契合生态城市绿色可持续发展的要求，与现今"金山银山不如绿水青山"的生态城市思想不谋而合，是真正实现人与自然和谐共处的理想方式。党的十八大报告要求把生态文明建设发展成为新时期科学发展观的有机组成部分，并将其贯穿于经济、政治、文化和社会等实际的建设过程当中。党的十九大报告强调，坚持人与自然和谐共生，建设美丽中国。由此可见，城市建设是经济、政治、文化、社会和生态建设的统一体。全面建设生态文明必须从治理生态城市入手。生态城市建设不仅是社会发展的必然趋势，更是一种"共赢"的城市治理模式。这不仅契合我国发展的基本国策，更是治理资源恶化问题、化解经济与生态矛盾的有效途径。其具体研究意义如下：

（1）生态城市与宜居空间不仅满足了人类不断发展的现实需求，而且更是人类全面自由发展的保障。城市的存在不在于其物质形态的辉煌，而在于其是否能够满足人类不断发展的需求。这是生态城市研究的首要目的与意义。马克思提出的人的全面自由发展，指的是人的体力与智力双方面的全面、自由、和谐发展。这代表着城市建构不仅包括对人类物质生存空间的建设，也包括人与自然的和谐共生。如此才能真正实现人的全面自由发展。这与社会主义发展目标完全一致。

（2）生态城市与宜居空间符合自然界发展的客观规律，是城市可持续发展的必要条件。城市空间虽是人类对自然空间主观能动改造的成果，但自然空间的客观发展规律是无法忽略且必须遵从的。在城市空间建构的过程中，有太多人类因违背自然空间发展规律而受到自然惩罚的例子，比如空气污染、温室效应、冰山融化、水源污染、沙尘肆虐等。如今的"还耕于林""雾霾治理""金山银山不如绿水青山"与"生态城市"等理念的提出，均体现出城市发展只有符合自然界发展的客观规律，才能可持续发展。历史上消失的曾经盛极一时的城市，如楼兰古城、约旦的佩特拉城、洪都拉斯的失落之城等，或多或少都是因为人类对自然环境的破坏，毁灭了城市可持续发展的可能，才消失在历史的长河中。

（3）在某种程度上，生态城市与宜居空间促进着社会阶段的发展进程。由远古至今，人类已经历了原始社会、奴隶社会、封建社会、资本主义社会，现正在由资本主义社会发展到共产主义社会的进程中，不断努力前行。共产主义社会是马克思所畅想的没有剥削、没有阶级、没有异化，能够真正实现人的全面自由发展的理想社会，是人类意识的最高级阶段。对共产主义的追寻，可以说是共产党人与全人类不断追寻的一种信仰，也是人类社会进化的最终目标。这一切的实现都离不开生态城市的有效建设。只有人与自然的和谐共生才能促进社会的正常发展，否则自然界的毁灭将使这一切戛然而止。

三、研究的现实意义

首先，本书系统梳理了城市空间建构的本源、动因、现象、表征以及问题治理。全书从人类最根本的需求开始研究，进一步探索了城市空间建构的动力、过程、分配和分异，有助于我们更加深入地了解城市空间建构的真实内涵，有效解决因城市空间分配不均所导致的各种冲突和矛盾，为人类建构合目的性、合规律性的城市空间提供实质性的帮助。

其次，本书深度揭示了城市空间分异造成的消极社会影响，能够帮助城市公共管理人员正确认识由城市空间隔离所带来的一系列具体社会问题，有利于和谐社会的建构与国家生态文明建设。虽然从理论上而言，城市空间结构的分化具有提高空间效率的积极意义，但城市空间分化带来的空间分异对社会的影响是全面性的，不仅包括地理层面的结构影响，更涉及社会、社交、人文、意识等各个方面。当今社会，阶层分化带来的群体交往隔离与心理冷漠，如不适时治理，将进一步形成对抗与矛盾，加剧社会矛盾的产生。笔者期望本书的研究成果进一步促进人类正确认识城市空间分异，加强对空间分异治理的重视。

最后，本书归纳出城市空间分异的治理原则与治理路径，可指导城市治理条例、城市规划方案、社区治理计划等的实施工作，真正发挥城市"人的属性"，增强城市居民的幸福感。同时，本书能有效地为新城区规划、旧城区改造、新旧城区联合区域衔接、城郊扩张等现实问题提供有效指导，对消除城市地理空间失衡，提高居民的幸福感，促进城市整体、健康、共生的发展，为未来智慧生态城市的构建，提供一定的借鉴与启示。

第二节　国内外研究现状

在西方，空间"space"一词源于拉丁文"spatium"，原意指区域、距离和时间的延伸。德语中，空间"raum"是一个哲学概念。但当德语的"raum"被译为"space"后，便失去了原有的哲学含义[1]。"space"在《牛津词典》的释义中，除了空间和场所外，还具有人类聚集的公共空间含义[2]。这些均充分表明了空间不仅仅局限于物质形态，还包括人的主观感受和心理认知。因此，空间不仅仅指物质空间，更是人化的理想场域。对于城市空间建构的研究，国内外学者主要从以下几个角度对其进行了系统的阐述。

一、国外研究综述

（一）城市空间建构的"人本主义"

早在古希腊时代，对城市空间的研究就已经进入了西方学者的研究视野当中。柏拉图在其《理想国》中提出，理想社会就是不同等级的人各司其职、各守其序、各得其所[3]。他强调这就是一种正义，在人类社会中居住在城邦中不同等级的人，由于级别不同，所享受的待遇也不同，其中就包括对空间的占有。这也许就是城市空间分配研究的最早起源。在现实社会生活中，我们不难发现，财富越多、官职越高的人，其居住空间往往相对越大。随后，亚里士多德提出平等就是正义，正义可分为"数量相等"和"比值相等"。数量相等指的是平均的正义，是指在平等的个人之间，各人所得在空间数量和容量上都是均等的。比值相等指的是分配的正义，是指在不平等的个人之间，根据各人的价值和贡献不等按比例分配与之相等的空间所得[4]。法国学者福柯不止一次提出"空间是任何公共生活形式的基础，空间是任何权力运作的基础"[5]。德国学者海德格尔曾说过空间是"人，诗意的栖居"的场所。这体现了城市空间不仅仅是一个物质空间，更是人类的一种理想的栖息场所。法国思想家列斐伏尔所提出的"韵律"，是指城市空间在任何情况下，均是场域、时间与精神互相作用的过程[6]。这揭示了空间与人的紧密连接性，城市空间的研究始终不能与人相分离。

随着生产力的不断发展与进步，城市开始不断更新与扩张并衍生出一系列空间问题。马克思与恩格斯关于空间的概念是在其人性观的基础上延伸与思考而来的。他们认为空间作为一种物质空间，应从人的需求出发，而不是空间支配人所导致的异化。马克思从人的二重性——自然属性和社会属性出发，对人性进行了全面的分析，提出从"类"的层面分析人性，归纳出"人的本质其实是一切社会关系的总和"等一系列论断。对于人的自由和全面发展要通过什么得以实现，马克思认为，通过人类必将达到的共产主义将实现这一终极目标。在实现这一终极目标的过程中，城市空间问题必须予以重视，并加以解决。在《1844年经济学哲学手稿》《共产党宣言》《资本论》和《政治经济学批判》等一系列的著作中，马克思对资本主义社会的城市化问题做出了系统阐述，并讨论了城市空间分配问题对于城市发展和人类生存的重要性。恩格斯在《论住宅问题》中指出，"一切历史时代的被剥削者，几乎都无例外地遭受到住宅缺乏的威胁"[7]。在恩格斯看来，城市居住空间是人类生存的基础，资本主义社会对工人阶级在住宅空间上的剥削和异化，是不符合人类发展规律的，终将被历史的进程和无产阶级革命所消灭。

自此，西方学者开始普遍关注城市空间问题。法国思想家列斐伏尔指出，城市是人类生存和栖息的必要场所，正因为城市空间的有限性和不可或缺性，空间分配才变得极其重要。列斐伏尔从政治经济学的角度和观点出发，对资本主义城市空间做出了批判。他认为城市空间在社会生产关系中承担着非常重要的角色，是生产力发展中不可忽略的一个必要元素。他从人的社会属性出发，进一步论证了城市空间的社会属性和复杂性。"空间从来都不是空洞的：它往往蕴含着某种意义。"[6]通过这种独特的意义，他将空间划分为感知空间、想象空间以及生存空间。随后，列斐伏尔在《空间与政治》一书中，重新定义了城邑与都市，并运用乌托邦理论研究了城市与空间的社会机制。他从城市政治环境、社会阶级与城市空间分配的关系出发，研究和探讨了政治、社会、人文因素在城市规划中所起的作用。基于此，他对欧洲社会在第二次世界大战后的空间重组提出了宝贵的意见，即著名的"空间生产"理论。

英国著名人文地理学家大卫·哈维教授继承了先贤对空间的思考，同时也指出先贤们对"空间"问题并没有真正地展开。他指出："马克思经常在自己的作品里接受空间和位置的重要性，但是地理的变化被视为具有不必要的复杂性而被排除在外。"[8] 大卫·哈维继承了先贤们指出的城市空间中人的属性，并明确了其重要性与意义。随后，在 1973 年出版的《社会公正与城市》（*Social Justice and the City*）一书中，他不止一次强调，空间是关系和意义的集合，是随着历史的发展和变化不断改变的；空间不仅仅具有其物质形式和物质内容，更是人类社会关系的集合，体现出人类对美好生活的一种诉求[9]。可见，城市空间是具有人的属性的，是人类最基本的伦理诉求。人类如想达到理想中的美好生活状态，首先必须关注"人的空间"的构建问题。其后，在他 1985 年所出版的《资本的城市化》（*The Urbanization of Capital*）一书中，大卫·哈维教授又论证了忽略"人的空间"而只注重资本的城市化所带来的种种弊端，彰显了城市中空间公平和分配的研究意义与重要性[10]。

（二）城市空间建构的"分配正义"

西方后现代学者米歇尔·福柯曾不止一次提出"空间是任何公共生活形式的基础""空间是任何权力运作的基础""当今时代或许应是空间的纪元"[11]。他归纳出"空间—知识—权力"的三元辩证法，强调人类对于空间的认识必须与权力和知识联系在一起。空间不再是单纯的物质空间，而应是空间、权力、知识的集合。在福柯看来，城市不仅是空间与人的交集，更是空间与权力的交集，而权力分配与空间的分配紧密相关。

对于空间正义与分配正义的最早追溯，可体现在柏拉图理想国中的"身份与空间"相匹配的正义。城邦中不同身份的人（哲人、王、军人、武士等卫城者，以及农商等手工艺者）处于不同的等级，而这种等级的建构是严格按照几何学对城邦空间结构进行划分的[12]。可以说，这种符合几何学的身份与空间结构对应的关系体现着一种空间分配正义。又如，乌托邦卫城中将空间平等划分为 12 个，体现出空间与人人平等思想的启蒙，更代表着空间分配正义的初始阶段。19 世纪，霍华德提出的"田园城市"思想中也融入了空间正义的思想。他试图从分配正义的角度，对城市不同功能区域及社区进行平衡，形成一个有机一体的理想家园。

城市空间建构作为一个多元性的复杂问题，始终受社会机构运作以及政治、权力等因素影响。古希腊学者亚里士多德提出"人类在本性上，也正是一个政治动物"的观点。法国思想家列斐伏尔提出了空间政治学的概念，即空间的阶级对立与权力支配，断言空间的存在始终具有政治权力的导向性。虽然空间看似是一种客观存在的、不具有任何立场预设的物质存在，但就其本质而言，空间是具有政治性的。尤其明显的是政治权力对于空间的操纵，揭示着阶级的分化与空间分配的不均[13]。显然，将政治性与空间生产联系在一起是列斐伏尔的重要理论贡献，并由此开启了空间与政治文化研究的先河，引导着人类将分配正义的理念融入城市空间建构的研究当中。

德国著名社会学家哈贝马斯在《公共领域的结构转型》中，大量讨论了欧洲社会中公共领域的发展与变迁，揭露了资本主义社会对民众的专制和压榨，以及由此引发的公共领域和城市空间分配不公所导致的空间异化。公共领域（public sphere）是指一个国家和社会之间的公共场所，政治体制改革对城市空间和公共领域具有一定的影响性与制约性。城市空间的公平分配应突破社会政治因素的制约，从而促进公共领域的有效转型[14]。正如前文所述，法国社会学家列斐伏尔在《空间与政治》一书中，重新定义了城邑与都市，并运用乌托邦理论研究了城市与空间的社会机制。从城市政治环境、社会阶级与城市空间分配的关系出发，他研究和探讨了政治因素在城市规划中所起的作用[15]。由此可知，空间与政治本身就是一对双生因子，在探讨空间公平问题时，空间公平与政治因素的关联性毋庸置疑。

分配正义是城市空间建构的核心议题之一，权力与阶级对城市空间分配产生了显著影响。在一定程度上，人类对空间的占有体现了权力的差距。在城市空间分配的过程中，空间的聚集促使工人在共同工作生活的区域不断聚合，并产生思想意识的觉悟，最终通过阶级斗争的方式实现空间的分配正义。近代以来，对城市空间分配影响最深的正义观来源于美国学者约翰·罗尔斯1971年所著的《正义论》："正义的主要问题……是社会主要制度分配基本权利和义务，决定由社会合作产生的利益划分方式。"[16] 正义应是社会构建的基本原则与基本结构。罗尔斯详细叙述了正义的两个原则：平等原则与差异原则。罗尔斯提出的这两个原则为城市空间的分配提供了有效的理论支撑。从封建专制社会向民主社会发展是社会发展的必然趋势。随着人们的民主和人权意识的显著增强，城市建设与规划须考虑民众私有空间的权益已成为常态。进入现代社会以来，分配正义已成为当今社会空间与城市空间构建的主旨议题。

（三）城市空间建构的"市场规律"

空间分配问题与市场经济因素同样是紧密相关的。市场与空间分配不公的典型表现为，用现代化大工业城市来代替从前自然成长的城市。资本在城市空间不断聚集的过程中迅速自我累积、自我扩张，从而给空间带来了盲目性毁灭，最终形成空间资本化。由空间资本化带来的显著问题是，空间成为资产阶级控制与剥削无产阶级的另一主要手段和方式。英国学者哈丁（Garrett Hardin）曾提出"公地悲剧"的观点，揭示了个人在复杂的社会环境中的行为导致未受规范的公共资源恶化而枯竭的悲剧[17]。哈丁的研究使人们开始更多地考虑城市公共空间的治理之道。美国经济学家奥斯特罗姆（Elinor Ostrom）在该理论的基础上，提出了自主组织和治理公共事务的创新制度理论。他指出，可通过自治组织来管理公共资源和空间，提高城市空间管理的效益，增强市场调控的有效性[18]。

现今复杂的城市公共空间治理，不能单单依靠政府管控，还需依赖市场的有效调控。美国学者布坎南（James M. Buchanan）提出的"政府失灵论"和科斯（Ronald H. Coase）提出的"经济学中的灯塔"均显示，公共部门在提供公共物品时趋向于浪费以至滥用资源，而政府干预下的设施配置并不总是那么高效[19]。因而，责任和义务的再分配模式，也就是政府管控和市场调控相结合的模式浮出了水面。1999 年，3 名著名经济学大师藤田昌久（Fujita Masahisa）、保罗·克鲁格曼（Paul Krugman）与安东尼·J. 维纳布尔斯（Anthony J. Venables）合作出版《空间经济学：城市、区域与国际贸易》一书。该书紧紧围绕资源的空间配置和经济活动的空间区位问题展开，引起了全球学者的广泛关注，使空间经济学成为当代经济学中最炙手可热的领域之一。其核心观点是用城市模型来阐述经济活动和经济演化过程是如何促使城市结构以及城市空间生成的。该理论以冯·杜能提出的"孤立国"为起源，将城市定义为制造业的集聚地，而其四周被农业腹地所包围；然后，逐渐增加的经济产业使农业腹地的边缘与中心距离逐渐扩大；当达到一定程度时，某些制造业会向城市外迁移，导致新城市的形成。经济演化过程可看作是市场潜力与经济区位共同作用的结果，是促使新城市形成的决定性因素之一[20]。在新城市形成的过程中，空间分配与建构受制于资本流动和市场这只"看不见的手"的把控，平衡这两者之间的关系就变得尤为重要。

城市经济学对空间要素的关注形成了一个全新的视角，表现为如何有效地平衡空间分配与市场关系这两大因素。许多学者都希望能够在城市空间公平以及市场调控与市场规律之间找到一个相对的平衡点。这反映在新制度经济学对经济组织和制度结构中交易成本和产权关系的思考上，从不同侧面为公共空间的经济学分析提供了一些新的理论立场，如将"效率与公平"作为有效的衡量工具，为城市空间分配与资本流动提供了依据；围绕经济供需曲线和统计模型数据所展开的实证分析，不仅能提高公共空间资源配置的效益，也能增强公平分配的有效性；为城市空间分配与市场调控的平衡性提供了大量有效的数据支撑。

（四）城市空间建构的"价值取向"

美国伊利诺伊大学的塔伦（Emily Talen）教授认为，城市空间建构中公共资源的空间分布与个人居住空间的分配，直接影响着公共福利分配与城市居民的幸福感，实现公共资源和服务分配的公平应是城市规划的首要目标之一[21]。美国学者迈克尔·迪尔（Michael J. Dear）进一步指出，人们可把城市化理解为国家与市民社会之间对立统一关系的产物。[22]对于城市空间的建构与规划，政府不仅应发挥空间规划与开发的职能，更应以居民的幸福感为价值导向，对城市空间进行合理的规划。

纵观西方空间规划的历史，不难发现西方早期的城市空间规划与分配，主要是以神权、君权、父权、宗教思想等价值导向为基础，往往以宗教寺庙、神庙或人口聚集的经济集中体为城市空间规划的中心。从 19 世纪中后期开始，从以宗教、权力为价值导向转向了以"人的空间"为价值导向，具体表现在对城市公共空间内部结构的系统规划，但更关注建设规划的视觉领域与人类感知。奥地利建筑师卡米洛·西特（Camillo Sitte）致力探讨真正被大众所喜爱的城市空间模式，强调城市空间规划应是自由灵活的设计，是建筑之间的融合与辉映，而不应该是教条主义的呆板呈现，应着重突出人类的喜好与价值取向 [23]。在他之后，美国建筑师沙里宁（Eero Saarinen）、英国著名建筑师和城市设计师吉伯德（F. Gibbard）等，均致力研究城市空间的灵活性以及视觉审美，本质上是关注城市的"人性化规划"。他们更关注的是城市物质资源如何通过规划更有效地进行组合优化，但对如何通过规划实现空间资源的合理分配，研究明显不足 [23]。英国的埃比尼泽·霍华德（Ebenezer Howard）率先提出田园城市的设想，并在解决城市问题的方案中，提出了有关城市与乡村空间公平分配的具体实施建议，但这更多地体现了人类对理想社会的一种向往与诉求。美国学者雅各布斯（Jane Jacobs）通过对其心目中的理想模式——纽约格林威治村的细微观察，详细调研了城市在真实生活中的运转方式，提出保有城市空间安全感和活力的基本规划准则 [24]。柯林·罗（Colin Rowe）通过对"图底关系"的强调，展开对现代城市空间设计的批判。在《拼贴城市》中，现代城市空间的困境被形容为"实体的危机"和"肌理的困境" [25]。这种由城市空间所营造的"场所感"，不仅是人类情感与空间的互动，更是验证与体现人类情感的主要手段。这些均体现了人类对空间的价值诉求。

美国学者迈克尔·迪尔通过对洛杉矶城市规划的解析，来探讨什么是理想的后现代城市空间规划。他通过对空间本体论、空间认识论和空间生产论的具体分析，在论证后现代主义必然来临的同时，提出了在空间生成与管理的过程中，空间规划与分配应占据举足轻重的位置，并开始把后现代主义城市空间规划转向公正和环境问题上来 [22]。对于城市空间的规划，他具体描述为："它（现代主义城市规划）是个'空瓶子'，任何人都可以把自己的主张和含义放进去。现代思想中抽象的历史虚无主义和空间虚无主义让现代主义物质性的一面同精神性的一面分离开来，正是这种分离给了现代主义思想与众不同的可塑性：一种像变色龙一样的本领，能够即刻让所有的意见方满意。" [22] 由此可见，人类的价值取向在城市空间建构与规划中的重要性不言而喻。

英国城市学家科洪（Colquhoun）将城市空间划分为"建成空间"（built space）和"社会空间"（social space）。他多次提出对城市建筑物空间分配问题的考量，应在顺应空间发展客观规律的前提下，充分体现社会机构的作用 [23]。城市空间规划从物质规划层次上来讲，是指以应用为取向的城市公共空间和公共设施的规划与布局；从非物质层面上来讲，有什么样的城市价值取向就会产生什么样的空间规划理念。

（五）城市空间建构的"治理困境与对策"

随着城市化进程的提速，资本、土地、技术与权力的交集使得城市内人口的贫富差距加大，导致严重的社会分层与分化问题。进入现代社会以来，城市空间居住隔离转变为空间分异，为当代城市治理带来了一定困难，并随之产生了一系列的社会问题。

1．居住隔离模式

（1）伯吉斯（E. W. Burgess）的同心圆模型。20世纪中期，美国学者伯吉斯提出的同心圆模型是传统社会生态学模式的典型代表。他以美国芝加哥的城市特点为基础，对城市的不同空间地带进行了划分，将芝加哥分为城市中心商务区、过渡地带、工人住宅地带、住宅地带以及通勤者地带。这5种地带互相包围，形成了著名的同心圆模型[26]。

（2）霍伊特（H. Hoyt）的扇形模型。美国学者霍伊特通过对美国多个城市进行调查和分析后指出，城市并不一定是按照同心圆模型发展的，还可能是根据城市交通路线发展呈放射状的扇形模型进行扩张的。在城市人口增多、城市扩张的时候，城市空间结构根据交通路线的分布自我调整，但是具有相同社会背景和经济地位的人群始终聚集在同一扇形地带，形成了城市中心商务区、轻工业批发区、低级住宅区、中级住宅区以及高级住宅区。这种"同质聚集"的特征，正是居住隔离和城市空间分异的典型表征[27]。

（3）哈里斯（Harris）和乌尔曼（Ullman）的多核心模型。哈里斯和乌尔曼认为城市的中心地带不应是单一的某个核心地带，而应由多个商业核心地带组成。城市中心应具有多个互相分离、拥有不同功能的核心地带。城市中心可以拥有多个同心圆地带，但核心地带一定是分区呈现的。因此，城市的空间可以划分为多个不同的地带和区域[28]。

随后，加拿大学者穆迪（R. A. Murdie）根据加拿大城市居住空间的现实情况，采取实证分析法将同心圆模型与扇形模型相结合，提出并验证了其提出的3个假设[29]。近年来，西方学者针对城市空间隔离的学术研究更是层出不穷。卡斯特尔斯（M. Castells）指出，阶级矛盾所导致的居住隔离，往往是形成多核心式空间隔离的主要动因，阶级关系是城市系统结构矛盾在实践层面的表现[30]。美国著名学者大卫·哈维在《社会公正和城市》一书中提出"社会空间统一体"的概念，指出城市空间是自然、精神、社会的统一体。他提出，"阶级垄断地租"更是明确体现出阶级与空间隔离的关联性[31]。

2．西方混合居住对策研究概况

对城市空间隔离的研究热潮带来了对相应解决对策的集中研究。尽管西方学者对空间隔离这一现象的产生充满了争议，但却一直认同"通过相关政策调控可实现的混合居住模式"是打破城市空间隔离的利器。自20世纪开始，各国政府均试图通过政策设计，达到混合居住的目的。例如，美国所推行的公平住房政策便是西方混合居住政策的代表。荷兰的城市更新计划、芬兰的住房配额制度、新加坡的"居者有其屋"政策，均表明各国政府致力推动混合居住模式，且收益颇丰。美国学者克拉伦斯·佩里（Clarence Perry）率先提出的"邻里单位"思想可以说是混合居住模式的先驱。他希望居民通过和谐自然的邻里互动，形成"乡土观念"。这正是一种由土地物质空间上升至价值观念融合的典型体现[32]。后来，"邻里单位"概念出现在《雅典宪章》中，并成为居住空间规划的主体原则。威尔逊（Wilson）指出社会分层所带来的群体聚集会对社会发展产生一定的负面影响。混合居住模式是一种解决贫困者聚集问题，为贫困者带来更多机遇的模式[33]。史渥兹（Alex Schwartz）指出，混合居住项目的有效实施取决于项目建设的成本以及住房项目的市场价值可以吸引足够的不同阶层的民众前来居住。只有既吸引来足够的中高阶层民众，又可使中低阶层民众减轻负担，混合居住才能实现[34]。另外，布罗菲（Brophy）对美国的混合居住项目进行抽样分析，指出财政充足、设计优良、有效运营以及项目地理位置的接受度高都是促使混合居住项目成功的关键要素[35]。爱德华·哥兹（Goetz）指出，"去除隔离"是实现社会融合、促进公平公正的有效途径。其具体三大途径为：对少数族群、不同种族的族群聚集地应采取整体搬迁、区域协调等方式；鼓励私人企业参加国家住房项目的开发；建构混合收入社区的居住空间[36]。可见，西方学者始终致力于城市空间建构的研究。

3．"同化"与"融合"

如前所述，美国著名学者大卫·哈维在《社会公正和城市》一书中提出的"社会空间统一体"概念，指出城市空间是自然、精神、社会的统一体。这一概念是西方学者在研究城市空间时普遍运用的概念。可见，空间融合应是混合居住的高级发展阶段。空间融合不仅包括地理空间的物质融合，而且包含着精神空间的价值融合。亨廷顿在《我们是谁？》中指出："在美国历史上，凡是不属于盎格鲁—撒克逊新教白人的人，都被要求接受美国的盎格鲁—撒克逊新教文化及其政治价值观，而成为美国人。"[37] 可见，文化同化与精神同化一直是美国混合居住模式的终极目标。巴特·威辛克（Bart Wissink）等呼吁，传统的以地域空间为视角的城市族群居住隔离研究须转向基于"人"的视角的研究。他指出，传统的空间融合过度地聚焦于空间地理位置的衔接，而忽视了"人"的视角，并强调城市规划须更加重视人们的日常生产生活[38]。同化理论虽在美国空间规划中或显性或隐性地占据着主要思潮，但"融合不同"的融合观念也在西方城市空间建构研究中占有一席之地。可见，真正的空间融合，应由物质地理空间的融合逐渐上升到精神文化空间的融合，如此才是真正意义上的空间融合。

（六）城市空间的转向：绿色城市、宜居空间、生态城市

随着经济的日趋全球化与随之而来的环境日趋恶化，绿色城市、宜居空间、生态城市的理念在城市治理中所占的比例越来越大。生态城市的理念在西方城市治理思想中由来已久。英国学者霍华德提出并试图验证的生态城市思想，可以说是生态城市最早的理论基础与现实验证。他设想的田园城市是城乡结合、环境优美、人居和谐的理想栖居之所。随后，他设计建立了第一座田园城市——莱奇沃思（Letchworth），以验证田园城市理念实施的可行性，在当时社会影响巨大。1915 年，美国社会学家帕克（R. Park）在《城市：对于开展城市环境中人类行为研究的几点意见》中指出："在城市社区这个范畴内，有各种力在起作用——其实在人类环境的任何自然领域都是如此，这些力会逐渐把人口和社会机构组合为一种特有的秩序。专门研究这些因素及其互相合作产生的人和社会机构特有结构秩序的科学，

我们就称之为人类生态学，以区别于动植物的生态学研究。"[39] 他把人类生态学定义为研究人和社会机构的结构秩序及形成机制的科学，并逐步将生态学理念融入城市治理的理念之中，提出了"自然地区概念"，且迅速引发了 20 世纪西方学者对生态城市研究的高潮。其中，最具有代表性的是美国城市学家芒福德（Mumford）在《城市发展史：起源、演变与前景》中指出的，城市发展与环境资源之间的联系，以及城市与自然和谐的城市理念，均体现出生态城市思想的重要性[40]。1971 年，联合国提出，城市建构的核心应始终围绕着"人与生物圈"，并应将城市看作一个生态系统进行考量与研究。

生态城市（eco-city）概念的正式提出者是苏联学者扬尼斯基（O.Yanitsky）。他指出，理想的城市模式就是生态城市，在其中，人类社会各方面技术与自然环境充分融合，人的想象力和生产能力得到最高限度的发挥，市民的身体心理健康和城市生活环境质量得到最高限度的保护，生存物质、环境能量、社会信息高速流通，城市生态环境与外部生态环境良性循环。他致力将生态城市的理念推广至全球城市治理的范围内，以解决区域内环境恶化、资源短缺所带来的对城市发展的制约[41]。美国生态学家雷吉斯特（Register）初步提出了生态城市的概念，并初步设想了生态城市构建的基本框架。1990 年，成功组织举办的首届生态城市国际会议，将"重建城市与自然平衡"定为该会议的主题。随后，生态城市理念在西方快速蔓延并迅速走向了实施阶段。

随着绿色、生态、宜居的城市理念逐渐成为西方城市治理的主流观点之一，众多学者开始从其特征、规划原则、指数指标、评价准则、实施方法等方面对生态城市建构进行全方位的审视与研究。随着协同思想从"政府治理"转向"社会治理"，协同共治在生态城市中的运用越来越广，且成效显著。生态城市的建设是一个复杂的系统，是以自然资源为基础，由政府、企业、社团、机构与市民等组成且互相影响、互相关联的巨大关系网络。每一个利益集团在城市生态文明建设的过程中都扮演着不同的角色，只有通力合作才能真正完成生态城市的建设。近年来，从协同共治视角对生态城市的建设与实践进行的研究越来越多，具体可划分为以下不同类型：

1．以"绿色生态""低碳环保"等为问题导向、"政府治理"为主体的生态城市建设

自生态城市概念提出与生态城市国际会议召开以来，以解决城市环境资源问题为导向的生态城市研究与实践随即如火如荼地开展起来。20 世纪 70 年代末，"绿色城市"已成为西方城市建设的重点，其中尤为瞩目的是英国米尔顿·凯恩斯市。它以建设"绿色城市"为主旨，在市内大力推广绿地、公园的建设，力求城市的绿地面积占据城市总面积的 1/6。随后，美国生态学家理查德·雷吉斯特领导的城市生态学研究会将"绿色发展"定为城市发展的首要因素，并在伯克利市实施了绿色城市建设。格莱泽（Glaser）等指出，碳排放量是导致城市气候问题形成的关键，并研究了碳排放量与土地密度的关系。克劳福德（Crawford）通过研究指出，低碳应是城市建设首要的考虑因素；在城市规划的过程中，低碳应被列为其首要目标予以重视；城市建筑、供水、交通、人口与能耗是降低排放量的考量因素[42]。在建设低碳城市的实施方面，由英国设计师福斯特所承担的阿联酋马斯达尔环保城建设，将低碳、零废物和可持续发展作为三大建筑理念，试图打造沙漠中的绿色低碳环保之城。此外，众多学者将解决城市自身问题作为导向和建设生态城市的首要目标。例如，新加坡淡水资源严重匮乏，英国贝丁顿与瑞典马尔默社区绿化缺乏，巴西的库里蒂巴交通堵塞严重，日本大阪的工业污染严重等，这些城市痛定思痛，基于解决自身的问题而跃升为生态城市的建设范本。

2．"治理主体多元化"的协同共治生态城市建设

"治理主体多元化"指的是生态城市建设应是多方协作的结果，而不应只依赖于政府政策的推动与制约。例如，社会团体、非政府组织、公益机构、民众、企业等所有社会力量都应加入生态城市建设的阵营当中，成为推动其发展的良性驱动力。多米斯基（Dominski）提出的"城市三步走"强调了市场与民众的配合度[43]。约瑟夫密斯（Josephsmyth）在其提出的生态城市建设的八项原则中，强调了政府、企业、公众等多方参与和共同管理是生态城市建设的核心。麦克多诺（Mcdonough）指出了治理主体多元化中政府主导与市场经济配合的重要性。建筑师唐顿（Paul Downton）、社会活动家查利·霍伊尔（Cherie Hoyle）和澳大利亚生态城市学会成员一起提出了 12 项"生态圈设计原则"。2002 年，雷吉斯特在其著作《生态城市：

在与自然平衡中重建城市》（*Ecocities: Rebuilding Cities in Balance with Nature*）中综述了生态城市近 30 年来的理论和建设实践，介绍和精炼了世界各地生态城市建设方面的各种最好的理念、模式以及设计和建设的具体案例，提出了城市、城镇和乡村建设的全新方法[44]。尼奥（Neo）对新加坡生态城市建设做出了系统的研究，指出"诚实和正直，人是关键资源，以结果为导向，自力更生，国内稳定"是新加坡城市建设的五大核心价值观。可见，绿色、宜居、生态的城市空间建构理念已成为现今城市空间构建的主流思想，正引导着人类美好城市生活的发展历程。

二、国内研究综述

（一）空间译著时期

近年来，在西方普遍关注空间与"空间转向"这一思潮逐渐席卷全球的背景下，我国学者逐渐开始关注空间、思考空间，并投入"空间转向"的探讨与研究工作中。可以说，我国学者对空间的研究，首先起始于对大量西方空间思想著作的翻译工作。例如，2003 年，我国学者阎嘉翻译，周宪、许钧主编，整理了大卫·哈维的《后现代状况》；2004 年，在同一系列现代性研究译丛中，我国学者王文斌整理翻译了爱德华·苏贾的《后现代地理学》；同年，李小科翻译了迈克尔·迪尔的《后现代都市情况》；2005 年，金衡山翻译了加拿大学者简·雅各布斯的《美国大城市的死与生》；紧接着，2006 年，胡大平翻译出版了大卫·哈维的另一著作《希望的空间》；2008 年，李春翻译了列斐伏尔的巨著《空间与政治》等。这一时期的著作翻译之多足以证明 21 世纪初期，我国学者对空间研究的兴趣之大。

大量的译著进一步推动了我国学者对城市空间这一领域的研究工作，也将西方主流的空间思想引入我国空间研究的工作之中。在此期间，我国涌现出大批学者，他们基于西方理论思想，立足于自身所属学科专业，展开了对空间思想、空间建构、城市空间分异等一系列问题的研究，并提出了具有创新性的观点与理念。例如，我国台湾地区的学者夏铸久从社会、政治与文化的角度，对城市公共空间的形成、构成与影响进行解析，并进一步讨论了权力空间、政治空间与文化空间等问题。他指出："公共空间，则是在既定权力关系下，由政治过程所界定的、社会生活所需的一种共同使用之空间。"[45]

进入 21 世纪以来，我国学者在人文社科领域对城市空间建构展开的研究日益增多。这其中，关于城市空间的研究大部分仍停留在西方理论基础之上，提出独特理论观点的学者并不多。例如，包亚明阐述了从列斐伏尔到詹姆逊，再到哈贝马斯与吉登斯等知名学者的观点。他系统梳理了西方后现代城市文化、现代性与空间建构的关联，再次解读了大卫·哈维"时空之间"的反思，并阐述了城市文化地理学的理念，指出文脉是城市的延续与更新。"感受、认知和探讨城市发展过程中的显性与隐性的特质，其实就是对城市的历史与现实的文化因素的体味，就是对城市文脉的理解与解读。"[46] 高鉴国指出："对城市规划的意义不应当拘泥于短期的物质或政治范围，应当从更广阔和复杂的角度予以审视；一切围绕建成环境的经济活动，不能成为为生产而生产、为积累而积累的'异化'行为，应当紧密服务于人类社会的福利与公正。"[47] 他从新马克思主义的理论内涵、发展过程、代表人物等方面，对城市空间形成的过程重新进行了考量，审视了国家、政治、规划等多方动因的影响，对空间的本质、空间的生产、空间的规律等问题进行了系统、充分的梳理，并注入了大量全球化与当代社会特色，进一步推动了我国城市空间研究的进程。

（二）社会分层、空间隔离与空间分异

近代以来，空间问题逐渐成为我国城市建设中首要考虑的重点问题之一。居住隔离、空间分异、混合居住已成为我国学者进一步研究的热门领域，但研究主体仍是城市地理学、社会学与规划学等具体学科。我国学者黄怡基于传统居住隔离模式与上海城区的实际情况，指出内外圈分明的圈层式隔离和中心城区的镶嵌隔离与簇状隔离是上海居住隔离的具体模式[48]。吴启焰在研究城市空间分异问题时指出："人与周围的环境之间的双向互动的连续过程就是社会空间统一体。一方面，人创造、调整城市空间，同时他们生活工作的空间又是他们存在的物质、社会基础。"[49] 他指出，城市的物质空间与社会空间是具有连续性和一致性的，通常体现为城市社会阶级结构直接表现在城市物质空间分配上，有什么样的社会结构就有什么样的城市空间结构。因此，对于城市空间的研究逐渐蔓延到社会学的领域之中。吴启焰认为，城市社会空间的分异包含五个层次：土地利用与建筑环境的空间分异；邻里、社区组织的空间分异；感知与行为的空间分异；社会阶层分化；社会空间的分异[49]。因此，对城市空间隔离的研究又追根溯源地回到了社会分层的研究上来。

社会分层造成居住隔离，从而进一步导致了空间分异的形成。对于社会分层，我国学者陆学艺和黄怡进行了深入的分析和研究。何雪松在《社会理论的空间转向》中指出了法国社会学家布迪厄的空间理论的重要性与合理性："布迪厄在其阿尔及利亚的研究中发现空间的重要性。阿尔及利亚人的家庭具有独特的空间性，空间的组织将人们限定在不同的地方，从而有助于建构社会秩序并形成阶层和分工。在此基础上，布迪厄的空间论述不断发展，且基于'社会空间'这一概念将其与支撑其理论体系的核心概念——资本和惯习紧密结合在一起。"[50]可见，布迪厄的城市空间分异研究更多地集中在城市资本结构的分析上。比如，他在另一本著作《区隔》(*Distinction*)中提出了区隔文化与符号资本的地理学概念。

除此之外，杨卡首先以南京为例，通过研究论证了在南京新区内，居住隔离、空间分异现象日趋明显，已呈现出豪华别墅、高档住宅、刚需房、经济适用房、农民自建房等多种相隔离的居住区域。随后，他结合北京、上海等城市的统计数字，分析了大都市居住问题的社会分异特征和空间差异状况[51]。耿慧志对大城市的"人户分离"现象，进行了具体的特征梳理，提出了具体对策，并指出"人户分离"是促使城市空间分异产生的主要因素之一[52]。

城市空间分异研究虽始于西方，但近年来我国学者对此方面研究的热度逐年提升。通过知网查询主题关键字"城市空间分异"，1989—2019年间发表了1 754篇相关文献。其中，首篇文献是1989年胡柏、文浩发表在《西南农业大学学报》上的《重庆市资源配置空间格局研究》。该文具体分析了城市空间分异机制与空间分异特征。自2000年以来，有关城市空间分异的文献数量呈直线上升趋势，其中以具体城市与区域的实践研究较多。例如，马忠东、周国伟、王海仙以广州市为例，具体分析了市场机制下城市居民的住房选择，进一步探讨与追溯了城市空间分异产生的本源。李春敏对社会空间思想进行了整体、系统的研究，对列斐伏尔的空间生产理论、大卫·哈维的历史—地理唯物主义、卡斯特的流动空间与詹姆逊提出的后现代主义空间等，均做了系统的考察与审视。归纳而言，我国学者多从资本的视角、世界历史的视角、城市化的视角对城市空间进行研究，而忽略了从人学的视角以及从社会空间思想方面对城市空间进行阐述[53]。在此基础之上，李春敏对理想居住空间的重构提出了自己的看法："在当代，一种可能的居住理想是对资本暴力的空间抵抗，它保障平等不受侵犯的居住权利的实现，并着眼于建构和谐共居的城市精神。"[54]

（三）混合居住对策研究

混合居住是打破空间隔离的有效途径之一。我国学者针对混合居住的研究由来已久，最早可追溯到 20 世纪 80 年代同济大学所出版的城市规划原理教材。我国学者张兵于 1993 年发表的《关于城市住房制度改革对我国城市规划若干影响的研究》，通过分析居住用地空间分化的社会现状，指出社会两极分化是混合居住最大的绊脚石，在居住空间规划的过程中必须考虑到社会分化这一决定性因素[55]。随后，单文慧系统介绍了美国的混合居住政策，阐述了美国种族隔离等社会因素是推动美国政府大力推广混合居住政策的动因。同时，单文慧还介绍了混合居住政策的模式、方法、策略等，建议我国应通过改进土地使用政策与房地产开发政策，从政府宏观调控入手促进我国混合居住模式的有效实施[56]。李志刚等指出了贫富差距与居住空间分化之间的关联性，介绍了欧美城市的混合居住理念与实践效果，为我国居住空间规划提供了一定的启示[57]。施昌奎指出，民间资本应进入我国保障性住房建设市场并形成具体的制度，以提高民间资本的资本经营效率，建立市场退出和政府接盘机制，排解民间资本后顾之忧[58]。张祥智、叶青通过系统梳理我国混合居住的研究进展，指出在混合居住研究方面，我国学者过多地对城市新区空间建设方面进行研究，相对忽略了城市旧区空间的更新规划与新旧城区的空间一体化研究；混合居住研究应在街区规划、乡城居民的空间融合、现有住区更新等三方面做进一步拓展，由混合居住向社会融合发展应是该领域研究关注的重点[59]。

（四）"空间分异治理"与"空间融合"

继城市空间分异研究之后，我国学者逐渐发现城市空间融合是混合居住成功实践所达成的一种理想的城市状态，是城市空间分异治理的基本原则。杨恒指出，以空间融合促进城乡一体化发展应从"城政乡治"的政治空间、"有机结合"的地理空间、"结构合理"的经济产业空间、"流通顺畅"的社会空间结构等4个方面入手，如此才能真正地实现空间融合，而不能只考虑地理空间的规划与衔接[60]。沈洁、罗翔认为空间融合不同于空间同化与社会同化。同化理论强调同化的结果是少数一方被主流文化所同化，逐渐消失。事实上，融合的核心应在于"和而不同"。空间融合的核心在于资源的再分配与机会的平等化；空间融合是实现社会融合的必要路径[61]。井晓鹏、杨伟良指出，在城市新旧城区空间融合的过程中，应通过功能定位、交通体系、公共空间与景观环境等4个方面对旧城区，也就是城中村进行改造，通过对旧城区的空间重置使其承担城市的相关内部功能，进而融入城市，成为城市发展的功能区域，如此才能真正实现融合统一[62]。张祥智、叶青在研究混合居住时提出，从"居住混合"走向"社会融合"仍待时日；混合居住只是形式上的混合，只是为不同阶层的居民提供了交往与沟通的场域，并不一定产生社会融合的结果；从"居住混合"走向"社会融合"应是和谐社会的未来发展趋势，要倡导多元共治走向社会融合，在形式居住上应加强精神文明创建[59]。许鑫、汪阳指出，大都市空间融合应从宏观、中观、微观层面多方渗透，政府、城镇、社区多方协同共治，以促进空间价值的融合统一，进而实现空间融合。他们运用共生理论对成都市空间规划进行具体解析，验证了大都市空间融合应注重空间价值重塑[63]。

总体来说，我国学者对城市空间建构与分异治理的思考，在一段时间内停留在对西方学者的空间研究的探索与认识上，自身成系统的理论研究仍有待深化，需要进一步推进相关研究工作的发展。近年来，由于经济的发展与人口的迁徙，城市化进程所带来的一系列现实问题逐渐进入了我国学者的视野。虽说在西方学界城市空间分异的研究由来已久，但我国是在20世纪80年代商品房制度确立与实施后，城市空间分异才逐渐成为社会的现实问题，并随着城市化进程加快和社会阶层经济水平差距拉大而日趋严重。近年来，我国学者在研究新型城镇化与城市化进程的相关议题时，均不约而同地发现了城市空间分异这一现实问题的研究意义，进而从不同学科对此展开了研究。

（五）城市空间的转向：绿色城市、宜居空间、生态城市

在我国，绿色、宜居、生态的城市建构理念源远流长，从古代城市建设的理

念中便可窥探一二，例如秦朝的咸阳、汉朝的长安以及元朝的大都。这种根据自然规律、顺应自然资源、因地制宜的城市建设理念与现今生态城市的理论不谋而合。我国学者王如松、刘建国指出，生态城市主要是指基于环境生态学原理所构建的社会、经济、自然的新平衡发展点，是对社会信息和物质的高效利用，是城市人类居住地的生态良性循环，更是城市建构的基本理念。[64]我国著名科学家钱学森在写给吴良镛的信中首次提出了"山水城市"这个概念。钱学森先生指出，这种融合了我国传统山水自然观与天人合一哲学观的城市思想，不仅是人类对于未来城市的理想构思，更是未来城市发展的必然趋势。黄光宇指出，生态城市体现的是社会和谐发展、经济高效利用、生态良性循环的人类居住地，人、城、自然的有机结合，形成互惠共生的和谐整体。[65]随着"山水城市"理念的逐步发展，我国众多学者对这种具有中国特色的理想园林城市的建构，掀起了研究的热潮。陈天鹏认为，绿色、宜居、生态是生态城市管理体系的基本组成部分，政府、企业、居民、社区、社会组织等应成为全民参与的生态管理主体，以提高生态城市的管理水平[66]。杨立新、郭珉媛指出，生态城市建设应基于人口问题，要控制人口规模、优化人口结构、提高人口素质；在社会事业发展方面，要健全社会保障体系和服务体系，完善劳动就业政策，建立覆盖城乡的卫生与体育事业；同时，还要积极整合、培育社会组织，充分发挥各种社会组织的功能以及优化社会结构[67]。欧阳志云等提出"天城合一"应是未来生态城市发展的核心趋势，并详细阐述了"天城合一"生态城市建构的10个准则[68]。在实践方面，新加坡的"居者有其屋"与"花园城市"的建设，均很好地验证了这一思潮的有效性。

简而言之，绿色、生态、宜居的城市建构应从整体利益出发进行联动建构，从分析协同共治的"多元主体需求"出发，将"联动利益"作为"协同共治"的基点；通过识别各方的利益诉求，寻求多方均衡互促的双赢利益关系，以寻找出一条真正的利益联动、均衡互促、多元共治的生态关系链条，真正促进绿色、生态、宜居的城市空间建构。

三、国内外研究现状评价

目前，国内外学术界已普遍认识到城市空间研究的重要性及研究意义，并逐步转向对绿色、宜居、生态的城市空间建构的研究。但从目前的研究成果来看，国内外学者对城市空间研究仍存在一些不足和问题。

（1）城市空间研究未系统地从多学科融合角度来探讨空间问题。由于空间问题是首先体现在地理物质层面与人际交往层面的，因此，地理学家与社会学家多在各自领域内对空间建构与分异进行研究，从而导致了不同学科、不同学派的学者对空间研究的结论大相径庭。然而，城市空间本身就是一个多学科融合与交叉的研讨领域。可以说，现今学界鲜少有学者将方法论与具体学科相结合，对城市空间建构、空间分异治理等问题进行系统研究的。故此，现今的城市空间研究欠缺系统的、从本体溯源、从不同学科与角度论证的具体研究。

（2）现有研究过多地集中于城市空间隔离问题与解决模式，并未真正地从实际意义上考虑城市空间分异的治理原则与基本路径。城市空间建构与分异治理问题受社会群体、政治环境、经济因素和文化背景等因素的影响与制约，导致绝大多数学者在研究城市公共空间的分配问题和城市规划管理问题时，过多地落脚于物质实物层面的研究，往往忽略了构建具有普遍意义的空间分异治理原则与基本路径。

（3）基于绿色发展理念的生态城市空间建构与分异治理研究不足。目前，国内外学者在此方面的研究多侧重于理论系统、实践原则、参数指标等方面的建设，对绿色、宜居、生态的城市空间缺少从整体利益链条出发的联动建构。现有国内研究虽有从这一领域考察城市空间问题的，但多停留在一般的理论叙述上，未能真正梳理出一条真正利益联动、均衡互促、多元共治的生态关系链条，对城市空间建构与分异治理更是缺乏从生态城市领域进行的系统研究。

第三节　研究思路、研究方法与创新点

一、研究思路

本书依据历史与逻辑一致的原则，对城市空间建构与分异治理问题展开深入研究，具体按以下的思路展开：

（1）从多学科融合的角度去探究城市空间的基本维度、建构基础与实质，解

析出城市空间需求的自然性是以人化自然为核心进行的，其实质是以五大分配原则为主导的社会空间分配。

（2）从生产力发展的角度去探究生产力与城市空间建构之间的关联性。通过解析生产力与生产关系的矛盾运动对城市空间结构转变的影响，论证了"生产力发展影响城市空间分异的演化历程"这一论断。

（3）基于城市空间演化的历程，指出阶层分化是导致当代城市空间分异的关键因素；识别出我国现阶段的"阶层分化"现象不仅是导致城市空间建构异化的本源，更是城市空间建构中产生的主要矛盾。

（4）在厘清城市空间演化历程的基础上，识别出导致空间分异产生的原因，归纳出治理城市空间分异的治理原则。"以人为本""分配正义""统一建构"是治理城市空间分异的三大基本原则。

（5）在治理原则的基础上，总结出治理城市空间分异的路径选择，确定族群融合、混合居住、公众参与为基本治理路径，并试图通过具体的城市空间治理的实际经验来验证具体解决措施的可行性，例如新加坡所成功构建的绿色、生态、宜居的城市空间。

本书的主要内容从以下8个方面进行阐述：

（1）本书从生态城市空间建构的基础拉开序幕。生态城市空间建构的基础源于人类对城市发展的基本诉求，是"自然空间的规律性、社会空间的意识性、历史空间的统一性"的完美融合；其建构的实质在于利益分配，而利益分配与城市空间分异之间具有很强的关联性。

（2）绿色宜居与生态城市空间的内涵解读。从绿色空间与宜居空间的视角，结合"人的自然性与城市空间形态的生态宜居性，人的社会性与城市空间功能的生态经济性"，归纳出生态城市空间构建的基本要素。

（3）生态城市空间建构的核心原则。全面归纳出"以人为本""分配正义""统一建构"是城市空间的三大核心构建原则。

（4）将原始部落、封建城池、市民社会、工业城市、智慧城市等城市发展的5个主要阶段与城市空间发展形态相结合，归纳出生产力发展与城市空间演化直接关联的结论。

（5）在城市空间演化的过程中，通过考察"资本、权力、政治与阶级斗争的关联度"，识别出空间分异的产生与表征。

（6）基于上述分析，通过分析阶层分化对城市空间分异所产生的影响以及空间隔离与当代城市空间分异的具体表现，切入当代城市空间分异治理这一城市治理难题。

（7）在治理城市空间分异的路径选择上，归纳出"多元主体共识"是城市空间分异治理的核心主旨，族群融合、混合居住、公众参与是城市空间分异治理的基本路径。

（8）最后，本书展望了未来城市的发展趋势，将未来智慧生态城市的发展方向引入当代城市空间建构。通过探寻生态、能源、自然与人类等多方之间的联动、融合、共生、互动等关系，指出"绿色、生态、智慧"的共生城市自组织发展模式是未来城市发展的趋势，并以新加坡为例进行了验证，进而形成了基于绿色生态发展理念视角的城市空间建构与城市空间分异治理体系。

图 1-1 为本书的基本思路和框架。

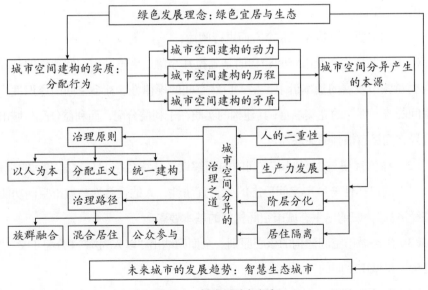

图1-1　基本思路与框架

二、研究方法

（1）文献研究法：通过对国内外相关理论进行研究，尤其是对空间的生产、分配、正义、分异等方面的相关文献进行梳理与研究，为建立整体的城市空间体系提供理论支持。

（2）概念分析法：由城市空间的需求、生产、分配、分异等核心概念展开分析，推演出概念的要素，进而对城市空间进行分类、比较研究，重新形成对概念的整体认识。

（3）逻辑与历史相统一法：对空间概念演变的历史过程进行考察，并与空间内部逻辑分析有机结合起来。逻辑分析以历史考察为基础，历史考察以逻辑分析为依据，以达到客观、全面地揭示城市空间的本质以及空间演变规律的目的。

（4）案例分析法：以新加坡为实际案例，进行系统的分析并加以归纳，从而形成自己的观点。

三、拟突破的创新点

（1）本书从人类最根本的需求开始研究，进一步探讨了城市空间建构的实质在于分配，并研究了分配与空间分异之间的关联性，提出"生产关系决定分配关系，分配关系催化空间分异"这一论断。

（2）本书对城市空间结构与形态的形成过程进行了全面审视，归纳出原始生产力、封建农业生产力、个体手工业生产力、机器生产力与信息生产力，对原始社会、封建城池、前工业城市、工业城市与当代智慧城市的空间形态极具影响性，得出"生产力发展影响城市空间分异"这一基本论断。

（3）本书通过分析不同时期城市空间分异的特征与现状，归纳出导致城市空间分异的核心问题，尝试性地提出了"以人为本""分配正义""统一建构"是城市空间治理的基本原则，以及以居住隔离—阶层分化—族群融合—混合居住—公众参与为主线的治理路径。

（4）本书基于绿色生态发展理念，从绿色生态与宜居空间的视角切入研究，对城市空间建构与城市空间分异治理等问题进行了系统研究，融合了不同学科理论，丰富了城市空间建构的研究思想，拓宽了研究思路。通过探寻生态、能源与人类等多方面之间的联动、融合、共生、互动等关系，本书提出了物质空间、精神空间、生态空间相统一的"融合共生"城市空间发展模式。

第二章　生态城市空间建构的基础

近年来，人口不断向大城市聚集，催生了一批特大城市与超大城市。全球超过千万人口以上的特大城市已超过 30 个，超过百万人口的城市已近 300 个。城市的高速发展聚集了大量产业，企业与人口在城市区域内不断聚合，使得关乎民生疾苦的公共需求在城市快速增长，不可避免地导致空间资源分配不均与空间结构失衡。这不仅导致"城市空间分异现象"的产生，更导致城市生态的失衡，加剧了社会矛盾与冲突。经济发展需要生态资源的有效支撑。绿色发展理念强调对生态资源的综合利用，倡导改善生态资源利用结构、研发绿色发展技术、引导社会经济结构绿色化转变，在守护生态环境的基础上，使社会经济效应在有限的生态环境资源下不断提升。然而，改革开放以来，经济的高速发展带来了日益严重的环境问题。环境污染问题已成为制约地区经济发展与区域一体化进程的主要阻碍因素之一，生态与资源环境对区域整体发展的制约效应也愈发凸显。

生态环境的持续改善可显著提高人类的生活质量，促进区域经济发展。可以说，绿色发展理念是人类在社会经济高速发展过程中，由于日益恶化的环境问题导致生态资源危机频发之后所做出的深刻反思。近年来，我国大力倡导绿色发展理念，将生态文明建设确立为我国新时代改革发展与现代化建设的首要任务，不断深化生态文明体制改革，推进生态文明建设，开创了生态文明建设和环境保护新局面。

目前，城市地理学、城市经济学、城市管理学、公共行政学、社会学以及规划学等众多学科，均对城市空间建构与空间分异治理进行了多方面的理论和实践意义上的探讨与研究，试图建构符合人类发展与生活需求的绿色、生态、宜居的现代城市。本章试图从"绿色生态""宜居共生""协同发展"等理念与视角出发，去探寻城市联动、融合、共生、互动等关系，从全新的视角进一步寻求全新的城市空间建构模式与治理路径，以期为今后城市的发展提供一些借鉴与启示。

第一节　城市、城市化与生态城市的兴起

经过四十余年的改革开放，我国城市发展经历了翻天覆地的变化，城市发展理念、发展方式、发展动力均产生了明显改变，单纯依靠城市自然资源、劳动力等传统生产要素驱动的粗放型城市发展模式已成为过去，现已转变为注重城市经济增长、居民生活品质、自然生态环境、宜居生活空间、智慧生态模式等可持续发展的城市发展理念。绿色化、生态化、宜居性已成为城市空间建构的基本导向。

一、城市的起源

城市的起源是城市科学的基础性问题，也是历史学、考古学、人类学、社会学等众多学科不断探讨的重要问题。众多学者均对城市起源进行了不同程度的解读，如刘易斯·芒福德在《城市发展史——起源、演变和前景》一书中，对城市的起源进行了详细解析，归纳而言可列举为以下三点：

（1）城市的产生最初源于人类定居的本能和意愿。在芒福德看来，原始社会的人类定居就像海狸搭窝、蜜蜂筑巢、白蚁建冢一样是适应自然界的一种本能。不过与动物有别的是，人类定居也有精神层面的需求，对自然的畏惧使他们需要在固定的地点设立祭坛进行原始崇拜，对逝者的敬重也需要他们在固定的地点堆起坟冢以便日后拜谒，而定居令他们从事这些活动更为方便。考虑到原始人类经历了很长一段时期的游走生活后才定居下来，芒福德提到了生产力的限制作用，并指出只有这一关乎生存的制约性问题得到解决，人类才会定居下来。这种结合主观精神因素与客观生产力因素的综合分析，实质上解释了城市随着生产力发展而必然出现的原因。

（2）城市胚胎是新石器文化与旧石器文化相结合的产物。随着生产力的日渐发展，人类定居以后，社会文明逐渐从旧石器时代的狩猎文明过渡到新石器时代的农

业文明。在这种背景下，猎民的职能发生变化，猎民不再以狩猎为生，而是凭借狩猎经验和胆量为定居点提供保护，以换取定居点其他居民通过农业生产获得的剩余产品。据此，芒福德认为这是以狩猎为代表的旧石器文化与以农业为代表的新石器文化的相互融合。这种范围极广的融合使城市的建立获得了极大的潜力和功能。这实质上是芒福德在城市起源问题上对"生产力决定生产关系"的文化解读。

（3）城市真正意义上的形成体现在比生存具有更高目的的建筑物上，表现为在功能扩展之后，成为密切相关、相互影响的各个功能的复合体。芒福德综合政治、宗教、军事等因素构想城市的形成过程。首先是在生产力发展、社会分工细化、社会体制变革的背景下，猎民首领在进行人力有效动员、资源集中配置过程中逐渐转变成国王，并将定居点建设成为他个人的权力中心。然后，国王便开始兴建神庙，以宗教神权强化自己的领导力。随之而来的便是规模宏大、次数繁多的以人作为祭品的祭祀活动。这一切又进而导致了以彰显王权、掠夺资源、献祭俘虏为目的的战争；兵营、兵工厂、战俘营因侵略需要而建立，城墙、壕堑、哨塔也因防御需要被设置。所以，城市在形成之初是具有战争职能的政治、宗教中心[69]。

归纳而言，城市的建立是人类生活的基本诉求。人类生活的基本诉求使得城市空间具有了其首要功能，即养育功能。而城市的形成是社会生产力不断提高，从而使人与人之间的经济交往得到一定程度发展的必然成果[70]。生产力的发展促使物物交换的集市产生；集市场所的固定聚集了一定的人口，使经济得以加速发展，更促进了私有制的产生；人口的聚集、经济的发展、私有制的产生，无不呼唤着人类对城市安全的诉求；高耸、坚固的城墙形成了"城市"。可见，"城"与"市"的融合标志着古代城市的起源，更是多年来学界对城市起源探讨的伊始。

二、城市与城市化

目前，全球有 55% 的人居住在城市。联合国经济和社会事务部在《世界城市化前景报告》中预测，到 2050 年全球将会有 68% 的人口居住在城市。可见，城市在社会发展进程中具有举足轻重的地位。那么,什么是城市？亚里士多德曾说过：

"人们为了活着，聚集于城市；为了活得更好居留于城市。"

（一）城市

学界对城市的定义数以千计，概括而言，城市具有以下几方面特征：

（1）人本主义是城市的核心，城市是人造综合体。人类的基本需求，包括物质需求、社会需求与精神需求，始终是城市构建的主旨。城市实质上是地理要素、经济要素、文化要素与政治权力交集的综合体。如芒德福所言："理想中的城市是关心人、陶冶人、成就人的优良场所。"到现在为止，城市已有 3 000 多年历史，我国最早发现的商王城具有 3 500 多年历史。纵观不同历史时期所创造的城市，其建筑、街道、布局均表达着各自时代人类的诉求，是人类改造自然、征服自然的体现。

（2）城市在各个历史时期呈现出不同的历史特征。不同时期的城市，由于历史的不同呈现出不同时期的特征。例如，远古时期的城市，由于人类对自然界的认识存在局限性，生产力相对低下，氏族、部落间为了生存纷争不断，城市的防御功能遂成为城市的主要职能。城墙、城堡、护城河均体现出防御功能对于远古时期城市的重要性。随后，农业城市、工业城市的不断涌现更是反映出城市的历史性与当代特色。

（3）生产力是促进城市发展的主要动力。从城市发展的历程不难看出，生产力一直是决定社会发展与人类进化的终极力量。它不但决定了一切经济活动与社会现象，更是城市发展的前提保障。生产力决定了社会发展的物质基础，为人类创造了一切的生活条件，是城市形成与发展的核心推动力。马克思曾这样描述生产力对于人类社会的重要性："任何一个民族，如果停止劳动，不用说一年，就是几个星期，也要灭亡，这是每一个小孩都知道的。"生产力的提高决定了人类社会的经济基础，而经济基础的改变又决定了人类社会上层建筑的构成，是决定城市发展与人类发展的终极力量。

（4）当代城市治理问题迫在眉睫。随着城市化进程的加速，环境污染、生态危机、能源短缺、温室效应、交通拥挤、空间分异、两极分化、资源紧缺等各类问题日益错综复杂。人类在享受着城市带来的便利的同时，更深刻体会到城市治理的迫在眉睫。上学难、看病难、出行难、住房难等一系列现实问题困扰着居民的日常生活。城市空间是人类生活的基本载体，而城市空间构建则是当代城市治理的重点议题之一。从"世界人居日"（The World Habitat Day）每年确定的城市发展重大议题可以看出，"安全、公正、和谐、美好、绿色、生态、宜居"是当代城市发展的主要导向，更是城市居民的希冀所在。

（二）城市化

城市化（urbanization）又称为城镇化、都市化，是指随着一个国家或地区社会生产力的发展、科学技术的进步以及产业结构的调整，其社会由以农业为主的传统乡村型社会，转向以工业（第二产业）和服务业（第三产业）等非农产业为主的现代城市型社会的历史进程。

学界对于城市化概念的定义不尽相同。人口学把城市化定义为农村人口转化为城镇人口的过程；地理学将城市化定义为农村地区或者自然区域转变为城市地区的过程；经济学从经济模式和生产方式的角度来定义城市化；生态学认为城市化过程就是生态系统的演变过程；社会学从社会关系与组织变迁的角度定义城市化。可见，城市化本就是一个多维概念。城市化的内涵包括人口城市化、经济城市化（主要是产业结构的城市化）、地理空间城市化和社会文明城市化（包括生活方式、思想文化和社会组织关系等的城市化）等。通过对城市化概念的梳理得知，城市化具有以下特征：

（1）城市化是一个动态的、不断发展的过程。毋庸置疑，城市化是人口、财富、生产力、政治权力、科技创新、文化服务等不断聚合的综合结果，是人类生活方式、生产方式、思维方式不断转化的过程。可以说，人口不断从周边向城市迁移的过程是城市化进程的主要标志之一。人口的流动在推动城市建设的同时，也为城市治理带来了一定的困难，例如户籍制度、教育资源、医疗设施等城市公共服务等方面。

（2）城市化进程是社会发展到一定程度的必然产物。城市化是人类社会进步的必经过程，更是社会发展的重要内容之一。城市化所带来的聚集效应不仅体现在经济方面，更体现在社会发展的方方面面，是人类追求美好生活的必经之路。例如，在工业革命时期，机械化大生产促使大量人口向工业化城市涌入，产生了巨大的社会效应，使社会发展产生了前所未有的跃进。

（3）城市化进程已成为世界范围内衡量区域发展实力的一项重要指标。城市化进程带来的巨大效应，使其成为衡量一个国家或区域经济、文化、社会发展水平的重要标志之一。当今学界认为城市化不应仅仅涉及简单的城市人口结构，而更应涉及受教育程度、医疗水平、生活方式、价值理念、宜居程度等多方面的综合评价。城市化应是提高人民生活水平与生活质量的一种方式，是提高人类社会整体发展水平、促进人与自然和谐共生的现实路径。

三、城市的发展历程与绿色、宜居、生态城市的兴起

迄今为止，城市已经历了 3 500 多年的历史演化。可以说，一部城市发展史也是人类发展与人类文明的进化史，是了解人类发展的一部史诗，更是系统梳理城市空间建构的基础。城市发展的基本历程可简单划分为原始部落、封建城池、市民社会、工业城市、现代智慧城市等五个阶段。

（一）城市发展的基本历程

1. 原始部落

现今学界普遍认为原始部落是城市的雏形，是社会最古老的原始形态。人类用石器取火并保存火种，用火来取暖御寒与获取更加卫生的食物以维持生存，并制造工具来进行食物收集与捕猎，才能进一步繁衍、扩张与聚集。原始社会的人类思想混沌，物质资源匮乏，生产力极其低下，形成了以血缘为主的氏族部落劳动生活形式。这就是原始部落的主要社会构成形态。简而言之，原始部落的产生是人类为了满足其基本生存需求而进行的聚集，是人类为了满足其衣食住行需求、延续生存、共同抵御大自然恶劣的生存条件而进行的聚集。

2. 封建城池

封建城池又可称为古代城池，是统治阶级对外进行防御、对内实行统治的基地，具有很强的政治色彩。历代统治阶级都把城池的得失作为战争胜负的主要标志，把构筑和加强城池筑城体系作为国家设防的重点。农业生产是封建城池的主导因素，农业是整个古代世界的决定性的生产部门。我国古代历代王国都将发展农业

生产视为国之根本。商鞅的"重农抑商"思想，汉朝所奉行的"贱商"政策，以及我国封建社会后期的"海禁"与"闭关"政策，均可很好地揭示出农业生产在封建社会中占有主导地位。

3.市民社会

市民社会是古代西方政治社会的体现，代表着国家市民共同体的繁盛。中国古代和欧洲中世纪，不存在建立在商品经济基础上的市民社会。中世纪末期，出现了从事商品经济的市民阶层，即第三等级。从19世纪开始，市民社会被用来专指从中世纪封建社会的种种政治性支配下获得解放的近代市民阶层之间的关系，被认为是一个脱国家、脱政治的领域。市民是平等自由的、具有独立人格的财产所有者；调整市民间关系的法被称作市民法，由私人所有、合同、法的主体性三个基本要素构成。

4.工业城市

工业革命的快速发展促使城市的大规模产生。工业城市是产业革命后随着现代工业的发展而产生的、以工业生产为主要职能的城市。在英国等国家，有以单一工业为主的专业性"工业城"（company town）。在工业化国家中，工业是促使大多数城市发展的主要因素，也是城市的主要经济基础。工业城市形成的初期，往往具有专业性的特点。随着城市规模的扩大和工业生产分工协作的发展，城市工业部门的结构往往经历了从简单到复杂的发展过程。在地理、资源等条件优越的地区，专业性工业城市会逐步演变为综合性工业城市。

5.现代智慧城市

随着信息化革命迅速地席卷全球，人类社会正由后工业社会进入信息社会。信息化为当今社会开启智慧城市的大门提供了必要的技术支持。新型智慧城市以为民服务全程全时、城市治理高效有序、数据开放共融共享、经济发展绿色开源、网络空间安全清朗为主要目标。通过体系规划、信息主导、改革创新，推进新一代信息技术与城市现代化深度融合、迭代演进，实现国家与城市协调发展的新生态，是现代城市发展的趋势与选择。

（二）绿色、宜居、生态城市的兴起

绿色生态的优良生活环境、宜居的生态城市空间是人类对城市建设的美好诉求。人与自然之间，从一开始就是一种相互依存、相互制约、相互影响的关系。人与自然和谐共生，创建适合人类居住与发展的宜居城市，显然已成为城市空间建构的主题。虽然宜居城市是一个综合的、动态的发展概念，不同政治体制、经济发展阶段、文化价值观以及不同利益主体对城市宜居的诉求存在着一定的差异性，但绿色、宜居、生态城市的基本内涵却具有一定的普适性。"宜人性""适宜性"与"可持续性"是生态城市的三大主要特征，具体指的是在公共卫生和污染问题等层面上的宜人性；舒适和生活环境美所带来的适宜性；历史建筑和优美的自然环境所带来的可持续性。

我国著名学者吴良镛院士倡导建立的"人居环境学科"将宜居城市的理念融入一个新的、前沿的、开拓性的学科。人居环境学科以人与自然的和谐关系为中心，以人类居住环境的宜居性为研究对象，创造符合人类发展需求的宜居生态城市。综合来看，宜居的生态城市不仅要有良好的物质硬环境，还应具备和谐的社会文化软环境，二者缺一不可。二者在不同城市或同一城市的不同发展阶段的实践过程中可以有所侧重。宜居的生态城市建设的核心是以人为本，充分考虑不同社会群体的居住环境需求，并坚持社会公平与正义。

归纳而言，宜居的生态城市应具备以下5个方面的特性：一是城市安全稳定性，即居住在这个城市是否安全，居民的生命和财产能否得到保障；二是公共设施的便捷性，包括居民能否享受到医疗保健、学校教育、养老、文化娱乐、交通出行等方面的城市公共设施，以及城市服务的便捷度；三是环境绿色生态性，即这个城市的环境是否有利于居民健康，包括气候条件、环境污染情况、自然环境舒适性等；四是社会和谐性，即城市是否有浓厚的文化氛围，社会是否包容、公平正义等；五是人文创新性，包括城市的经济条件、资源承载、国际交往、通信与创新等因素。以上5个方面决定了城市的开放性、包容性以及发展速度与规模。

第二节　生态城市空间的三维建构

自然空间、社会空间与历史空间是构成空间的三大组成部分，更是城市空间的三重维度。人类在考虑空间问题时，应立足于历史发展的过程与历史空间的角度，对自然空间和社会空间进行全面的考察，绝不能从某一种空间维度对其进行片面的论证。自然空间、社会空间与历史空间三者之间辩证统一的关系是建构生态城市空间的基础。人类在追求和谐社会与城市空间的理想状态的过程中，应客观地考虑自然空间的物质形态，辩证地认识社会空间的关系聚合。只有如此，才能对历史空间进行深刻的总体认识，才能真正认识生态城市空间的三重维度，进而才能对当代城市进程中出现的空间分异问题进行全面的解析。

一、自然空间的规律性

自然空间是大自然给予人类最丰富的馈赠，更是人类生存的根本。对于人与自然的关系，列宁曾指出："在人面前是自然现象之网。本能的人，即野蛮人，没有把自己同自然界区分开来。自觉的人则区分开来了。"人之所以能成为"真正的人"，成为"自觉的人"，重点就在于把自己与自然界区分开来。没有区分开来的人与自然并无差别，可以说其本身就是自然，处于人类最原始的野蛮阶段。一旦人类有了意识，将自己区别于自然界之外，自然空间就拥有了建构的可能性。对于野蛮人来说，自然空间是神秘莫测、神圣、不可战胜的未知领域。但对于自觉人来讲，自然空间作为人的生活空间，它的改变与发展除了应遵循自然界自身发展的规律，更应跟随人类的发展与改变而变化。对于自然空间的认识，应始终从以下两个方面进行考量：

（1）充分认识自然空间的客观发展规律。虽说人类赋予了自然空间存在的意义，但自然界有其发展的自身规律。人类只有充分认识自然界的客观发展规律，才能更好地认识自然、改造自然。近年来，"还耕于林""植树造林""治理雾霾"等措施的实施，均说明了人类认识自然空间与自然发展规律的重要性。可见，充分认识自然空间的客观发展规律应是城市空间建构的基础与前提。

（2）人类对于自然空间改造的合理性。人类对于自然空间改造的合理性是当今城市空间建构的重中之重。空间异化所产生的"城市病"，如大气污染、水污染、噪音污染、温室效应、交通堵塞、能源紧缺等，都是人类对自然空间改造不合理所造成的严重后果。理想的城市空间，是人类在充分认识自然空间发展规律的基础上，对其进行合理的主观能动改造的成果。只有如此，人类所向往的和谐空间、和谐社会与生态城市才能实现。

二、社会空间的意识性

生态兴则文明兴，生态衰则文明衰。既然城市空间是人化自然的实践产物，那么城市空间就不仅仅是一种物质形态，更应是一种人类社会关系等多种复杂关系的聚合。城市空间可理解为，人类长期在空间聚集与交往的过程中所形成的一种社会关系集合。

"社会的人的感觉不同于非社会的人的感觉，只是由于人的本质的客观地展开的丰富性，主体的、人的感性的丰富性，如有音乐感的耳朵、能感受形式美的眼睛。总之，那些能成为人的享受的感觉，即确证自己是人的本质力量的感觉，才一部分发展起来，一部分产生出来。因为，不仅五官感觉，而且所谓精神感觉、实践感觉（意志、爱等等），一句话，人的感觉、感觉的人性，都只是由于它的对象的存在，由于人化的自然界，才产生出来的。"[71]

人的存在与客观世界的相互依赖形成了人化自然的理念。自然为人类提供生存的基本物质环境，同时人的存在又赋予自然存在的意义。这其中"人与自然的融合统一"正是城市空间建构的本质与核心。人不仅具有与生俱来的自然属性，其本质上还是一切社会关系的总和。城市空间不仅具有自然性，而且具有社会性，是整体性的有机统一，也是人类社会发展与人类进步的重要元素。

"空间是一种社会关系吗？当然是，不过它内含于财产关系（特别是土地的拥有）之中，也关联于形塑这块土地的生产力。空间里弥漫着社会关系，它不仅被社会关系支持，也生产社会关系和被社会关系所生产。"[13] 据考证，"社会空间"一词最初由法国社会学家涂尔干（Emile Durkheim）在 19 世纪晚期提出并应用[72]。自 20 世纪开始，社会空间被西方学者广泛应用于多个学科领域，如哲学、社会学、人文学、地理学等。但无论社会空间被应用在哪一个学科与领域，其包含的内涵与特征均具有以下三层含义。

（1）社会空间是人类聚集与群居的场所。社会性是空间的首要含义。所谓社会，即人与环境的总和，人类聚集的场所与区域则是社会产生的先决条件。人类社会发展之初，可以说是源于以血缘关系为主的游牧氏族部落。由于原始社会物质匮乏、生产力极度低下，人类基于生存需要必须聚集生活。聚集生活、共同劳作、劳动分工不仅推动了生产力的发展，更推动了社会的发展。

（2）社会空间是人类各种关系的集合，反映了当代人的意识。人类在此聚集、生活、劳动，必然时时刻刻发生着交集，产生各种社会关系。这样一张错综复杂的社会关系网络，体现了当时社会的价值观、愿望与希冀，具有浓厚的时代色彩与时代诉求。正是这种人类所希冀的愿望反过来支配着社会空间的建构。

（3）既然社会空间的首要特征是人类聚集，并在聚集、共同生活的过程中产生了各种各样的社会关系，那么人类必然应遵从当时社会的价值观对社会空间进行主观能动的改造。可见，人类的实践活动赋予了空间存在的意义，更是社会空间生产的核心要素。这不仅是城市形成的起源，更是城市空间建构的基础。

三、历史空间的统一性

毫无疑问，世间万物的发展都经历了漫长的岁月洗礼，从产生、发展、完善到定型是一个渐进的过程。城市的形成与城市空间的建构同样经历了这样漫长的过程。城市的产生与发展需要许多先决条件的支撑才能进一步实现，如自然条件与地理位置的允许、人口的聚集、生产力的发展、农业与经济的繁荣等。由于推动城市的产生与发展需要多种要素集合，众多学者才能从各自的领域与视角探讨城市产生与发展的动因。例如，城市地理学家多从自然环境的角度出发来探讨推动城市形成的动因；经济学家对城市的研究多侧重于经济发展对城市的影响与贡献；社会学家对城市的探讨则着重于对人类的研究。虽然从不同的视域都可以对城市进行剖析与解读，但对城市形成与发展的研究不应只局限于某一视域，而应从"历史与整体"的角度、从整个人类发展史的角度来进行全面的考察与探讨，从而总结与归纳出城市发展的基本规律。人类只有真正理解了城市发展的基本规律，才能进一步从微观的具体学科来对城市的发展进行更加具体与详尽的分析。

美国社会学家刘易斯·芒福德在《城市发展史》一书中，在对城市的界定中明确指出了城市的历史性。城市研究不应仅局限于物质与建筑形态，更应该着重关注其历史传承与文化发展。只有全面认识城市发展的具体历程，才能更真实地了解城市发展的本质，以及识别出推动城市演化、人类进化的动力，进而真正地将城市发展与人类发展完美结合于一体，实现人类一直追寻的"理想家园"。"城市不只是建筑物的群体，它更是各种密切相关、经济相互影响的功能的集合体，它不单是权力的集中，更是文化的归集。""如果我们仅只研究集结在城墙范围以内的那些永久性的建筑物，那么我们就还根本没有涉及城市的本质问题。我认为，要详细考察城市的起源，我们就必须首先弥补考古学者的不足之处，力求从最深的文化层中找到他们认为能表明古代城市结构秩序的一些隐隐约约的平面规划。我们如果要鉴别城市，那就必须追溯其发展历史。"[41] 因此，对于城市的研究应追根溯源，从其产生的根源、发展的历程对其进行全面的解析。

随着时间的流逝与历史的发展，空间始终处于不断累积的过程中。这代表着任何一种空间形态都势必处于不断发展的过程中，新的空间形态必然是基于旧的空间形态发展而来的。新的空间继承并发扬了旧空间中合理的、积极的内容，抛弃了其畸形的、消极的内在因素，形成了新的、符合时宜的空间形态。由此可见，在历史发展的过程中，自然空间与社会空间的发展理应蕴含着历史空间的发展。

人类与社会的不断发展造就了历史的产生，更造就了历史空间的不断改变。如果说自然空间是一种物质形态，社会空间是一种流动的关系集合，那么历史空间则是城市空间构建过程中必须遵循与考虑的具体情况。历史是社会发展的必要产物，历史空间是随着社会发展而不断累积产生的空间形态。对历史空间的考察应以时间轴为发展脉络对其进行考察，例如历史的三个阶段：农业社会、工业社会、后工业社会。城市空间形态随不同历史阶段而改变，同时也受前一历史阶段的空间积累所制约。新的历史阶段的来临，往往是人类对旧的历史空间的"扬弃"。自然空间和社会空间最终都会随着时间的流逝，终归于历史空间。可见，历史空间是阶段性自然空间与社会空间的累积与展现。

第三节 城市空间建构的实质是利益分配

城市是人类社会发展到一定阶段的历史产物，是人类智慧与汗水的结晶。正如上节所述，城市是人类生存与居住的空间，城市空间的建构理应依据人类的需求而建设。人类为了生存、为了能够更好地发展，就会不断地产生需求，更会不断地产生欲望。城市的本质就是人类为了满足自身发展需求与对美好生活的追寻所创造的物质环境。人类从发现工具、使用工具、改造工具到创造科技、发展生产力等不断地努力，都是为了满足自身的需求与欲望。可见，人类的需求是推动城市不断发展的动力，是人类改造自然、创造城市空间的根本。那么，人类有了需求、有了欲望，接下来该如何改造自然、创造城市呢？这就需要从城市建构的核心要素开始解析。

一、生产力与城市空间建构的相互影响性

自人类社会形成以来，人类通过不断的劳动实践改造着空间形态，建构符合自身发展的空间结构。空间展现给世人社会文明发展的轨迹，它如"时间"一样，是人类认识世界、了解世界、改造世界的基本方法。从空间研究史来看，空间并没有像时间一样，有一条明确的时间轴来展示人类文明的发展。然而，生产力与空间结构演变的历程却能清晰地折射出城市的发展史。

历史是由人创造的。人类是创造历史、改造城市的主体，城市的发展与人类的进化是息息相关、不可分离的。人类应在城市发展的历程中、在漫长的历史长河中，去寻求推动城市发展与形成的动因。既然历史是由人类创造的，那么人类是如何创造历史、创造城市、改造自然的呢？在历史形成的漫长的岁月中，究竟是什么促进了人类的进化、推动了城市的发展呢？毋庸置疑，答案就是生产力。

生产力的概念，最早源于法国重农学派创始人弗朗斯瓦·魁奈（Francois Quesnay）。他在探讨社会财富、分析经济问题的时候，首次提出了土地生产力的概念。"土地只有通过劳动、耕作才对人存在，才可以使生产力得到更高的发挥。" [73] 土地是人类社会创造财富、积累财富、保障财富的根源。土地是城市空间的依托，

是城市空间的基本载体，各种生产资料的生产都必须在"土地—空间"这个"机器"中完成。可见，土地、空间、生产力之间存在高度的关联性。只有劳动才能使人类在具体的生活空间中完成具体的生产活动，才能进一步为人类创造物质财富。人类在土地这个空间中通过劳动生产力创造着物质财富，用创造的物质财富改善着空间质量。由此可知，生产力促进城市空间演化，城市空间反过来影响着生产力的进步。

（一）生产力的内涵与构成要素

概括而言，人类的发展与城市进化在很高程度上依赖于生产力的发展。同时，土地与空间的形态与结构反过来又影响着生产力的发展。由于在不同时期，人类对物质财富的要求不同，导致生产力的性质、劳动的人数与生产劳作的方式都不尽相同。我们可根据生产力的不同性质将生产力划分为物质生产力、精神生产力与人本身的生产力；又可根据其载体劳动者的数量划分为个体生产力、群体生产力与社会生产力；还可根据具体的生产方式将其划分为劳动生产力、技术生产力以及创新生产力等。

1. 生产力的内涵

生产力的概念最早源于西方古典经济学家们的研究与思考。正如前文所述，法国重农学派的创始人弗朗斯瓦·魁奈在探讨社会财富、分析经济问题的时候，首次提出了土地生产力的概念。人类社会的财富来源于人类对土地的耕作。在魁奈看来，人类通过对土地辛勤的劳动耕作，生产出人类生存的必要品——农作物。随后，英国著名经济学家亚当·斯密提出了劳动生产力的概念。人类创造物质财富、改善生活质量的核心和根本就是劳动，只有劳动才能使人类在生活中完成具体的生产活动，才能进一步为人类创造物质财富。同时，斯密进一步讨论了劳动者对劳动技能掌握的熟练程度是提高劳动生产力的关键，并不止一次强调了劳动分工的重要性。

除此之外，大卫·李嘉图与弗里德里希·李斯特都试图建立属于自己的生产力理论框架，但都各有局限。如大卫·李嘉图忽略了生产力与财富和价值之间的关系，认为财富的增加是由商品的价值决定的，而商品价值的高低取决于人类在商品上消耗的时间与工作量。但随着机器的运用、科技的发展，用劳动量来衡量商品的价值显然是错误的。此外，他也忽略了生产力的发展与人之间的内在联系。李斯特试图构建的生产力理论的核心是国家生产力，其本质是精神生产力。他认为文化和精神的建构可以显著提高人类的个人修养和素质，进而促进国家生产力的提升；人类的精神世界是促进人类生产力进步的根源，用他的话来总结就是"精神生产了生产力"[74]。但显然，生产力的范围并不仅仅是精神领域。

首先，应将实践引入生产力概念之中，并用实践来阐释生产力的内涵。实践是人类存在的基本方式，是人类主观能动地改造自然的具体活动。人类只有通过实践的具体活动才能进一步自我发展、自我提高、自我完善。实践是实现一切物质财富的创造与人类发展等具体活动的基本手段。对生产力概念的阐述绝不能脱离人的发展，而应将两者相结合。生产力是人类生产实践活动的能力，是社会发展与人类生活的一切物质基础。

其次，生产力不仅决定着社会与人类发展，更决定着社会中的其他一切活动，如经济、政治、文化、宗教活动。生产力是人类最基本的实践活动。人类通过生产实践获取某种物质利益，进而满足自身发展的需求。生产力最核心的目标是促进经济活动的发展，而经济活动的发展又影响着社会中其他活动的发展。

总之，劳动不仅是维持人类社会发展的根本性活动，更是人类实现自我价值的具体路径。因此，生产力不仅为社会创造了物质财富，更实现了人类存在的价值。生产力的概念应始终与人的发展相结合。生产力就是劳动的生产力，是人类具体的实践活动。人类只有通过具体的劳动实践才能改造自然，创造物质财富、精神财富，进而推动人类与社会的全面发展。

2．生产力的构成要素

在发挥生产力能效的具体过程中，人类既需要自然界的土地及原材料等物质资源的支持，也需要社会劳动、知识、技术等人力资源的支撑。发挥生产力能效的过程是社会人通过对自然物的主观能动改造而实现的物质生产过程。根据生产力具有的双重属性（自然属性与社会属性），学界对于生产力构成的要素持有多种不同观点，这其中以生产力要素的三因论、双因论与多因论为主流观点。

（1）生产力三因论。生产力三因论认为，生产力的构成要素包括有目的的活动或劳动本身、劳动对象和劳动资料。这三个要素在一切劳动过程中缺一不可。劳动过程又可看作生产劳动的过程。基于此视角，人们指出，传统生产力构成的三要素，分别为劳动者、劳动对象与劳动资料。英国著名学者柯亨对生产力的构成做出了另一种阐释。他认为生产力由生产资料和劳动力组成。生产资料包括生产工具、原材料与生产空间。这其实从另一个侧面支持了生产力三因论。图 2-1 列出了柯亨所提出的生产力的构成要素。

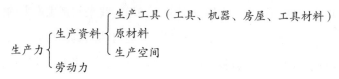

$$
生产力\begin{cases}生产资料\begin{cases}生产工具（工具、机器、房屋、工具材料）\\原材料\\生产空间\end{cases}\\劳动力\end{cases}
$$

图 2-1　柯亨的生产力构成要素图 [75]

（2）生产力双因论。生产力双因论认为，生产力由生产资料与劳动力构成，不包括劳动对象。这种观点认为生产力是人类创造物质财富的一种能力，这种能力并不会随着劳动对象的消失而消失，是与劳动过程有本质区别的。劳动过程会因为劳动对象的消失而终止，但生产力却始终存在于人类的身体中，并不受劳动对象的制约与束缚。它是人类的一种能力与技能，是一种能动的社会力量，因而只包括能动的因素，如劳动者与生产工具，而不包括非能动的因素，如劳动对象。

（3）生产力多因论。随着科技的发展，生产力开始逐步从人类的体力劳动中解放出来，更多地出现在人类的脑力劳动中。于是，人类开始把科技、管理、组织、教育等更多的因素纳入生产力构成要素的范围之内，从而形成了现代生产力的多因素论。

哈贝马斯对于生产力的构成给出了这样的概括："生产力是由下列因素构成的：第一，在生产中进行活动者，即生产者的劳动力；第二，技术上可以使用的知识，即变成了提高生产率的劳动手段——生产技术的知识；第三，组织知识，即有效运用劳动力、造就劳动力和有效地协调劳动者的分工合作的组织知识（劳动力的动员、造就和组织）。"[76] 由此可见，现代生产力的发展主要依靠知识的提高与科技的发展。此外，有些学者认为应将任何能够推进人类知识的提高和科技创新的因素，都纳入生产力的构成要素中来，如管理、制度的促进作用等。图 2-2 列出了构成现代生产力的多个因素。

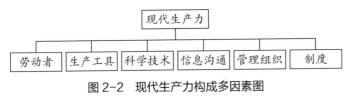

图2-2　现代生产力构成多因素图

归纳而言，随着时代的发展，生产力的构成要素也在逐渐改变。例如在原始社会，当人类还没有意识到工具对于生产力的重要性时，生产力的组成仅仅包括劳动者对劳动对象的改造。然而，当人类认识到生产工具的运用可以极大限度地提高生产效率时，生产力的构成要素就转化为劳动者、劳动对象以及劳动资料。当蒸汽机、纺纱机、电力、火车等工业机器闯入人类生活，人类惊讶于其强大能力的同时，更逐步认识到科技对生产力的巨大贡献。"科学技术是第一生产力"这一命题逐渐得到了众多学者的认可与普及。

3．生产力的类型

虽然随着时代的变迁，人类对于生产力的构成要素有了不同的观点，但对于生产力的类型，人们却普遍认同可根据生产力的不同方面进行下述划分。

（1）物质生产力、精神生产力与人本身的生产力。根据生产力的性质，我们可将生产力划分为物质生产力、精神生产力与人本身的生产力。从广义上来说，人类生产创造的一切物质财富都可归纳在物质生产力的范畴之内。人类与动物最根本的区别就是，人类可以主观能动地改造世界，人类具有独立判断与思考的能力，人类是有意识的主体。精神生产力主要是指人类塑造其思维、观点、意识、价值观、道德观等精神世界的能力。精神生产力不仅可以为人类创造物质财富提供指引与帮助，更是人类缔造精神文明的核心。那什么是人类创造物质财富与缔造精神文明的前提呢？答案显而易见，那就是人的存在。人本身的生产力指的是人类自我繁衍与存活的能力。在科技不够成熟的原始社会与封建社会，人本身的生产力多是指大自然赋予人类的最原始的生育力。"多子多福""人丁兴旺"均体现了人类对于人本身生产力的现实诉求。在现代社会，人本身的生产力，不仅指的是人类的生育力，更多地倾向于人类对自身健康与寿命的管理。例如，人类平均寿命的不断延长体现出人类对人本身生产力的不断追求。生活决定意识，意识推动生活，这一切存在的前提条件正是人本身的存在。

（2）个体生产力、群体生产力与社会生产力。我们还可以根据劳动者的数量与劳动的复杂程度将生产力划分为个体生产力、群体生产力与社会生产力。个体生产力就是指人作为单独的个体所拥有的改造自然与创造物质财富的能力。由于个体间的差异，个体生产力的能力也因人而异、参差不齐。很多时候，个体并不能独立完成较为复杂的生产劳动目标，而需要他人的协助合力完成。于是，群策群力的群体生产力出现了。由于个体数量众多，群体生产力中的生产关系也相对复杂，但其能够产生的生产效率往往是惊人的。社会生产力则是宏观层面上当时社会的一切生产力的总和，代表了这一时代或这一时期生产力的总体发展水平，是推动社会发展与时代变更的核心动力。

（3）劳力生产力、技术生产力与创新生产力。不同历史时期，生产力体现的主要生产方式也因时而异。在生产力水平普遍低下的原始社会与封建社会，生产力主要表现为由具体的、分散的个体狩猎与捕鱼等劳力活动，转变为相对较集中的农业耕种等体力劳动，可统称为劳力生产力。自16世纪中后期，伽利略通过实验将科学、技术与物质生产结合在一起开始，人类逐渐发现了技术对生产力所产生的巨大推进作用。尤其自工业革命开始，人类社会彻底从传统的农业社会转变为工业社会。蒸汽机与电力的广泛利用使人类品尝到了科学技术对于生产力发展的强大促进作用。

近代以来，各类技术生产力如雨后春笋般不断涌现，人类开始不断学习技术、掌握技术并将其熟练运用于不同领域之中。然而，技术发展到一定的程度便会形成固有的发展模式，进而固化生产力的发展速度。如何打破这一模式就变成了推动社会发展与生产力进步的关键。创新是颠覆思维、打破僵局的唯一途径。"创新是生产力"的论述逐渐走入人类的视野并被大众所推崇。创新驱动发展战略成为新时代我国发展的基本战略之一。总体而言,技术生产力与创新生产力是相辅相成、融会贯通的。创新生产力创造了新的科技，新的科技需要得以推广与运用才能进一步普惠大众，这就需要人类熟练掌握并运用新的科技，即提升技术生产力。

（二）生产力促进城市发展

人类可基于历史的发展过程来回顾城市的发展历程，基于城市的发展历程来回顾生产力的发展历程。从原始部落、封建城池、市民社会（前工业城市）到工业城市，以及现今发展的智慧城市，由城市发展与空间演化的历程，我们不难发现，生产力不仅是推动整个人类社会发展的决定性力量，更影响着城市空间形态与结构的演变历程。生产力的发展为城市的进化与人类社会的发展提供了不可或缺的物质基础。没有生产力的发展，人类社会将永远定格在原始部落，定格在人类为满足基本生存所需而辛苦奔波的纪元。

劳动是人类的本质，是人类真正的生命活动，是人类区别于动物的根本。劳动不仅能创造出人类所需要的物质生活资料，更能在劳动的过程中创建社会关系，从而进一步自我发展与完善，实现人类真正的全面自由的发展。劳动是一个随着历史的发展而不断发展的过程。世界的整个发展史是在人类劳动的基础上产生的，人类通过不断扬弃"异化"对劳动与对人的控制，进而实现人类真正的解放。"实践"是人的本质，是人类最基本的生命活动。"整个所谓世界历史不外是人通过人的劳动而诞生的过程，是自然界对人来说的生成过程。"[77] 没有劳动，人类无法维持其肉体的存活，更何谈世界、社会与城市的诞生？亚当·斯密在《国富论》中，对生产力对人类社会发展的重要性给予了充分肯定。生产力的发展给人类社会带来了巨大的剩余产品以及物质财富，是城市形成与社会发展的前提条件。

（1）生产力是人类生产实践活动的能力，是社会发展与人类生活的一切物质基础。实践是人类存在的基本方式，是人类主观能动地改造自然的具体活动。将实践引入生产力的概念中，用实践来阐释生产力的内涵，才能真正地理解生产力。实践是实现一切物质财富的创造与人类发展具体活动的基本手段。人类只有通过具体的实践活动才能进一步自我发展、自我提高、自我完善，从而达到"人的全面自由发展"。人类对生产力发展有着绝对意义上的主观能动性，生产力通过实践不断推动着城市发展与进步。

（2）生产力是人类基本的实践活动，是推动人类与社会全面发展的核心动力。生产力当然始终是有用的具体劳动。劳动不仅是维持人类社会发展的根本性活动，更是人类实现自我价值的具体途径。生产力不仅为社会创造了物质财富，更实现了人类存在的价值。人类通过劳动实践改造自然、创造财富、创造文明，进而满足其自身发展的需求。生产力通过促进经济活动的发展，进而影响着社会中其他的一切活动。

归纳而言，生产力一直是决定社会发展与人类进化的终极力量。它不仅决定了一切经济活动、经济现象，更是人类生存的物质前提。如列宁所言："物质生产力的状况是所有一切思想和各种不同趋向的根源，是生产方式中最活跃、最革命的物质内容。它的变化和发展，决定着生产关系的变化和发展。"[78] 生产力不仅决定了社会发展的物质基础，更为人类创造了一切生活的条件，是城市的起源、形成与发展的核心推动力。生产力发展决定人类社会的经济基础，经济基础的改变又决定人类社会上层建筑的构成。简而言之，生产力的发展不仅推动了城市的发展历程，更推动了人类的发展历程。

（三）城市空间影响生产力发展

土地是社会空间产生的基础，更是城市形成的先决条件。人类营养与能量的来源——食物，必须在土地上完成生产与种植。没有土地，人类无法生活，生产力无法存在，城市更无法形成。由于"土地—空间"的不可或缺性与重要性，地租变成了资本运作的一个重要因素。资本主义社会践行土地私有制，人们一旦购入土地可终生持有、继承、买卖。资本家如需在特定区域范围内进行生产经营，就必须从土体所有者的手中获取土地的使用权或所有权，地租便产生了。地租在资本运作中具有不可替代的决定性意义，导致资本家们争相操控地价与地租，从而影响生产力发展。

自英国古典经济学家亚当·斯密开始，李嘉图、马克思等都对地租进行了深入系统的研究。李嘉图在《政治经济学及赋税原理》中指出，地租的产生依赖于土地的地理位置、数量、大小以及土壤的肥沃度等因素。地租的研究应以分配为基础，并把劳动价值论与级差地租的理论联系在一起进行系统的研究。土地对人类生存的重要性，使得人类对地租的研究越来越充分。对地租理论的研究不仅应基于劳动价值论，还应与剩余价值、利润、生产价格相联系。

土地由于地理位置、优劣程度方面的差别，其生产状况、收益情况也不尽相同。

位于城市中心的优质土地产生了难以想象的超额利润，而位于有限的优质土地上的产物则由于昂贵的地租而增多，形成了市中心高楼大厦拔地而起的现象。当市中心的建筑物与空间达到了一定密度的饱和后，资本家会随即向市中心四周谋取商机，从而将其资本投入在邻近市中心的、地租相对便宜的土地上谋求发展，寻找下一个利润增长点，这正是城市扩张的基本路径。随着级差地租的加大与土地上建筑空间的不断增加，土地上人口的密度也明显飙升。优质的稀缺土地带来资本的不断投入、建筑空间的增多、人口的密集，同时也带来风险与不稳定。有限的土地与不断增加的建筑物以及人口密度，也为城市空间的安全带来了隐患，从而影响了生产力的实施。例如，频发的暴力事件、反社会行为和高犯罪率等都影响着甚至制约着生产力发展的进程。

二、空间是城市利益分配的基石

在西方先贤的城市观中，城市即废除了私有制、消灭了剥削、实现了城乡融合、达到了人类全面自由发展的社会。亚里士多德在《政治学》一书中，对城市的描述为："城邦的长成出于人类'生活'的发展，而其实际的存在却是为了'优良的生活'。"[4]城市的本质不在于城墙的建设，更不在于边界的明确，而是在于人类共同发展的目标与利益。城市不仅是人类对自然界主观能动的改造，更是人类最为得意的人工创造。

城市的存在不在于物质形态的辉煌，而在于是否能够满足人类不断发展的需求。有限的社会物资对应着不断发展的人类需求，"利益分配"应运而生。空间是人类生存的基本载体，空间权益是关乎全体民众的基本权益。由于个体能力的差异及资源占有的不同，社会阶层逐渐产生并分化，人们对空间的占有也不尽相同，最终造成空间隔离的形成与城市空间分异现象的产生。如何正确对待城市中不同阶层日益增长的空间需求，维护空间正义与空间秩序，从而真正实现宜居城市的创建，满足人民日益增长的对美好生活的需求，已成为当今社会城市空间研究的主体，即城市空间分异研究。这一切的起源，皆为利益分配。

人的活动赋予了自然空间存在的意义，使其脱离了混沌、未知、蛮夷的属性，成为能满足人类不断发展的需求的社会空间与历史空间。然而，需求的扩张是持续的、无限的。由于有限的资源和无限的需求之间存在矛盾，分配的重要性不言而喻。

（一）剩余产品推动生产力发展与社会分配的产生

从原始社会开始，又或者自人类有意识地进行劳作开始，空间与人类便相互赋予了存在的意义。在人类聚集于某一空间区域内集体生活与劳作的过程中，劳动分工促使剩余产品出现，游牧社会转变为固定区域的氏族聚落，市场与城市的雏形随之初步显现出来。市场与城市的形成代表着区域内剩余产品的出现、物资的丰富以及生产力与经济发展等一系列活动的活跃。所有制与私有制的出现，推动着剩余产品的产生与生产力的进一步发展。有限的物资对应着人类无限的需求，社会分配应运而生。

（二）社会分配与社会生产具有一致性

社会分配涉及的领域极广，不仅涉及物质方面的各种利益分配，还涉及政治、文化、教育等各个领域。可以说，社会分配的导向引导并影响着社会发展的导向，社会分配是社会发展的重要组成部分。关于分配，消费资料的任何一种分配，都不过是生产条件本身分配的结果；生产条件的分配，则体现了生产方式本身的性质。例如，资本主义生产方式的基础在于，物质的生产条件以资本和地产的形式掌握在非劳动者的手中，而人民大众只有人本身的生产条件，即劳动力。劳动者、资本、地产等生产条件决定着社会分配的方式。简单来说，就是社会分配的前提是社会拥有可分配的物资，社会才能进行分配。从根本上来说，社会分配受制于社会生产的具体能力，社会分配与社会生产具有一致性。

（三）空间是生产的前提与社会分配的基石

空间作为劳动者生存的场所、资本运作的领域、土地存在的形式，为一切生产条件提供存在与运行的基础。没有空间就没有生产条件存在的可能，没有生产条件就谈不上社会分配的出现。生产条件包括生产资料与劳动者，土地（空间）是生产资料中不可或缺的一个重要部分；居住空间是劳动者生存的必要条件；原材料的产生与质量的好坏依赖于自然空间与土地的优劣；生产工具技术水平的高低与工作环境（空间）的好坏紧密相关。由此可知，空间是生产条件产生的前提，更是社会分配的基石。图2-3列示了空间与社会分配的关系。

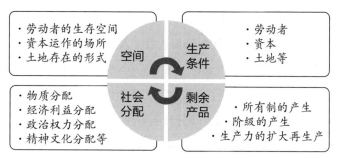

图2-3　空间与社会分配关系图

三、分配关系决定社会建构

随着社会的不断发展、财富的不断累积、文明的不断进步，人类对物质生活的要求也随之不断提高。物质的丰富、欲望的无限，体现出分配的重要性。合理的分配是社会稳定的重要条件之一，更是一种从社会现实情况出发的具体行为。

"在生产中，社会成员占有（开发、改造）自然产品供人类需要；分配决定个人分取这些产品的比例；交换给个人带来他想用分配给他的一份去换取的那些特殊产品；最后，在消费中，产品变成享受的对象，个人占有的对象。生产制造出适合需要的对象；分配依照社会规律把它们分配；交换依照个人需要把已经分配的东西再分配……因而，生产表现为起点，消费表现为终点，分配和交换表现为中间环节，这中间环节又是二重的，因为分配被规定为从社会出发的要素，交换被规定为从个人出发的要素。"[79]

生产关系决定分配关系，分配关系决定社会构建。分配依靠特定的社会规则对现存物资进行划分，它决定着个人占有社会物资的比例和数量，是关乎所有民众切身利益的重要环节。生产、分配、交换、消费是相互影响、相互统一的完整经济链条。生产是这一过程的起始，起着决定性作用。分配则是生产关系的一种体现。生产并不是一成不变、抽象的活动，而是由当时特定的社会环境和历史条件所影响、改变的具体活动。分配也是由当时的社会规则和社会情况决定的，并且直接受生产影响。城市空间建构的实质是分配，即对政治空间、经济空间、居住空间、工作空间、文化空间、娱乐空间等各类空间的规划与分配。

　　生产关系决定分配关系，分配关系催化空间分异。分配资源必然无法做到完全的平均分配。个体的差异、能力的大小、产出的多寡等各种因素聚集，均影响着分配差异化的产生。差异的分配影响着社会中人与人的、群体与群体之间的层次，从而形成社会等级。社会学家普遍称这种有序排列，如地质构造中高低阶梯排列的层次为"社会分层"。如不适时控制社会分层的出现，社会分层将有可能进一步发展为空间分化，进而导致城市空间分异的产生。只有遵循生态城市空间建构的基本原则，探究其建构的本质与根源，进而寻找联动发展的共性，围绕空间建构的主要原则与治理模式展开研究，才能真正实现城市空间的稳定分配，最终达到和谐社会的理想状态。

第三章　绿色宜居与生态城市空间内涵解读

　　生态文明建设不仅是新时代社会发展的重要议题之一，更是人民安居乐业、城市可持续发展的根本。自 20 世纪 80 年代起，我国经济快速发展，人口急剧增长，城市空间不断扩张与更新，城市面貌更是随着社会发展日新月异，而城市群与城市圈的不断发展代表着高级空间组织形式的形成。京津冀城市群、长三角城市群、粤港澳大湾区、成渝城市群、长江中游城市群、中原城市群、关中平原城市群、上海城市圈、武汉城市圈、长株潭城市圈等均推动着国家重大区域战略的融合发展。建立以中心城市引领城市群发展、城市群带动区域发展的新模式，才能进一步推动区域板块之间的融合互动发展。

　　党的十九大报告中提出："人与自然是生命共同体，人类必须尊重自然、顺应自然、保护自然。我们要建设的现代化是人与自然和谐共生的现代化。"人类既要创造出更多物质财富与精神财富以满足人民日益增长的美好生活需求，更要提供更多优质生态产品以满足人民日益增长的优美生态环境需求。要实行最严格的生态环境保护制度，形成绿色发展方式与生活方式，坚定地走生产发展、生活富裕、生态良好的文明发展道路，建设美丽中国，为人民创造良好的生产生活环境，为全球生态做出贡献。

　　城市群与城市圈的不断发展推动着人民的物质生活和精神文明需求日益丰富。目前，各地政府将绿色宜居与生态空间作为城市空间建构的基础与首要发展目标，在城市的公共基础建设中贯彻绿色、生态与美化。在公园、广场、居住空间中以生态、环保、绿色、低碳为建设规划理念，为城市带来了巨大的、积极的正面空间效应，更是实现"人类对美好生活追求"的基本路径。近年来，各地政府在城市功能分区中斥资建设广场、公园、体育中心、文化展馆等宜居空间，以构建真正绿色生态的宜居城市为城市规划核心。我们可以欣喜地看到，"绿色城市""宜居城市""幸福城市""生态城市""以人为本"等标题在各大媒体上广泛宣传。但在人类的现实生活中，生态城市空间建构仍存在一定的形式主义，部分绿色宜居与生态城市空间的建设变成了一纸空文。绿色宜居与生态城市空间的真实内涵到底是什么，什么是绿色宜居与生态空间的城市规划，谁是评价城市绿色性、生态性、宜居性的主体，如何做到真正将绿色性、生态性、宜居性与行动、规划、实施相结合，都是当今生态城市空间建构的研究重点。

第一节　绿色宜居与生态城市空间

　　城市是人造综合体，是人类根据自身需求与发展需求建设的人工制品。据考古学家考证，也许世界上最早诞生的城市是公元前 3200 年左右建设的位于尼罗河下游的孟菲斯城，我国最早建立的城市或许是距今 3500 年左右的商王城。这些原始建造的城池中就存在着建筑、街道、公园、绿化，其中由于对遮阴与居住舒适度的追求，古城池中存在着大量树木与绿化的生态要素。探寻城市发展的历程，不难发现，在工业革命时期，由科技革新带来的生产力大飞跃极大地促进了城市的发展，人类在物质需求、精神需求等方面得到了巨大的满足，同时也极大地激发了人类改造世界的热情。工业化、城市化的盲目发展与开发致使一系列破坏环境、牺牲自然生态的现象层出不穷。此外，过度的工业化需要大量的劳动力支撑，劳动力的过度聚集导致城市住房紧缺、环境恶化、公共设施缺乏等一系列社会问题滋生。在现代城市治理中，教育资源分配不均、医疗资源紧缺、房价高昂、交通拥堵等一系列社会问题都成为宜居城市建设的障碍。

　　21 世纪初期，对"绿色城市、生态城市、宜居城市"的呼声越来越高。1985年 12 月 17 日，第四十届联合国大会确定每年 10 月的第一个星期一为"世界人居日"（The World Habitat Day），"城市让生活更美好"是世界人居日建立的宗旨。从其每年的城市建设主题，如城市——希望之乡（2006），安全的城市、公正的城市（2007），和谐城市（2008），规划我们的城市未来（2009），城市让生活更美好（2010），城市与气候变化（2011），改变城市、创造机会（2012），城市交通（2013），来自贫民窟的声音（2014），人人享有公共空间（2015），以住房为中心（2016），住房政策可负担的住房（2017），城市固体废物管理（2018）等可以看出，绿色、生态、宜居是当代人类建设城市始终追求的理想状态。由此可见，绿色宜居与生态空间自古以来均是人类创造城市时必须考虑的因素，是始终左右着城市发展方向的主要因素。实现城市有序建设、适度开发、高效运行，努力打造绿色生态、和谐宜居、富有活力、各具特色的现代化城市，让人民生活得更美好，是当代城市建设努力的方向与趋势。

一、城市绿色生态空间的概念、构成与功能

近年来，全球城市的快速增长给全球气候变化带来了很大的挑战。2012年，我国所排放的温室气体已占全球温室气体排放总量的27%。2018年，据英国《科学新闻》报道，尽管气候科学家和联合国等国际组织不断呼吁，要求各国采取措施削减二氧化碳排放，但全球碳排放量还是在2018年创下历史新高。英国石油公司首席执行官戴德立在《世界能源统计年鉴（2019年）》发布会上指出："2018年，全球能源消费和使用能源过程中产生的碳排放增速，达到了自2010年以来的最高水平，这与《巴黎协定》设定的加快转型的目标背道而驰。"2018年全球碳排放量之所以大幅上涨，主要是因为全球煤炭消耗量连续两年稳步增长，以及石油和天然气用量持续攀升[80]。全球应对环境污染与温室效应问题刻不容缓，对绿色空间与绿色城市建设的诉求日益强烈。2014年11月，我国《关于加快推进生态文明建设的意见》在党的十八大提出的"新四化"概念，即在"新型工业化、信息化、城镇化、农业现代化"之外，又加入了"绿色化"，体现出"绿色生态建设"的重大意义。

（一）绿色发展理念内涵

绿色发展理念是以和谐、共生、效率、创新、协调、开放、共享与可持续发展等为目标的一种社会经济增长和发展方式。1989 年，英国环境学家大卫·皮尔

斯（David Pierce）在《绿色经济的蓝图》一书中首次提出了绿色经济的概念，并指出绿色经济应作为政治目标促进经济增长，鼓励通过政策法规与市场机制促使环境达到标准，以维持生态平衡，使经济可持续发展。皮尔斯倡导社会经济发展应基于区域社会的生态条件进行考量，建立社会"可承受的绿色经济"。目前，学界普遍认同发展绿色经济是实现经济可持续发展的必然选择。归纳而言，绿色发展理念提倡将生态自然环境、社会经济发展与人类社会发展相关联，构建经济、社会、自然和谐共生的"人与自然生命共同体"。此外，生态环境的持续改善可显著提高人类的生活质量，促进区域经济发展。可以说，绿色发展理念是人类在社会经济高速发展过程中，由于日益恶化的环境问题导致生态资源危机频发之后所做出的深刻反思。近年来，我国大力倡导绿色发展理念，将生态文明建设确立为我国新时代改革发展与现代化建设的首要大事，不断深化生态文明体制改革，推进生态文明建设，开创了生态文明建设和环境保护的新局面 [81]。生态文明思想主要包含人与自然和谐共生的"和谐共生论"、"绿水青山就是金山银山"的"两山论"、推动形成绿色发展方式和生活方式的"绿色发展论"、实行最严格的生态环境保护制度的"制度保护论"以及统筹山水林田湖草系统治理的"生命共同体论"等五大方面 [82]，旨在最终实现人类社会的发展进步和生态系统的平衡。

经济发展需要生态资源的有效支撑。绿色发展理念强调对生态资源的综合利用效率，倡导改善生态资源利用结构、研发绿色发展技术、引导社会经济结构绿色化转变，在守护生态环境的基础上，实现在生态环境资源有限的前提下社会经济效应的不断提高。绿色发展是有效应对严峻的资源环境形势、主动适应社会主要矛盾变化以及构建现代化经济体系的内在要求。改革开放以来，我国城市现代化建设在大力进行经济建设的同时，十分重视发挥城市群自然生态资源优势，注重生态产业结构和城镇化布局，已初步形成城市群内优势互补、协作互动的区域格局。然而，现有城市产业集聚模式仍以"粗放型集聚"为主，区域生态一体化进程相对缓慢，生态环境问题急需治理。生态城市与绿色空间应根据城市实际的地理状况、生态资源、社会经济情况以及污染情况，基于绿色发展理念，对城市的整体区域进行宏观调控，构建多元主体参与、利益联动的生态一体化协同治理机制，以缓解生态与经济之间的失衡，助推生态城市群绿色经济的进一步增长。

（二）城市绿色生态空间的概念演变

城市绿色生态空间作为当前生态城市规划和建设的重要组成部分，能降低城市中一系列环境问题所带来的危害与影响，有益于城市居民居住环境的改善与身体健康的保障，是宜居城市的基础性要素之一。城市绿色生态空间的概念源于西方。19世纪末英国社会活动家霍华德提出的"田园城市"中就蕴含了大量绿色生态空间与城市协调发展的理念。1851年，美国颁布的第一部《公园法》象征着绿色生态空间正式成为城市规划不可或缺的一部分。

"城市绿色生态空间"的概念经历了一系列的演化历程，可简单划分为城市开放空间、城市开放绿色空间与城市绿色生态空间三个阶段。现今学界所指的绿色空间普遍指的是其发展的高级阶段，即第三阶段——城市绿色生态空间，它主要指的是城市自然生态环境中的绿地空间。我国住房和城乡建设部所颁布的《城市绿地分类标准》将绿地空间划分为公园绿地、防护绿地、附属绿地、生产绿地与其他绿地五大类，并指出，绿地空间具有休闲游憩、净化空气、改善气候、防灾防涝等重要生态功能。

1. 城市开放空间

城市开放空间强调空间的开放性与公共性。1877年，伦敦颁布的《大都市开放空间法》中将城市开放空间定义为：其内部不存在建筑体，或者仅有5%的面积内为建筑体，而在区域其他范围内则以公园绿地为主，凸显了空间的开放性、公共性与交互性。美国著名城市规划学家凯文•林奇指出：开放空间就意味着人类可以在其内部区域范围内随意开展各种活动，为在都市工作的人类提供开放与交互的场所。20世纪，在城市化进程不断加速的过程中，大量的大型城市与特大城市涌现出来。人口密集、建筑物增多、生存压力加大，导致人际关系淡漠。此种情况下，人们需要一定的公共空间，例如学校的广场、社区的架空层等，以释放生存压力，增强与他人的交互性。开放空间应当有一部分公共娱乐设施，可为周边一定区域范围内的居民提供休闲与放松的场所。由此可知，城市开放空间的概念强调的是开放性、公共性与社会性。绿地空间是城市开放空间的一种形式，但是它主要强调的是为所有人提供休闲娱乐。在空间有限的情况下，绿地空间可以不以绿地的形式呈现，例如社区架空层中有限的娱乐与健身设施，其含义应比城市绿地空间的更广，形式更为多样。

2. 城市开放绿色空间

顾名思义，城市开放绿色空间强调的是空间的开放性与绿色性，是城市开放空间的升级版。国内外众多学者在研究城市开放空间的过程中，均意识到绿色空间对城市开放空间的重要性。19世纪末，西方发达国家过度工业化导致城市化危机频现，人们意识到只有当城市开放空间拥有植被和水体等绿地时，才能既缓解城市环境污染等一系列城市难题，又为居民提供更加优美的休闲游憩场所。随后，世界各国均着力建立城市公园、廊道、绿带等各种形式的城市开放绿色空间，既增强了城市景观的美化性，又提高了城市居民的生活品质。以我国香港地区为例，第二次世界大战之后，我国香港地区的森林等自然资源遭到大肆破坏，火灾毁坏了大量的城市绿地与景观地带。1976年8月，为了改造城市开放绿色空间的状况，我国香港地区颁布了《国家公园法案》，要求我国香港地区在其后25年内提高25%的城市绿化率，以提高其居民的生活质量，缓解其居民因繁忙的城市工作而产生的精神压力，使我国香港地区成为全球闻名的国际化大都市。

3. 城市绿色生态空间

如今，越来越多的城市在规划城市公共空间时运用了绿地生态空间这一概念。这在一定程度上代表着城市开放绿色空间向城市绿色生态空间的转变，代表着城市绿色生态空间发展的相对成熟，更代表着各界对可持续发展这一理念的认同与倡导。城市绿色生态空间是城市开放绿色空间发展的高级阶段，是将绿色化与城市生态系统完美契合的高度统一。

城市空间可以简要地分为两部分：城市绿色生态空间与城市灰色空间。城市灰色空间是指城市建筑以及功能性的灰色空间（如道路、停车场等）。城市绿色生态空间构成城市绿色基础设施，形成城市的新陈代谢系统，对维护城市的可持续发展发挥着非常重要的作用。城市绿色生态空间的出现代表着城市发展为社会、经济、政治、文化以及自然生态的多元复合系统，代表着城市发展观发展至相对高阶的层次。城市绿色生态空间并不是单指由各类绿地构成的园林景观或生态绿地，而应是以土壤为基质、以植被为主体、以人类干扰为特征，并与微生物和动物群落协同共生的人工或自然生态系统，是由园林绿地、城市森林、立体空间绿化、都市农田和绿色廊道等构成的绿色生态网络系统。这不仅是一种鸟语花香、绿茵林茂的形态绿，而且是一种乔木、灌木、草本植物等合理布局，结构、功能、过程和谐的系统绿，更是一种技术、体制、行为配套，竞争、共生、自生功能完善的机制绿[83]。城市绿色生态空间不仅具有显著的生态服务功能，如净化环境、涵养水源、调节气候、生产氧气和吸纳二氧化碳、维持生物多样性以及赏心悦目等功效，还具有卓越的社会属性，为提高人类社交频率、增强生活幸福感具有巨大的促进意义，是宜居城市、宜居空间建设的基石。

（二）城市绿色生态空间的主要构成

在我国，城市绿色生态空间多被理解为绿地，它包括城市中各类拥有自然景观的公园、住宅绿地、单位绿地、道路绿化、墓地、农地、林地、生产防护绿地、风景名胜区域以及植被覆盖较好的城市待用地。它是兼具社会服务和环境保护等多重功能的场所。城市绿色系统对城市的自然生态、社会经济等方面具有重大的促进作用。

城市绿色生态空间是城市中各类自然、半自然或人工塑造的生态区域，覆盖、美化了城市地理空间，加深了人与自然、城市与自然之间的联系，提高了居民的城市生活质量。城市绿色生态空间根据属性可划分为以下三类：

（1）原生态自然绿色空间，指的是城市特定的地理区域中原始存在的自然绿色植被，例如，面积一般较大且多位于城市的郊区、植被覆盖度较高的自然林地与次生林等，以及城市的河流水系、湖泊等。近年来，由于城市建设的需要，城市中原生态的自然绿地越来越少，甚至已经荡然无存，取而代之的多为人工与半人工的城市景观地带与生态环境。

（2）半自然绿色生态空间，指的是城市建造者在城市原生态的生态资源之上进行人工改造所形成的自然景观与生态环境，是经过部分人类干扰活动所建成的绿色生态空间，兼具生态防护和植物生产的作用，例如城市内部的苗圃果园和都市农业景观等。由于其具有可塑的美观度与原生态的自然优势，近年来越来越多的城市规划学家推崇提高半自然绿色生态空间在城市绿色生态空间中的比例。

（3）人工自然绿色生态空间，指的是各类人工覆盖建设的生态景观与绿地资源，例如，城市建筑物中的绿色景观地带和完全由人类建设的公园绿地等。它以休闲游憩为主要目的，兼具生态保护功能，例如灌木、乔木和草地等，同时还包括一部分滨水改造空间。人工自然绿色生态空间使绿色空间可以通过运用人类智慧最大限度地覆盖城市各类空间，真正实现城市的绿色化覆盖，使城市绿色空间的自然属性、社会属性、经济属性等多维属性得到最大限度的体现。

归纳之，根据地域划分城市绿色生态空间，可将其分为正式的休闲场所、城市边缘绿色生态空间与非正式的绿色生态空间等三类。表 3-1 为依地域划分的城市绿色生态空间类型。

表 3-1　依地域划分的城市绿色生态空间类型

名称	地域空间	定义	表现方式
正式的休闲场所	主要集中于市中心	至少包括 1 公顷的可进入绿色空间，包括正式的公园、花园；可进入休闲场所；可进入城市林地以及其他方便进入的城市自然区域	城市公园
城市边缘绿色生态空间	主要位于市郊	与城市边缘相邻近的未开发的土地，面积大约为 10 公顷	自然保护区、绿色廊道和绿带等
非正式的绿色生态空间	连接市中心和市郊的城市绿色空间	人为设计的"自然"，以每公顷含有的绿色率（非正式绿色空间绿地率）来测量	行道树、绿带、廊道等

（三）城市绿色生态空间的基本功能

城市绿色生态空间是自然、社会、人文等多种因素相互作用的结果，是评判城市环境与居民生活的重要指标，是城市建构的重要组成部分，在城市建设与发展中发挥着不可替代的作用。城市绿色生态空间的基本功能包括生态功能、社会功能、经济功能与多维复合功能。

1. 绿色生态空间的生态功能

随着城市绿色生态空间研究的深入，其生态功能得到了大众认可，受到居民、企业等社会各方的追捧。城市绿色空间具有调节环境的生态作用，例如净化空气、水体、土壤、吸收城市废气、生产氧气、杀死细菌、阻断灰尘、降低噪音等；同时，还具有保持水土、维持生活多样性、防护减灾等生态功能，能缓解城市发展历程中出现的内涝、高温热浪、雾霾沙尘等极端恶劣天气所带来的负面效应，使居民的居住环境与生命健康得到保障。因此，对植被、绿地、河流、湖泊等绿色空间的合理规划与科学布局，不仅能有效促进城市空间结构的优化，更能促进其自身生态服务价值的提升，为营造具有居民幸福感的宜居空间奠定基础。

2．绿色生态空间的社会功能

绿色生态空间兼具社会与美学的双重功能，能为城市居民提供休闲、娱乐、文化活动等一系列活动的社交场所。这不仅有益于居民的身心健康，更有利于提高人与人之间的社交频率，稳定人际关系。目前，关于城市绿色生态空间功能的研究，已从结构性研究转向对人类社会福祉的研究，包括运用行为地理学的方法对居民进入和使用城市绿色空间进行研究分析。健康的休闲娱乐方式，如走到户外、享受绿色空间成为行为地理学者关注的焦点。城市内部因子如土壤、气候、水文等基础资源的差异，导致城市绿色空间存在一定程度的非均匀分布，而社会经济的发展以及遗留问题进一步加剧了这一现象，剥夺了部分居民进入绿色空间的权利。居民的行为在一定程度上受到城市绿色空间分布、绿色基础设施配置状况的影响。目前，国内外已有的研究成果指出，人口的统计学特征，包括性别、年龄、种族、身体健康状况（如是否残疾）、受教育程度、社会地位、收入状况等都会影响居民对城市绿色空间的认知。但从复杂的社会发展和人的需求，如健康和心理需求来看，行为地理学还急需学习其他学科的方法和技术手段，来探讨绿色生态空间在城市发展中的作用。

3．绿色生态空间的经济功能

城市绿色生态空间不仅美化了城市景观，优化了生态环境，更为居民带来了满意的城市居住体验感，促进着城市进程的快速发展，为城市的发展带来了巨大的经济效应。例如，绿色生态空间可促进城市房地产行业的蓬勃发展。据调查，居民普遍希望在其住宅周围有 8%~10% 的水域和 6%~12% 的绿色生态空间。如果住宅周围 1 500 m 的距离之内有一定的绿色生态空间，房价就会上涨，平均上涨率约为 5%~8%。除此之外，丰富的绿色生态空间在创造城市旅游收入方面也发挥着巨大的作用，有利于提高城市旅游目的地形象、吸引外资、为当地创造就业机会、支持发展新兴产业、增加居民的可支配收入等，具有巨大的市场价值。

4.绿色生态空间的多维复合功能

绿色生态空间带来的巨大生态效应、社会效应与经济效应综合形成了其多维复合功能。城市绿色空间在社会、环境、生态和经济等方面均具有突出作用，是现代社会缓解压力、增强交流、培育情感和锻炼身体的重要场所，并在今后的城市发展中具有不可替代的作用。另外，人口密集、建筑拥挤导致现代城市矛盾和冲突不断，而城市绿色生态空间的打造不仅是建设生态城市的理想之路，也是缓解城市发展过程中各种矛盾与冲突的有效途径。城市绿色生态空间是城市景观的重要组成部分，是城市建筑物之间的黏合剂。它将孤立的建筑有机地联系起来，不仅构成了城市的具体面貌，塑造了城市的具体形象，也是各建筑单元之间的润滑剂。

归纳而言，我们应围绕绿色生态空间的规模、大小和景观特征，对其生态、社会和经济功能进行综合分析，结合城市人居和经济活动分布的特点，理解绿色空间对城市社会、经济和环境等的贡献和作用，度量城市自然层面和社会经济层面的相互影响，从而优化城市布局，增强城市发展的可持续性。图3-1为城市绿色生态空间在城市空间可持续性方面的作用。

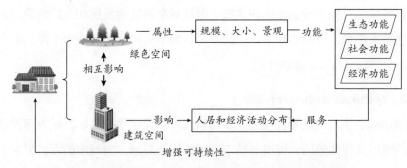

图3-1 城市绿色生态空间在城市空间可持续性方面的作用

二、生态宜居空间的特征、内涵与趋势

宜居空间是具有良好的居住和空间环境、人文社会环境、生态与自然环境以

及清洁高效的生产环境的居住地。1996 年，联合国第二次人居大会提出了城市应当是适宜居住的人类居住地的概念。此概念一经提出就在国际社会形成了广泛共识，已成为 21 世纪新的城市观。2005 年，在国务院批复的《北京城市总体规划（2004 年—2020 年）》中首次出现了"宜居城市"概念。2007 年，我国出台《宜居城市科学评价标准》，代表着城市空间的宜居性已成为城市空间建构中不可忽视的一环。该评价标准将社会文明、经济富裕、环境优美、资源承载、生活便宜、公共安全等 6 个方面归纳为评价宜居城市的准则。可见，城市空间建构既要顺应、尊重自然界发展的客观规律，更要将空间的宜居性作为城市建设的导向，建设有活力、具有幸福感、便捷性与交互性共存的人与自然、人与城市、人与人和谐共存的可持续发展城市。

（一）生态城市宜居空间的基本特征

作为人类生存的基本载体，宜居空间是人类追寻美好生活的最好体现。城市宜居空间的建设，首先应系统地审视宜居空间的基本特征，以更好地把握其本质的构成要素与内在联系，真正实现建设人类和谐与自然共生的理想城市。国内关于宜居城市的研究主要源于吴良镛的人居环境研究。他认为："人居环境的核心是'人'，人居环境研究应以满足'人类居住'需要为目的。"[84] 目前，人居环境的理论和方法是宜居城市研究的重要基础。对于宜居空间的基本特征应从人的属性、历史时代性与地域人文因素等三方面来全面考虑，如此才能构建具有"权变色彩"与时代特征的美好空间。

1. 生态宜居空间的生活便捷性

如上文所述，"以人为本"是城市空间建构的核心指导理念，城市空间是"以人为本的合目的性与合规律性统一"的建构。人类是城市的建造者，更是受益者。宜居空间是人类对空间从低层次需求上升到高层次需求的体现。美国城市学家刘易斯·芒福德指出，城市本质上是与人的进化紧密相关的。城市是一部从无到有、从简单到复杂、从低级到高级的发展史，反映出人类社会自身同样的发展历程。可以说一部城市发展史折射出一部人类发展史。人类为了自身发展的需求创造了城市中的住宅、道路、桥梁、学校、医院、商店、公园、汽车、电脑、电视、手机、衣物等一切生活必需品，而这一切都显现出人类对美好生活的追求，是人类对生活便利性、便捷性的需求。比如，人类需要交通，于是人类建造了道路；人类需要运输，于是人类创造了汽车、飞机、高铁等一系列现代化交通工具。电话、电脑、手机等各类智能终端产品的产生，更反映出人类对美好生活、便捷生活的追求。可见，宜居空间的首要特征是人类生活的便捷性。理想的宜居空间应始终与人类生活质量、居住便利相关联，呈现出"适宜人类居住"的基本特征。从历史的角度审视，一定时期城市宜居性的提升代表着人类某一阶段的物质与精神需求得到了不同程度的满足。然而，随着人类思想文化的不断进化、科技生产力的不断发展，人类对宜居空间的追求也因时而异。

便捷性是人类对宜居空间的本质追寻。城市生活的便利性体现在城市中拥有能让人感到舒适、愉悦，进而吸引人们在城市中居住和工作的各种设施与环境条件。同时，随着收入和教育水平的提高，便利性逐渐取代了物质优势及地理优势，成为城市吸引人才的重要因素，是推动城市发展的重要动力。尼尔森最新推出的《便捷至上，未来可期》消费者研究报告显示，不断加快的生活节奏与日益紧密联系的人群，正逐渐影响着消费者的购买决策。在中国乃至全球其他地区，越来越多的消费者在购买产品时开始关注产品的便捷性。他们更倾向于购买能为生活带来便利的产品。生活更是如此，人类对生活便捷性的追寻充分体现在宜居空间建设的目标上。比如，建设交通便捷的"15分钟生活圈"，体现出舒适性与便捷性对人类生活的重要性，更体现出人类对减少环境污染、降低碳排放量等做出的重大贡献。因此，人类生活的舒适性与便捷性，应被理解为宜居空间的首要基本特征而予以重视。

从物质空间的角度审视，城市源于街道，街道的便捷性是评判城市宜居空间的重要指标。街道是人类生活的必要通道，是人口稠密区中建筑连片区的道路。街道应当具有人口聚集、周边生活配套完善、步行功能导向、社会秩序井然、娱乐活动丰富等特征。公路的字面含义是公用之路、公众交通之路，汽车、单车、人力车、马车等众多交通工具及行人都可行走。早期的公路没有限制，大多是简易公路。后来，不同的公路才有不同的限制。由于交通日益发达，限制性使用的公路越来越多，特别是一些公路专供汽车使用（有的城市公路禁止单车、摩托车通行），而且发展出高速公路这种类型的道路，专供汽车全程封闭式使用。显而易见，街道与公路等交通通道连接着城市，为人类的出行与生活提供了便利，为人类的生活带来幸福感，反映了宜居空间的主要特征，更是"以人为本"建构思想的体现。

"15 分钟生活圈"的建设不仅是一种理想，更是一种实现便捷、幸福生活的保障。试想，若"15 分钟生活圈"中包含了学校、住宅、医院、商场、健身娱乐场所等绝大多数生活所需空间，那么在"15 分钟生活圈"中，人们不用开车、不用坐车，既方便又绿色出行，实在是宜居生活的典范。新加坡城市规划局将宜居空间的便捷性，作为城市规划的核心宗旨。"To make Singapore a great city to live, work and play."（致力使新加坡成为一个集生活、工作和娱乐于一体的宜居城市。）寥寥数语便描述出新加坡城市空间"宜居性"的规划理念以及实施的决心。新加坡城市规划局运用"交通耗时"来估算并规划生活区、商业区与历史保护区的分布，根据住宅区的体量配套规划小学教育，要求做到每一个小学生步行 500 米以内可以走到学校，且不用穿过主干道。此外，新加坡城市重建局根据住宅居民体量分散配套商业中心，在每一条街道、每一个社区规划综合商业体以保证居民日常生活的便利。此外，配套商业体的周边则普遍规划城际地铁、公共汽车等便捷交通工具通往不同的区域空间。"15 分钟生活圈"的建构与"智能交通网"的形成，体现了"以人为本"的宜居空间建设和倡导绿色环保出行的方式是城市空间建构的理想状态。

2．生态宜居空间的历史时代性

城市的发展是具有历史性的。在不同的历史情况下，人类对城市的追求、对宜居空间的要求是因时而异的。因此，在不同历史时代下，人类对宜居空间的建设目标也是不同的。比如，在历史条件相对恶劣、资源匮乏的远古时代，人类对城市建设的首要需求是安全，是免于受到其他族群的攻击与掠夺。正如古城池外高高耸立的城墙与护城河，保证了城池与外界保持一定的隔离，城内的统治者与老百姓才能安居乐业。在远古时代，城市的宜居性就是安全性，只有安全了，才能宜居，才能安居乐业。工业革命前后，科技生产力得到了质的飞跃，大量的物质超预期地不断被生产出来，工业大繁荣的时代来临了。丰富的物质、过剩的产能呼唤着贸易与交通的便利，城墙与护城河则成为阻碍城市进一步发展以及与外界沟通的障碍。于是，人类不断地开拓道路、开发交通工具，为贸易的便利创造条件。区域贸易往来的频繁、人类生活水平的提高以及物质生活的不断丰富，导致城市中的车辆不断增加成为必然趋势。可见，随着科技的创新与生产力的不断发展，人类对宜居性的需求在不断更新，宜居空间的内容也随之不断改变。因此，人类对宜居空间的追求是具有历史时代性的，是基于满足人类利益与需求基础之上的时代诉求。

推动社会进步的根本动力是生产力的不断发展，生产力的不断发展会导致生产方式的不断改变，生产方式的改变又会导致社会的不断变革。这种变革是全方位的，不仅仅是经济技术的发展和社会结构的改变，也包括文化的变迁和人类行为模式、生活方式的转变[85]。时代的变革是社会新的动力，它加速了人们生活方式的转变，甚至影响了人们对周围环境的真正感觉，使人们对宜居城市的要求也会发生潜移默化的改变，这就是宜居城市的时代特征。在我国经济发展的浪潮下，新的社会状态悄然发生着转变，社会各个领域都发生了全面的、不同程度的变革。这种变革在城市与城市之间、城市居民的生活图景中都有着不同的体现方式。

以城市中日益增长的机动车为例，虽然"15分钟生活圈"是一种理想的人类生活状态，但由于历史的局限性，这种理想的空间规划往往难以实现，取而代之的是车辆的增加与交通的拥挤。在市场经济环境下，只要人类具有购买机动车的能力，那么每个人理应具有自由购买机动车的权利。但当机动车的增长达到一定程度，超过了道路与停车场的最大容纳量时，交通拥挤、环境污染、停车困难等一系列现实矛盾就产生了，而这些是宜居城市发展的障碍。因此，人类购买、使用机动车的权利将在一定程度上被限制，摇号、单双号限行等一系列制度相应出台。可以说，人类购买机动车的行为源于对便利的生活与宜居空间的追求，城市管理者出台相应的管理制度也是为打造宜居空间而努力。可见，在不同历史阶段与不同时期，宜居空间的内容甚至是大相径庭的。这就要求我们在审视宜居空间的基本特征时，从历史与时代的特色出发对其加以审视，如此才能把握宜居空间的真实本质。

3．生态宜居空间的地域人文性

地域性，也称本土性，是指在一定时间和特定的地域范围内，由自然环境、政治经济、社会制度以及历史文化等各方面因素共同作用而形成的地区综合特征，代表着该地区的"人"与"环境"的综合关系。地域性包括自然性因素和社会（人文）性因素两个方面：自然性因素是指自然气候、地形地势和生态环境条件；社会性因素是指社会、文化、历史、政治、经济、技术等与人类社会密切相关的因素[86]。从物质空间的角度来说，城市的建设必然发生在某一地域之内。这一区域的气候、温度、资源、位置、人文、民俗等特性都是城市建设的基础与宜居空间建构的主要影响因素。不同区域的城市地理面貌迥异，气候温度差异极大，资源禀赋、人文民俗、历史传承更是不尽相同，例如我国南北方城市在这些方面均具有较大差异。不同地理位置的城市应根据自身地域特色与人文情况，因地制宜地构建具有自身特色的城市宜居空间。

城市宜居空间是地域性与人文性的结合，是一种自然环境与人文民俗的平衡，是城市大多数居民在适应地域环境时，根据当时社会的人文与民俗环境对城市空间进行的一种改造。人们根据空间的地域性形成了自我的价值观、生活方式与行为模式，并根据人类的价值观、生活方式与行为模式塑造出具有折射性的空间使用模式、空间观念和空间认知方式等。在形式上，空间的地域性多表现为适应自然环境和社会人文特征的空间布局、组织方式和形态等；在意义上，空间的地域性体现了空间的物质形态与人们的空间认知之间的和谐互动关系[87]。

地域与文化的多样性是生态宜居空间非常重要的一个特征。文化的碰撞与艺术的交流能丰富人们的精神文化生活，更能催生丰富的社会文化活动，凝聚城市整体性，增强居民的城市认同感，促进居民产生生活幸福感，吸引高质量的人才涌入城市生活。地域与文化的多样性可以用波西米亚指数来衡量。波西米亚指数较高，就意味着从事文化创意类的人与自由职业者的比例较高。伦敦、纽约、东京的波西米亚指数均比较高。纽约很早就提出了培育文化社交空间，发展功能混合的新型社区。它着意引导发展混合功能的新型社区，通过公共政策和城市规划调控地区的空间构成和密度，着意满足文化生产者特殊的居住需求，为开展文化社交创造良好的空间条件，使社会交往更加便捷、经济，进而促进文化生产，实现创新发展目标。在整个布局上，纽约强调"大分散、小集中"，引导一种大分散、小集中式的人文空间集聚区布局。其具体的人文空间集聚区，多分布在社区板块之间。人文空间集聚区可凝聚城市的整体性，平衡城市整体发展，与社区的其他成熟资源互补利用。

此外，生态宜居的城市属性还应考虑到城市中不同年龄、不同阶层居民的差异化需求。例如，我国一线城市商业发达、经济繁荣、建筑密度与人口密度大、交通便捷、机会众多，对于青年人、投资商来说是大显身手的理想场所，但是对于老年人来说则是交通拥挤、空气质量欠佳的非宜居之地。真正的生态宜居城市应充分满足各年龄段与各阶层居民的需求，满足复合式、差异化的城市宜居需求，为形成真正的宜居空间奠定坚实的基础。简而言之，生态宜居城市应在保护当地自然资源的基础上，遵循当地的人文传统与民俗风情，在城市建设的过程中，将自然资源与人文民俗有机地融入社会与公共空间规划的场所中，形成具有民俗性的城市景观，实现地域文化的传承、创新与发展。

（二）生态宜居城市的科学内涵

关于生态宜居城市的内涵与评判标准，国内外学者做了大量的研究与探讨。但由于生态宜居城市具有历史时代性特征，是一个动态的、随时代发展而不断更新的概念，所以，在不同时期，生态宜居城市的内涵会跟随当时的政治制度、经济情况、文化风俗、价值导向而不断更新与改变。目前，国内外学者对于其内涵解读得较为丰富，但并未规定出统一、权威的定义。虽然如此，我们仍能从丰富的概念定义中，对生态宜居城市的科学内涵做出较准确的判断。

1. 西方生态宜居城市的评判标准

国外学者对于生态宜居城市的研究相对起步较早，对其内涵解析得相对较为丰富。关于生态宜居城市的思想起源最早可追溯到古希腊，苏格拉底、柏拉图、亚里士多德等都对城邦中的理想生活做出了描述与规划。正如前文所述，亚里士多德的"优良的生活"、海德格尔的"人，诗意的栖居"、霍华德的"田园城市"、伯吉斯的同心圆模型、霍伊特的扇形模型、哈里斯和乌尔曼的多核心模型以及佩里的"邻里单位"等在不同程度上均体现出西方生态宜居城市的思想内涵。

20世纪90年代，大卫·史密斯（David L. Smith）在《宜人与城市规划》中倡导城市空间宜人的重要性，并明确了城市宜人的概念。他指出，一座宜居的城市应具有公共卫生与环境污染方面的"宜人"，舒适的生活环境和自然生态方面的"优美"，以及历史文化传承、历史空间与现代建筑完美融合的"悦目"等3个方面的内涵。1961 年，世界卫生组织在总结人类生存的基本条件后，提出了居住环境的四项基本理念，即"安全性、健康性、便利性和舒适性"，并在此基础上进一步强调了其可持续性的内涵[88]。1977 年颁布的《马丘比丘宪章》强调了城市社会性与自然协调性的重要度，倡导城市的建设应尊重人际交互性与社会性，同时在空间规划的过程中应充分保护自然资源，建设人与自然相和谐的"宜居生活"环境。1985 年"世界人居日"的确定，体现了世界范围内对城市宜居性的充分认识与重视。同年，德国建筑师格鲁夫提出了著名的"生态型社区"建筑模型，将宜居与美好生活的理念注入现实规划之中。1984 年，在加拿大召开的国际会议上，健康城市的理念首次被提出。健康城市的理念是指一座健康的城市需要经济发展与自然环境、社会环境相协调，使城市居民能充分地享受生命的美好时光，充分建立人际联系，形成互帮互助的城市氛围[89]。

从 20 世纪 70 年代开始，加拿大提出了重视人口增长与资源、环境承载可持续发展的"宜居区域战略规划"，贯彻规划最为典型的是温哥华。温哥华关注城市的宜居性建设，致力创造一个适宜人类居住的环境。其规划的主要内容有：加强城市绿化带的生态保护；建设功能完整的交流性社区；建设紧凑的城市中心区；增强交通出行方式的多选择性。其规划围绕"适宜居住"主题展开，强调生态优化，确保规划过程的全方位协调运行，以及确保动态实施与反馈、监控与纠偏过程的连续性。与这些规划相关的举措的推行使得温哥华成为全球最宜居的城市之一。在美国，良好的教育、充足的就业、较低的犯罪率、低廉的生活成本、便捷的交通、宜人的风景与适宜的气候，是美国人公认的评判宜居城市的基本要素。美国当地媒体推出的"美国最宜居城市排行榜"，将经济条件、文化氛围、历史传承、安全状况、地理位置、自然风景等作为具体的评判因素。

2．我国生态宜居城市的评判标准

我国吴良镛院士倡导的"人居环境科学"是我国现代生态宜居城市研究兴起的标志。在其《人居环境科学导论》一书中，他运用西方的人居环境系统模型，结合我国城乡建设的实际情况，系统构建了人居环境科学理论。他指出，城市规划应包含五大系统：自然系统、人类系统、社会系统、居住系统以及支撑系统。五大系统应整体均衡规划，并充分考虑城市不同居民的需求与社会发展的整体利益，构建符合自然环境发展规律的宜居空间[84]。

2005 年，中共中央、国务院对《北京市城市总体规划（2004—2020 年）》做出的正式批复中首次出现"宜居城市"这一概念，并强调生态性与宜居性对城市规划的重大意义，指出现代城市应以建设创造充分的就业与创业机会、空气清新、环境优美、生态良好的宜居城市为规划目标。2007 年 5 月，我国建设部发布的中国《宜居城市科学评价标准》，将社会文明度、经济富裕度、环境优美度、资源承载度、生活便宜度、公共安全度列为评判宜居城市的六大标准；通过评价，可将城市划分为宜居城市、较宜居城市、宜居预警城市三类，宜居指数达到 80 分的城市即为较宜居城市。《宜居城市建设研究》中指出，经济、社会、文化、环境协调发展，人居环境良好，能满足居民物质和精神的生活需求，适宜于人类工作、生活和居住的城市应称之为宜居城市；对于宜居城市的评判应从经济发展、社会和谐、文化丰厚、生活便捷、景观怡人、公共安全这 6 个方面进行评判与衡量。

2016 年 2 月，中共中央、国务院发布的《中共中央 国务院关于进一步加强城市规划建设管理工作的若干意见》中明确指出："完善城市公共服务……健全公共服务设施。坚持共享发展理念，使人民群众在共建共享中有更多获得感。"在此思想指导下，上海、北京、广州、深圳、重庆等特大城市分别积极开展了新一轮城市总体规划，旨在为居民创建更加和谐共融的城市宜居体验空间。

3. 生态宜居城市的科学内涵

归纳而言，生态宜居城市空间的"宜居性"应包含多个方面的因素。通过梳理可得国内外学界对生态宜居城市的评判标准，具体如表 3-2 所示。

虽然生态宜居城市是一个动态、发展的概念，对其评判与审视应始终紧密结合当代特定的社会文化环境来进行，但通过系统的审视，我们仍然可以归纳出具有普适意义的评价准则：

（1）生态宜居城市应具有稳定安全性。安全有序的城市应具有健全的社会体制与法律制度，较强的社会治理能力与防灾预警能力，能为居民提供安全、稳定、有序的生活环境。俗话说安居才能乐业，安全稳定的生活环境应是宜居城市建构的基础。宜居生态城市首先应重视社会治安、生产安全、交通安全、食品安全、医药安全等各类安全因素，全面保障居民安全稳定的生活。

表 3-2 国内外生态宜居城市相关评价标准

相关研究机构或 评价体系及标准	生态宜居城市评价一级指标
《经济学家》智库	稳定性、医疗水平、文化与环境、教育、基础设施
美世（Mercer）全球城市生活质量排名	政治与社会环境、经济发展环境、社会文化氛围、医疗保健设施、学校与教育、公共服务设施与交通、娱乐设施、城市可供应消费品、住房情况、自然环境
英国《单片眼镜》	国际机场、犯罪率、教育、保健医疗服务、气候、通信系统、社会容忍度、购物便捷性、公共交通、报刊、生态环境
国际标准化组织	经济、教育、能源、环境、财政、火灾与应急响应、健康、休闲、安全、庇护所、固体垃圾、通信与创新、交通、城市规划、废水处理、水与卫生
加拿大温哥华地区宜居区域战略规划	保护绿色区域、建设完善社区、建设紧凑都市、增加交通选择
美国《金钱》杂志全美宜居城市	财务状况、住房、教育水平、生活质量、文化娱乐设施、气候状况、邻里关系
美国大都市区生活质量排名	文化氛围、住房、就业、犯罪率、交通、教育、医疗保健、娱乐设施、气候
日本浅见泰司居住环境指标	安全性、保健性、便利性、舒适性、可持续性
城市科学学会的宜居城市科学评价体系	社会文明、经济富裕、环境优美、资源承载、生活便宜、公共安全
中国社会科学院的宜居城市竞争力体系	人口素质、社会环境、生态环境、居住环境、市政设施
中国科学院地理资源所的宜居城市评价体系	安全性、健康性、方便性、便捷性、舒适性

（2）生态宜居城市应具有一定的生活品质，能够满足居民对美好生活的时代诉求。这包括居民生活的基本诉求与深层次的渴望，例如教育的公平与有效性、医疗配套的完善性、公共服务的有效性、休闲娱乐的社会性、道路交通的便捷性，以及居民居住的覆盖性等。

（3）生态宜居城市应具有宜居性的生态环境，例如，环境优美，绿色景观覆盖率高，市容市貌美观、清洁与卫生，以及生态环境污染低等。

（4）生态宜居城市应具有多元、包容、和谐、共存等空间特征。这体现为城市中不同阶层居民间的和谐度。阶层分化存在于任何一种形式的社会之中，如何让不同阶层的居民共享社会福利，和谐共存于同一社会空间之中是宜居空间的另一层内涵。社会公平、贫富差距、社会文明程度等都应纳入这一层面对城市进行考量。

简而言之，生态宜居城市的建设应动态地满足居民生理、生活、社交等各方面的基本需求，同时尊重每个人的发展意愿和自我实现的多层次、多样化需求，促进科技发展，推动社会进步，共建人类美好生活的宜居家园。

（三）科技创新与国际化是生态宜居城市发展的主要趋势

科技创新与国际化是当今生态宜居城市最重要的发展趋势之一，现代生态宜居城市理应具有开放性与创新性。科技创新对经济发展的贡献，对社会发展的推动是有目共睹的。自主创新显然已成为当今社会又快又好发展的核心驱动力，更成为国家发展战略的主要基石。2006 年全国科技大会提出走中国特色自主创新道路，建设创新型国家的重大战略。党的十七大报告进一步强调："提高自主创新能力，建设创新型国家。这是国家发展战略的核心。"《中共中央关于制定国民经济和社会发展第十二个五年规划的建议》中提出："坚持把科技进步和创新作为加快转变经济发展方式的重要支撑……推动发展向主要依靠科技进步、劳动者素质提高、管理创新转变，加快建设创新型国家。"这充分体现了我国党中央对这一关系国家兴衰的大事的高度重视。

高等教育要着力围绕服务国家创新发展，促进大众创业、万众创新，培育更多创新型人才。在我国"大众创新、万众创业"的背景下，各级教育主管部门（教育部、教指委、教育厅）对创新创业方面的工作高度重视。大学生创新创业已成为新时代培育人才的核心衡量标准之一，培养创新创业人才已成为社会经济发展和社会进步的重要推动力。可见，科技创新已融入我国高等教育改革的血液中，已成为城市发展的主要动力与当今社会生态宜居性发展的主要趋势。

此外，城市的外部性及其与其他国家或区域的交互性是推动科技创新的主要驱动力，也是宜居城市的主要发展特征。这可从航空的客运量，外籍工作人员的人数，各类跨国公司的数量，举行区域性、国际性的大型展会的次数，国际交流与合作的进程，专利与发明的申请数，高新开发产业的比重等方面对城市的开放性与创新性进行评判。现代生态宜居城市往往具有较强的国际交往与合作性，能为居民带来更多的发展机遇，吸引更多的高端人才迁入这一区域工作与生活，从而促进与推动科技创新，为当地居民带来更为便捷的生活，共享科技创新带来的社会红利，推动生态宜居城市的建设。

第二节　人的自然性与城市空间形态的生态宜居性

对城市空间的研究应从人的需求开始，对城市空间形成的本源进行追溯与探讨。人类对于空间的认识始于物理空间，而物理空间则是城市社会空间建立的基础。人类的生存，实际上是人自身与环境交互作用的过程，这使得空间环境呈现出多样性状态。空间不再仅仅是物理空间，而变成了人的空间。[90]空间是人类生活的物质层面，城市空间研究始终不能与其生活的主体——人类分离。因此，"人的二重性"理论不仅是城市空间建构的基础，更是城市空间构建的根本。

空间是物质的空间，是以土地为载体的自然物质空间，是大自然赋予人类的最宝贵的财富。对于空间的概念，无可否认，首先应从其自然性出发。我国学者童强对空间是这样定义的："空间，首先是一个自然的空间、物质存在的形式。按照常识，它不能被放大、缩小，或者弯曲、删除。"[91]空间是宇宙的产物，根据宇宙大爆炸假说，空间是自宇宙从奇点爆炸分裂开来而产生的，物与物之间的位置差异普遍称之为空间。空间本是混沌的、无意义的物质空间，但人类的出现赋予了空间新的意义，即社会性含义。

一、人的生存需求与城市空间的安全性

需求是人类生存的必要条件，体现了人类对美好生活的追求。有需求才会有生产，有需求才会有发展。需求是人类生产劳动的原动力，是人类改造空间、创造空间的驱动力。人类最原始的自然需求是人类生存与世代繁衍的基础，也是社会形成的前提。如果一个人无法维持其肉身的运转与存活，再高尚的灵魂也无用武之地。历史上"出师未捷身先死"的英灵们并不在少数，现今生活中英年早逝的科学家、各界精英们也较多，给人类带来了无法弥补的遗憾。既然人类源于自

然界，是改造空间的主体，那么对于城市空间的探讨理应从人的自然性出发，从人的生存需求与生活需求出发，对城市空间的物质形式层面进行本源追溯。

（一）人的生存需求与城市空间的安全性

人类的生存需要很多必要的物质条件支持，比如衣、食、住、行等是人类维持生存的基本条件，再高尚、脱俗、与世隔绝的人也需要吃饭、睡觉，也需要有生存的空间来支撑生命的运转。人的生存需求是人最原始与最低级的需求，是人为了生存而必须满足的基础条件。可以说，人的生存需求是维持人的肉体存活的最原始、最根本的需求，是人类生存的先决条件。但人的衣、食、住、行都需要在具体的空间中进行，这就要求空间是具体的、具有安全性的，是稳定而持续发展的，是能够保护人的基本生存权益的、不受攻击与危害的。

1. 土地是城市空间安全性产生的依托

土地是城市空间的基本载体，也是城市空间形成的依托。人类的各种需求始终是在土地的依托下满足的。空间的产生与生产主要是指一种物质生产，各种生产资料的产生均是在"空间——土地"这个"机器"中完成的，比如人类营养与能量的来源——食物，也必须在土地上完成生产与种植。可以说，没有土地，一切将不复存在。因此，对于人类生存需求与城市空间关系的考量可从土地这个具体的元素开始。

由于土地具有不可或缺性，地租就变成了资本运作的一个重要环节。资本主义社会的土地私有制规定，一旦购买了土地，购买者可终生持有、继承、买卖。因此，资本家如果需要在特定区域内进行生产经营，那么必须从土地所有者的手中获取土地的使用权或所有权。这需要以一定金额的货币作为获得使用土地的代价。于是，地租便产生了。由于地租在资本运作中具有不可替代性，导致资本家们试图争相操控地价与地租。地租理论也变成资本主义社会普遍关注、研究、探索的主要领域之一。自英国古典经济学家亚当·斯密开始，李嘉图、马克思等都对地租进行了深入并系统的研究。李嘉图在其《政治经济学及赋税原理》中指出："地租是为使用土地原有的和不可摧毁的生产力而付给地主的那一部分土地产品"。[92] 他认为地租的产生依赖于土地的地理位置、大小以及土壤的肥沃度等因素。

地租的研究应以分配为基础，并把劳动价值论与级差地租的理论结合起来进行系统的研究。

土地对于人类生存的重要性使人类对地租的研究越来越充分。《资本论》对地租的本质进行了认真的研究，对资本主义地租的形态——级差地租和绝对地租进行了深入的分析。级差地租属于平均利润之上多余的部分，也可称为溢价，是由等量资本投在相等面积土地上产生的不同生产率所造成的，是由个别生产价格与社会生产价格存在差额造成的，是在超额利润下转化的地租形式。这也就是说，土地由于地理位置、优劣程度方面的差别，其收益情况不尽相同。

随着级差地租的扩大与土地上建筑空间的不断增加，居住在土地上的人口的密度随之明显飙升，从而导致了城市空间安全问题被人类关注。优质稀缺的土地带来了资本的不断投入、建筑空间的增多、人口的密集，同时带来了风险与不稳定性。有限的土地上不断增加的建筑物与人口密度，为城市空间的安全带来了隐患，如暴力事件与反社会行为频发、犯罪率上升等都导致了城市空间不稳定性的增强。空间的安全性是人类居住与生活的根本与基础，也是城市建立和形成的前提条件。没有安全与稳定的空间，人类的生存将受到严重威胁。如果人类无法很好地"安居"，那就无法"乐业"，城市也无法形成与持续发展。

2．人类生存的必要元素与城市空间的安全性

生物与动物在自然界中生存需要适宜的温度、充足的水分、氧气、光照、营养与土壤。人类在大自然中生存也需要温度、水源、氧气、光照、土地、地磁、重力等必要元素。这其中，温度、水源、氧气、光照、土地、地磁、重力等是大自然所给予的，是人类无法掌控的。然而，另外一些人类生存的必要元素是可以通过人类的努力进行生产与改造的，是随着人类生产力的发展而不断进步和改善的，是人类主观能动改造自然的具体体现，同样是人类生存的根本，比如食物、土地与空间。

黑格尔曾说过："人首先作为自然物而存在，其次他为自己而存活。"[93] 人类要生存，必须维系其肉体的存活，而肉体的存活又必然受到大自然的掌控。表3-3列出了人类生存的必要自然元素。它们不仅是万物存活的根源，更是城市空间建构的先决因素。

表3-3　人类生存的必要自然元素

人类生存的必要自然元素	必要性	缺乏的后果
1. 阳光	充足的阳光带来人类生存适宜的温度	死亡
2. 空气	氧气是维持人类生命运转的核心	死亡
3. 水源	人类体内约70%的成分是水	死亡
4. 食物	食物是人类生命运转的营养与能量来源	死亡
5. 地磁、重力	地球磁场是防止宇宙射线、太阳风等直接射向地球的保护伞。地球重力的作用使人类可以生存于地球表面之上	死亡
6. 土地、空间	土地与空间是动植物与人类生存的基本载体	死亡

安全是人类日常生活中接触最多的词之一。这不仅体现了它的重要性，也彰显了它的必要性。"无危则安，无损则全"出自于《周易·易传》，是我国古代先贤对安全的阐述，体现了自古以来人类对于安全的需求。它可以理解为没有危险、不受威胁、没有损失与伤害的状态就是安全与完美的。如今，安全作为一个现代汉语词汇，代表着没有危险、没有威胁、没有损害、没有风险、安定、安逸、舒适、稳定的理想生活状态。《新华字典》对安全的释义为："平安，跟'危险'相反，安康，转危为安。"[94] 概括而言，安全是保证人类不受到外界侵害的一种状态，是人类能安稳舒适生存的前提条件。安全不仅指身体健康，不受外界攻击、侵犯，也代表着心理健康、安稳、舒适、长乐、长寿的一种理想的生存状态。没有安全，人类无法生存，更无法聚集，城市的形成更无从谈起。

首先，空间的安全性是人类居住与生活的基础，没有安全与稳定的空间，人类的生存将受到严重的威胁。土地与空间是一对无法分离的双因子，是城市形成与发展的先决因素，更是城市空间的安全性产生的具体依托。早在古希腊时期，亚里士多德就指出安全对于人类与城市的重要性。"Men come together in cities for security, but they remain together in order to live the good life."（人类为了安全来到城市，为了好的生活聚到城市。）[95] 可见"better city, better life"（更好的城市，更好的生活）的真实性。

其次，市场是集市交易的场所，城市则是由市场形成的城池。聚集是人类合群性、社会性、互助性、共享性发展的本能追求，是社会分工、社会发展、经济增长、城市形成的基本前提。城市形成的本源应为人类提供必要的生存元素。换而言之，这片土地必须能够提供人类生存所需的基本要素，如衣食住行，才能产生区域聚集，形成城市。德国著名社会学家马克斯·韦伯（Max Weber）对城市的定义："城市永远是市场的聚落，是人口密集的市场形成的经济中心，是居民间通过交易方式获取工业品、商业品或生活必需品的场所。"[96]

最后，随着人口的聚集与交易的集中，城市的安全隐患进一步凸显，对于危险源的识别与防范则成为安全生活与工作的保障。美国学者哈默（Willie Hammer）将危险源定义为："可能导致人员伤害或财务损失事故的、潜在的不安全因素。"[97]此后，众多学者对危险源的定义都做出了各自的理论阐述，但大家一致认可的是，危险源是具有"导致事故"与"潜在性"的双重重要因素的。对于危险源，西方学者普遍将其定义为"生产作业场所中存在的包含可能意外释放能量导致伤害的能量物质或能量载体的单元"[98]。这也就是说，危险源更多的是指会给人类带来危险和风险的物质能源源头，我们又称其为"第一类危险源"。然而，在人类聚集区域内产生的危险，不单单是指物质能源方面的风险，很多时候更多的风险源来自人类本身，比如人类的攻击性行为、物的不安全状态以及不良的环境因素等，统称为"第二类危险源"。第一类危险源与第二类危险源都有可能造成事故的发生和人员的伤亡，从而增加区域内不安全的因素，为人类的聚集与城市的发展带来隐患。图 3-2 为第一类危险源和第二类危险源导致事故发生的事件链。

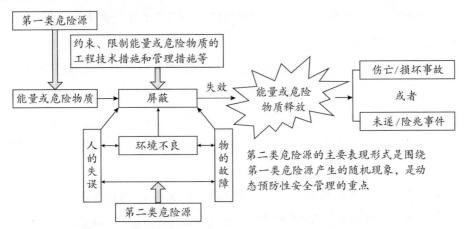

图 3-2 第一类和第二类危险源导致事故发生的事件链[99]

对于危险源的处理，最重要的是识别，只有识别出来了才能及时进行预防和风险控制，达到长治久安的目的，为人类提供安全的生存环境，从而为人类的聚集和城市的形成铺平道路。近年来，学术界对危险源的识别与预防愈发重视，并进行了一系列研究。各类危险源识别与事故控制模型，均可简单阐述出危险源与事故掌控之间的关系，实时进行风险规避。

由此可见，在城市空间建构与规划的过程中，应时刻把空间的安全性作为空间建构的首要考虑因素。在古代社会，人类修建城池时往往以城墙、护城河、岗哨等作为抵御外来侵害、保护城市安全的基本要素。但随着社会的发展，城市空间的安全性更多的是指在人口密集的空间中如何降低风险，识别不确定因素与危险源，减少事故的发生以及控制风险。因此，在肥沃的、具备人类基本生存要素的土地上，为人类的生存提供安全性的保障，是城市空间建构的前提条件。城市空间研究应从土地的有效性出发，从人口聚集与交易集中切入，全面考量聚集有可能带来的安全隐患。

二、人的生活需求与城市空间的生态宜居性

海德格尔有句名言，指出地球是人类"诗意的栖居"场所，表明了空间宜居性的重要。法国思想家列斐伏尔以"韵律"这一术语来表达城市空间在任何情况下，都是场域、时间与精神互相作用的产物。这一命题充分表明，城市空间不仅仅是一个物质空间，更是人类的一种理想境界。人类不仅需要能够生存的生活空间，更需要宜居与理想的生活空间。

当人类的基本生存需求得以满足，生命得以延续时，新的需求将随之不断产生。除了生存，人类生活中还有许多需求要不断被满足，这也是人类不断创造空间、改造空间的原因。人类的生命是有限的，据吉尼斯世界纪录记载，世界上最长寿的人是法国人雅娜·卡尔曼特，其寿命为 122 岁 164 天。但是，人类对生活的需求却是不断上升、无法满足的。城市与乡村的不同不仅仅在于地理位置、配套设施等物质资源的不同，更重要的不同是其能否满足人类不断发展与上升的需求。正如城市中林立的大厦、不断拓宽的道路均体现了城市的发展与进步是为了满足人类不断上升的需求。换而言之，究其本源，城市的发展与进步是由人类不断发展的生活需求所

推动的。城市不仅必须满足人类生存的基本需求，还需要满足人类不断自我更新的生活需求，这正是城市空间与乡村空间的显著不同之处，更体现为城市建设倾向于"生态宜居"的发展趋势。

人类不断发展的生活需求，体现了人类无穷无尽的欲望。正因人类需求与欲望的存在，空间才不断被改造，推动着城市的发展与进步。可以说，人类对美好生活的追求，正是人类建设"宜居城市"的基本动力。宜居城市是人类对城市居住环境舒适度的总体评价，环境优美、气候适宜、安全稳定、社会文明、经济富足、生活满意度高，是现代生态宜居城市建设的具体特征。生态宜居城市不仅满足了人类的生活需求，更推动人类拥有舒适的生活体验。可见，城市空间的生态宜居性应作为城市空间形态的基本要素予以重视。

同时，城市环境的改变时刻影响与反作用于人类的本性与需求。城市环境包括物质环境和精神环境。物质环境是指城市有形的物质设施，如建筑物、公共设施、公共绿地等有形的实物。精神环境是指人类的精神文明建设，以无形的文化、交流、学习等精神文明建设来满足人类精神层面进一步发展的需求。城市环境对人类的本性和需求产生着影响，起塑造作用。人类的需求与环境的改造是一对不可拆分的双因子，对人类生活需求的探索离不开对城市环境因素的研究。亚当·斯密在其《国富论》中指出，除了食物以外，人类最重要的两个需求就是对衣服和住宅的需求（连同取暖的需求）。由于食物是维持人类肉体运转的基本营养与能量的来源，因此我们把食物划归入人类的基本生存要素中去，而对人类的生活需求则从衣、住、行三方面与城市环境的生态宜居性展开。

（1）衣。除阳光、空气、水源、食物、地磁、重力、土地与空间这些人类生存的必要元素之外，人类对衣的需求应当排在首位。衣服这一要素，既具有人类生存需求的必要性，又具有人类生活需求的追求性，是具有二重性特色的。首先，站在需求的角度，衣服是人类保温、保暖的必要物质资料，其不仅应具有良好的保暖性，还应具有遮羞、礼貌、装饰的作用。在原始社会，生产力极度低下，生产资料、生产工具匮乏，原始人大多用树叶、动物毛皮等作为衣物进行遮羞、保暖。至今为止，非洲仍有一些地处偏僻的部落保持着原始部落的生活方式，仍夏天以树叶、冬天以动物毛皮作为衣物来遮羞与保暖。但随着社会的发展，衣物不再只发挥遮羞与保暖的功效，还有装饰、美观、舒适、身份象征等作用。人类对衣服的需求从低层次需求转变为高层次需求，不同年龄、不同等级、不同职业、不同兴趣爱好的人对衣物的需求也大相径庭。

城市空间建构应考虑具体的环境因素与人类对服装的需求，注意配套设施的兴建不应忽视衣服晾晒的功能与需求。

（2）住。自古以来，空间都是人类生存的物质集合，人类在居住空间即住宅中得以生存与发展。住宅始终是人类生存的基本载体与必要条件。正如"安居乐业"所传达的，人类只有居住得安全舒适了，才能愉快地从业。现在，人类生活需求中的住宅，不再是原始社会里仅仅可以给人类提供休息场所的洞穴，而是集采光、通风、保暖、便利、舒适、隐私、安全等多功能于一体的现代化住宅空间。

近年来，由于人类对居住需求的不断提高，各类住宅产品不断地涌现于市场，形成了多样化的住宅市场。例如，高档住宅小区往往占据城市繁华地段或主要风景带，有着得天独厚的地理位置，商业与交通配套设施齐全，享受着稀缺的城市资源，并有着严格的保安和监控系统，杜绝外人任意造访；城市中低收入人群只能居住在安置区或保障房中，基本位于城市的边缘地带，安全保障相对较低。自古以来，居住的舒适度与适宜性一直是人类不懈追求和奋斗的目标。住宅产品的设计与建构应努力涵盖不同需求的人群，单身人士、中年人、老年人、残障人士等的差异化需求，均应在住宅上得以体现。

（3）行。人类每天都在行走，都在运动，行是维持人类肉体健康的必要条件之一。当今社会，人类对行的要求不再仅限于到达，而是要求快捷、便利、安全与舒适。于是，各种类型的交通工具诞生了。轮船、汽车、火车、高铁、轻轨、飞机以及各种类型的家用小型汽车充斥着现代人的生活。四通八达、富丽堂皇的莫斯科地铁，时速惊人的中国高铁和动车，舒适便捷安全的家用轿车都体现了人类对行的需求。如今，丰富多彩的行更多地成为推动城市经济繁荣、科技发展、社会交往、文化交流的润滑剂，也成为构建宜居城市的必要条件。当今社会，宜居城市不仅需要有便捷发达的交通，也需要在居住空间、工作空间的设置中提高休闲与锻炼的公共空间、绿地以及公园的比例，以实现城市环境的宜居、舒适与生态性。这正契合了《关于加快推进生态文明建设的意见》提出的将"新四化"扩容为"五化"的目标，在"新型工业化、城镇化、信息化、农业现代化"之上，加入了"绿色化"

的新任务、新目标，进一步推进与提倡绿色、生态、环保、宜居的新理念。

"人直接地是自然存在物。人作为自然存在物，而且作为有生命的自然存在物，一方面具有自然力、生命力，是能动的自然存在物；这些力量作为天赋和才能、作为欲望存在于人身上；另一方面，人作为自然的、肉体的、感性的、对象性的存在物，和动植物一样，是受动的、受制约的和受限制的存在物，也就是说，他的欲望的对象是作为不依赖于他的对象而存在于他之外的；但是，这些对象是他的需要的对象；是表现和确证他的本质力量所不可缺少的、重要的对象。"[72]

"人是自然界的一部分"，"人直接地是自然的存在物"。人类要维持肉体的存活，必须首先认识到其自然属性，并满足其自然属性中的生存需求与生活需求，城市才能随之形成与产生。人类有许多需求，但其中有很多需求却是不符合人性的需求，如人类对于货币的"过分需求"。但这众多需求中，仍有很多需求是符合人性的，是合理的需求，是应当被人类所重视和满足的，如人的自然需求与社会需求。人类最原始的自然需求包括吃喝住与性行为，这是人类生存与世代繁衍的基础，也是社会形成的前提。如果一个人无法维持其肉身的运转与存活，再高尚的灵魂也无用武之地。所以说，人的自然性是城市空间形成与建构的本源与基础。城市空间是人生活的空间，人在城市空间里应当有舒适、宜居的家园感，有真正的城市居民空间归属感与幸福感。

三、人的宜居需求与城市空间的绿色生态性

在人类诞生和成长的大自然中，绿色处于光学频谱的中间位置，是一种色调领域非常广阔的平衡颜色，象征着生命、健康、和平与希望，更是人类所追寻的理想空间生活状态。在城市发展演化的 3 000 多年历史中，人类在自然的基础上不断根据自身发展的需求改造着自然、创造着城市。2007 年，联合国正式宣布全球已进入城市化进程，这代表着人类在科学技术、人文创新、经济发展等方面取得了巨大进展。与此同时，经济、技术的快速发展使城市治理陷入了一系列困境。交通拥挤、环境污染、贫富差距显著、公共配套措施短缺、气候环境恶化等问题凸显，促使人类对城市的诉求由生存需求、生活需求转变为宜居需求。宜居城市建设成为当代城市发展的主题，人的宜居性需求始终左右着城市化发展的方向。我们可以将城市建设的历史，视作人类追寻宜居空间的历史。但由于不同时代的生产力

具有一定的差异性，导致人类对宜居空间的需求具有一定的时代性。然而，这并不妨碍宜居空间成为城市发展的永恒主题之一。

城市的宜居性首先来源于人类对城市环境的需求，继而体现在经济、思想、文化等领域。党的十九大报告提出："人与自然是生命共同体，人类必须尊重自然、顺应自然、保护自然。"现今人类建设的现代化应是人与自然和谐共生的现代化，是生态优美的现代化，是绿色发展的现代化。这无不体现出城市发展建设对绿色空间的迫切诉求。

在我国，城市绿色生态空间被理解为城市里由绿地植物覆盖的优美生态空间，包括城市区域内各类公园绿地、居住区绿地、单位绿地、道路绿化、建筑绿化、农地、林地、生产防护绿地、风景名胜区等。近年来，城市绿色空间的概念由以自然植被覆盖为主的城市地域空间，逐渐延伸至具备自然生态、社会经济等方面的复合功能的城市地域空间。

新加坡号称全球第一的花园城市，每条道路、每条街道都具有密集的绿化带。从天空俯望新加坡，城市如同建造在丛林当中。据新加坡官方媒体报道，新加坡的绿化覆盖率达到 50%，景观面积占据国土面积的 1/8。新加坡为热带海洋性气候，常年潮湿多雨，国土面积有限，为 719 平方公里，人口约有 564 万，是世界人口密度排名第一的国家。但新加坡给大家的印象却是"不堵车、不拥挤、绿色环绕"的最佳安居乐业场所，这得益于新加坡政府大力推崇并实施的"垂直绿化设计"。图 3-3 和图 3-4 为新加坡樟宜机场城铁的外景和内景，充分体现了新加坡城市垂直绿化设计的成功。

城市垂直绿化设计是新加坡城市绿化的主要手段，是在有限空间中改善城市生态环境的最佳方式。通过设计绿化大楼的外立面、空中花园、屋顶绿化带等，新加坡巧妙地把绿色元素植入城市建筑物的硬件配套中，尝试突破绿化带的固有思维，开拓出不占地面土地空间的绿化区域。同时，这还可以丰富城市绿化景观的空间结构层次和提升立体艺术效果，有助于进一步增强城市的绿色性与景观性。此外，由于新加坡靠近赤道，气候潮湿闷热，垂直绿化设计能很大限度地减少热岛效应，吸尘，减少噪音与有害气体，保温隔热，节约能源，缓解城市用水、排水压力，还能很好地降低新加坡居高不下的人口密度，缓解人口拥挤现象。

图 3-3 新加坡樟宜机场城铁外景

图 3-4 新加坡樟宜机场城铁内景

新加坡成功的垂直绿化设计，一方面，可以改善整个生态环境，借助大面积的绿化起到调节空气、减少噪音、节约能源、抑制有害气体的作用，形成系统化回归自然的生态空间；另一方面，可以通过节约城市用地的方式，打造出可持续发展的城市"绿肺"，从而依靠环境优势吸引全世界的商旅和投资，进一步推动整个国家的经济、社会发展。可以说，这是将"城市空间的绿色性"由自然生态领域向社会经济领域延伸的典型案例。

新加坡国立大学建筑系副教授陈培育指出，新加坡政府早在 20 世纪就提出了植树式城市绿化的愿景，摩天绿化工程则在 2000 年才起步发展。政府通过法律规定、奖励等政策调控，推动高楼增加绿化空间。二十多年来，成绩有目共睹。2005 年，新加坡政府为了增强发展商、设计师和建筑商的环保意识，推广了垂直绿化设计的可持续建筑方式。同时，城市重建局推出了绿色建筑标志计划，对建筑物的环保设计进行评分，对符合标准的建筑设计颁发四个等级的奖项，并将其纳入政府奖励范围，将相应的建设单位列入城市建设优先推荐的承建商名单。

新加坡城市重建局的政府奖励政策极大地推动了新加坡垂直绿化建设的普及率。2013 年的相关数据显示，新加坡当年已有 500 多栋建筑设有绿色生态天台，面积超过 60 公顷，相当于 84 个足球场，全国的垂直绿化面积超过了美国绿色天台领军城市芝加哥（芝加哥的垂直绿化面积为 51 公顷）。截至 2017 年，新加坡共有超过 3 100 个绿色建筑，即约 34％的建筑已获得绿色建筑标志认证，稳步朝2030 年至少 80％的建筑为绿色建筑的目标迈进。图 3-5 为新加坡皇家公园酒店的"空中梯田"。

图 3-5　新加坡皇家公园酒店的"空中梯田"

2009 年，新加坡城市重建局推出了打造翠绿都市和空中绿意计划。计划规定，所有新建筑除了须遵守原有的绿地替代条例，还必须根据不同的总容积率和地区要求，达到至少介于 3.0 至 4.0 的绿色容积率。这意味着绿地面积须达到土地面积的 3 到 4 倍。该计划的目标是要在 2030 年前增添 50 公顷或相当于约一个碧山公园的空中花园，包括建屋发展局接下来3年在组屋区多层停车场屋顶上添设的公园，让每1 000人可享有0.8公顷的公园空间。截至2017年，该计划已成功在新加坡打造了100公顷的空中绿围，100公顷的空中绿围等于100多个足球场的面积，包括建筑顶楼的空中花园、外墙上的垂直绿围等。实践证明，土地空间狭小，并不是剥削城市绿化的借口。

悬挂于半空的花园，不但在建筑美学上成为组屋的模范，而且不占地面土地面积，提高了垂直绿化的极致标准，让居民生活质量和住宅需求取得了最佳的平衡。扩大城市绿化空间提升了新加坡城市的美观程度，极大地改善了新加坡市民的生活质量。过去近20年的城市绿色空间发展，让新加坡得到了相应的回报。1970年，新加坡的外来直接投资总额只有9 300万美元（约1.26亿新元）；2017年，新加坡的外来直接投资额为660亿美元（约892亿新元）。此外，新加坡屡次被国际媒体评为全球最宜居及适合投资的地区。其旅游业当然也因此受惠。1967年，全年到访新加坡的旅客人次仅约11万人次；2018年上半年，旅客人次已经达920万人次，旅游收益则达134亿新元。新加坡完成了城市空间的绿色性由自然生态领域向社会经济领域延伸的成功实践。

第三节 人的社会性与城市空间功能的生态经济性

当人类的自然需求逐步得到满足后，人类发现单纯的肉体存活并不能实现其生存的全部目的与意义。人类开始按照自身意愿主观能动地改造世界，创造符合人类需求、宜居、理想的生活空间。然而，改造世界、创造城市空间绝非倾一人之力就可完成。它要求人类聚集、分工、互相协助、共同努力来完成这项壮举。人类在共同完成这一壮举的过程中，不断地沟通、交往、劳动、协作、交换并相互影响、相互约束，从而形成了"市民共同体"，即城市社会。法国思想家孟德斯鸠用"人生于社会，存在于社会"来揭示社会对于人类的重要性[100]。人的社会性，进一步得到了凸显。

劳动分工对生产效率的显著提高，使人类发现城市空间同样需要区分功能。

在不同的空间从事不同的生产活动，可使空间效率得到显著提升。人类根据自身的需求和意愿，对城市空间进行了划分。这种划分可促使空间达到一种良好的生活状态，从而被他人遵循与进一步完善，逐渐形成通用与共享的城市空间功能分区。可见，城市空间不仅具有自然性，更具有社会性。社会性是城市空间形成与建构的基础之一，更是促进社会发展与人类进步的重要元素。

一、人的生产需求与城市空间的集约性

人类区别于动物的根本在于人类能够按照自身的意愿进行生产与劳动，进而改造世界。劳动不仅能创造出人类所需要的物质生活资料，更能在劳动的过程中创建社会关系，从而进一步自我发展与完善，实现人类真正的全面自由的发展。没有劳动，人类无法维持其肉体的存活，更不用谈世界、社会与城市的诞生。

生产创造价值，劳动改变生活。劳动是人类最基础的生命活动，但这种生命活动必须建立在自由、自觉、自愿的基础上，才能称之为"真正的劳动"，才能使人类发挥其"真正的生存价值"。简单来说，生产的目的就是制造产品和实现价值，是人类为了达到理想的生活状态而为之不断努力地实践活动。有了生产的出现，产品也随之出现了大量结余，商品经济的时代来临了。伴随着分工协作的明确、生产力的不断发展、人口的不断增加、科技的不断创新，城市空间——这个为人类提供生产劳动与居住生活场所的载体也持续面临着更多挑战。越来越多的劳动生产活动、商品贸易活动、经济政治活动在城市这个空间区域内频繁地交互往来。聚集经济效应带来了更多迁入人口，从而使得城市空间逐渐拥挤起来。因此，空间效益逐步变为城市规划的热点与重点之一。

优质土地资源是极其有限的。"集约"这一源自经济学领域的理念开始逐步渗入土地的运作管理思想中，人们希望在农业用地上尽量提高土地的产出。土地集约性就是指在一定面积大小的土地资源上，集中投入生产资料与生产力，以求得较高的产出和土地效应。

他山之石，可以攻玉。城市空间亦是如此。随着人口的剧增与经济的聚集，城市空间的有限性与优质地理位置的不可复制性越发凸显，空间集约性越发得到人类的重视。如随着高楼大厦的拔地而起，城市地下空间的开发也如火如荼。人

类开始关注聚集效应带来的空间效益以及空间功能布局问题。如何在有限的空间内，通过集中投资使空间的权益最大化成了城市发展的热门话题。人们通过研究发现，城市建设的合理性不仅应从土地的集约利用方面考虑，更应该考虑到土地的载体——空间的结构与整体布局的优化。空间的集约性不仅让人类考虑"集约"概念中经济效益的"产出"，还注重城市整体规划、生态效益、社会效应的"综合效率"。可见，从人口密集到空间集约是城市发展转型的必经之路。城市空间的集约性应包括以下几个方面：

（1）经济效益。经济效益是城市空间集约的首要目标。对空间进行合理的规划，不仅有利于提高经济产出，更是城市规划的基本宗旨。人类生产空间的聚集产业经济带，很好地验证了经济聚集效应的有效性。例如，高新科技产业带——硅谷的财富聚集不断地影响着旧金山城市空间结构的形成。

（2）生态效应。城市空间的规划与布局必须建立在自然资源与生态环境之上。资源的可持续利用与生态环境的安全是人类创建城市与构造城市必须遵循的前提条件。人类如果想要真正发挥城市空间集约性所带来的巨大效益，必须依照生态资源发展规律来进行空间的改造；反之，当生态自然资源受到不可修复的破坏时，自然资源会加速枯竭，城市空间的建设也将戛然而止，最终导致人类生活空间的丧失。如多种珍稀物种的灭绝、气候的极端变化、环境的污染都体现了大自然对人类的报复。当今社会，环境污染带来的"雾霾"使城市居民深受其害，人类为此付出了巨大的治理代价。可见，自然规律具有不以任何人的意志为转移和改变的客观性，这是人类必须充分认识和遵循的。

（3）社会认同。空间是人类的生存空间，空间的集约性更反映在人类对其生存空间的评价体系上。既然空间是"人的空间"，那么空间的集约性就应以满足人的发展需求作为其重要的评价指标和发展规则。社会认同是指生活在城市空间中的不同文化背景、不同宗教信仰、不同种族与民族的人，形成相同或相似的道德价值与伦理规范。社会认同不仅是城市空间发展的终极目标，也是有效推动城市发展的主要驱动力之一。

（4）形态功能。人类的居住需求与空间的功能布局是息息相关的，城市空间布局必须依赖于其人文伦理层面的合理性与形态功能层面的符合性。例如，等级主导的城市空间布局会造成一系列的社会问题，如社会分层、空间分离、心理排斥、社交断裂等，从而形成城市空间分异现象。城市空间除了要提升经济效益、顺应自然规律、遵循人文伦理，还应该考虑到人类的居住需求，进而对城市空间进行合理分区。城市空间是一个系统的、综合性的整体，对城市空间的集约性考量必须注意整体的协调性，从整体的协调性出发来追求整体的效益。城市空间的集约效应过程如图3-6所示。

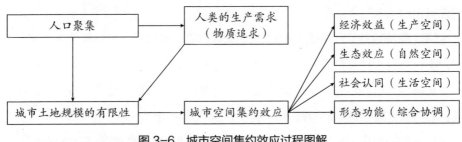

图 3-6　城市空间集约效应过程图解

从城市空间的功能层面来看，城市空间必须符合人类工作与生活的需求。首先，城市空间应分散建设多种功能中心，如行政职能中心、文体中心、医疗教育中心等，以满足人类的不同需求。分散建设有利于城市的全面发展与公共资源共享，以及缓解城市的公共交通压力。其次，混合功能布局，有利于居住便利与激发市场活力，也有利于族群融合、社会和谐。最后，工作与居住相邻的模式始终是"人居城市"所追求的核心。比如，以公共交通为导向的城市空间布局模式，可以在一定程度上解决人居分离问题。

二、人的社交需求与城市空间的社群性

在人类进行生产劳动以及共同创造城市的过程中，沟通、交流、协作与社交活动成为人与人之间不可缺少的必要环节。人的社会属性正如人类与生俱来的合群性一样，是城市建构的前提条件。"人是一个未完成的社会存在物。人在本质上是社会存在物，人是有意识的存在物，人是从事活动的存在物。"[101] 可以说，没有社交活动的人类不是真正的人类，没有社交活动的城市是一座死城。

人的自然属性与动物或许有着一定的相似之处，但人的社会属性揭示了人与动物的不同之处。人类除了必要的生存需求，还有社交需求与精神需求。人类需要社会，需要集体、家庭、爱人、朋友。人类存在于社会这一共同体之中，人与社会是辩证统一的存在。人类改造社会、服务社会，是社会形成的基本元素，而社会这一共同体又影响、制约着人类的发展。可见，人类在社会这一共同体中生活与生产，人类的社交需求变成了人类生存于社会之中的根本。

可以说，人们通过社交活动得到情感的满足，达到生产的目标，改善生活的质量。社交是人类追寻理想生活状态的有效手段。首先，社交可满足人类最基本的生产劳作需求，使人类能够更好地完成生产，提升生活质量。其次，人类在相互沟通交流的过程中，可进一步取长补短、互相促进。社交活动是人类以满足各种需求为目的，或以解决各种问题为目的的交流活动，体现了人类的社会性，是城市空间建构的重要组成部分。

社群性是自然界中所有生物存活下去的一个基本属性。几乎没有任何生物可以脱离群体，单一孤独地存活。动物的社群性有利于食物的获取，有利于防范来自于其他物种的攻击，也有利于自身的繁衍与发展。显然，人类的聚集行为根源于动物的社群性。人类与生俱来需要被关心、被关注，需要自我展现的舞台，需要人与人之间的交流。既然社交需求是人类生活的基本条件，是社会发展进步的重要推手，那么城市空间的建构也应该考虑到人类的社交需求，并在城市空间规划中设计出更符合人类社交需求的社交空间与公共场所，进一步推进人类的社交活动。

丹麦城市规划学家杨·盖尔在《交往与空间》一书中，大量论证了社交的必要性，以及如何通过城市空间的合理布局来进一步推动人类的社交活动。他从户外活动的三种类型——必要性活动、自发性活动、社会性活动出发，将城市公共空间的质量与环境和人之间的活动相关联，详细分析了如何促使人类更多地进入公共空间进行活动、休闲、娱乐与社交。众多实例表明，户外活动的范围与邻里间交往的频率直接有关。在户外活动的居民越多，居民间见面的机会相对越多，他们相互间交谈得就越多。虽然还不足以断定，只要有了某种特定的建筑形式，邻里间的交往和密切关系就能不同程度地发展起来，但通过设计和创造适宜的条件，必定能鼓励邻里间的交往[102]。

公共空间因为为人类提供和创造了更多社会交往的机会，又可以称之为社交空间。社交空间可以被简单划分为以下三类：一为商业建筑物中的公共空间，如大型购物中心、商场、书店、学校、公共交通、街道、候车室等；二为居民住宅中的公共空间，如连廊、娱乐室、篮球场、社区活动中心等；三是以休闲娱乐健身为中心的公共空间，如各类公园、植物园、动物园、体育场、运动中心、展览馆、阅览馆、图书馆等。这三类公共空间的设计与规划必须与其社会属性相关联，才能充分彰显其能效。

1．商业建筑物中的公共空间属于人类必要性活动的空间

人类必须在这类建筑物中进行生产工作，必须在此类建筑空间中进行上班、上学、候车、购物等活动。在这类空间中，人类的交往是极具必要性的，或许在某种意义上来说，人类的交往是具有一定强制意味的。比如，无论你多么不情愿，你还是要和你不喜欢的同事打交道；无论你多么不满意公共交通设施，你每天仍然必须依靠它上下班。故此，对此类空间的设计应更注重效率与便捷，其空间规划布局应倾向于交错式分布，以提高其空间效率，例如地铁与公交的换乘距离不应超过100米。

2．居民住宅中的公共空间是人类社会性活动高发的公共区域

居住于同一区域的人，往往具有多次碰面的频率与机会。居民住宅中的公共空间是进行社会性活动的绝佳位置。例如，小区内晒衣服的露台、锻炼的健身设施、休息的凉亭等都会变成人们沟通交流、交往的场所。因而，此类空间应更侧重设计为供人们沟通与交流的社交活动场所，其空间规划布局应倾向于并列式分布，以明确不同社交活动的分布区域。

3．以休闲娱乐为主的公共空间往往是人类自发性活动的场所

优美的生态环境、适宜的天气、舒适的场所、合适的距离，甚至当日的心情都是人们自发去公园等公共场所散步休闲的催化剂。由于环境相对于此类场所中自发性活动产生的重要性，因此对于此类空间的设计应更注重满足人类多样性的需求，其空间规划布局应倾向于自由式分布。例如根据不同区域、不同类型的群体可设计有针对性的活动区域，以满足不同群体的多样性需求，如老年人的锻炼需求、年轻人约会的社交需求、中年人的家庭娱乐需求等。如图3-7所示，是人的社交需求与城市空间的社群性关系的图解。

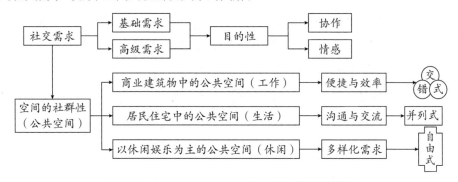

图 3-7　人的社交需求与城市空间的社群性图解

由于社交需求对于人类的必要性与重要性，城市空间建构更应该基于人类的社交需求与城市空间的社群性进行充分考量，规划与建构出真正符合人类需求的社交空间。如能如此，这类社交空间则可以促进人与人之间的交往，有利于族群融合与社会和谐，为城市的进一步发展打下坚实的基石。

三、人的精神需求与城市空间的交互性

人的自然需求是人类生产劳作的原动力，是人类改变世界、创造历史的本源。人类在改造世界、创造历史的同时，不断产生新的、发展的需求，例如社交需求、精神文化需求、彰显独特个性的需求、自我展现的需求等。其发展规律就是当现有范围内的需求被满足了以后，新范围内的需求随之产生，即需求是不断发展、上升的。如需求的规律所示，当人类的自然需求逐渐被满足以后，新的需求，即人类的精神需求逐渐凸显出来。需求的层次是不断发展上升的，正如随着社会的发展，劳动也呈现出新的层次与新的水平。劳动体现为智力、道德、文化、审美、伦理等多方面、多层次的新形式。劳动的彻底解放，真正实现了人类的解放。人类的自我实现，离不开人类能力的提高和独特个性的突显，而这一切都离不开人类精神文化生活的建设。

美国著名学者马斯洛指出的"自我实现"的本质就是"成为他所能成为的一切"[103]。他认为，人的自我实现就是人能充分发挥自身的潜能，不断地自我发展、自我提高、自我挑战、自我调整、自我完善，从而最大限度地自我展现、自我实现，

达到真正的全面发展。然而，人类的自我实现应避免个人主义的自我实现，避免自利思想导致的对他人、对社会产生不良影响的"自我实现"。因此，自我实现应坚持"社会自由人"的形式，应具有现实实践基础，是社会与人类的统一。只有通过社会和集体的变革与解放，人类才能真正实现自我的发展。

精神需求推动人类发展，精神生产推动社会进步。马克思指出，精神生产就是人类的脑力劳动，是人类自我提升、自我发展、自我完善的具体途径，是社会发展与人类进步的核心推手。人类的精神需求促使精神生产的产生，形成了所谓的"精神劳动""精神生产力"与"精神知识"，而这些正是人类道德、价值、文化、宗教、政治、法律、艺术、科技形成与发展的原动力。人之所以为人，是因为人与其他物种有所区别，是因为人类的实践活动是有意识的自主行为。人类既然有意识，那么必然存在精神需求。人类的精神需求是通过精神生产和精神消费而不断产生的，是在社会实践活动中不断发展和提升的。

因为人类有自我实现和全面发展的需求，人类的精神需求也随之发展与扩张。当人类的基本生存需求得到满足以后，人类的精神需求就产生了。人类不仅要维持自身的存活，更要追求有品质的生活。在原始社会中，人类的精神生活是极为匮乏的。随着社会的发展，人类对精神生活的需求越来越旺盛，对自我价值实现的欲望也越来越强烈。于是，人类开始不断追求知识、追求进步，创造了文化的繁荣、经济的发展、政治的稳定，树立了宗教信仰，规范了道德伦理，形成了具体的社会制度，塑造了独具时代特色的社会现状。反过来，社会的发展又影响和制约着人类的精神需求，正如封建社会束缚着女性的发展。因此，人类的精神需求是具有社会性的，它与人类所处的社会状况是紧密相连的。换而言之，人类的精神需求在一定程度上反映了当时的社会生产力，反映了当时社会的经济、文化、政治水平。人类的精神建设是一种人类自我发展的内在动力，是支配人类进步的巨大能量，是促进社会发展、经济繁荣的核心驱动力。由此可知，人类的精神需求必须贯彻于城市空间的建构之中，为城市的发展、社会的和谐奠定坚实的基础。

精神需求的社会性，要求城市的不同空间领域之间互动与融合。人类在不同的空间领域进行具体的交流与互动时，必须融入周围的环境，才能达到和谐共处的社会状态。和谐的社会状态不仅需要人与人之间保持和谐的关系，更需要人与其所处空间之间和谐共生。关联性与协调性不仅是促进社会融合的必要因素，更是促进社会发展的核心要素之一。城市空间的交互性影响着生产力的发展，更影响着社会秩序与社会文化的形成。它倡导多领域间的沟通与相互作用，试图打破空间与领域间的壁垒，使城市空间不仅具有局部功能性，更是有机统一的整体。如图 3-8 所示为城市空间的交互性图示。如图 3-9 所示为城市空间交互性的基本要素。归纳而言，城市空间的交互性应充分考虑下列因素：

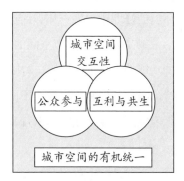

图 3-8　城市空间的交互性

图 3-9　空间交互性的基本要素

（1）畅通、自由的双向信息沟通渠道是城市空间交互性的基础。沟通与信息的传递以及实时反馈是交互性的基本要素。没有沟通与反馈，交互性也就不复存在。城市空间本就是人类共同生活的具体空间。由于空间的经济效益与集约性，空间呈现出不同的功能性，但这并不代表空间的分离。空间的连续性与交互性极为重要。这要求城市空间在设计与规划的过程中加入公共参与的环节，使空间的使用者与空间最大限度地互动，做到信息的顺利接收与反馈，更加关注空间使用者的心理与感受，使人性化的交互设计理念融入其中。

（2）互利与共生。由于不同城市空间的功能不同，其设计的侧重点也不同，譬如居住区侧重于宜居性、商业区侧重于聚集性、工业区侧重于效益性、行政区侧重于效率性等。但是，不同功能区域间的连续性是其内在维系的核心。区域间的连续性应坚持互利与和谐的原则，使不同区域、不同功能的空间通过沟通协作产生相互间的正面效应，从而达到真正的融合与共生。互利的基本前提是多元主体共存与"不伤害"，首先应通过充分了解各空间区域的核心利益与基本问题，确定各空间区域之间的内在联系，设计出符合人类需求的"交互空间"。例如，工业区和商业区的联合应注重生态效应与聚集效应，规划出符合自然生态环境需求的工业生产区（随地势、气候、环境而建），同时在商业区充分考虑人口密集可能带来的安全隐患，使城市空间、景观、建筑、人类与生态环境完美地融合于一体，形成独具特色的现代化城市。

（3）应在满足私密性的基础上设计出空间的有效连接地带。譬如类似日本的缘侧空间（如图3-10所示）的连接室内与室外的结合区域，其具有空间交互性与融合性的双重功能与性质，可以使室内外的环境更好地融合为一体，而这是现代城市空间建构中不应忽视的重要因素。因此，在规划与设计城市空间的过程中，可以充分运用缘侧空间的理念对不同区域、不同功能的空间进行协调与对接。例如，可利用绿地、公园、交通枢纽等具有互利性特征的公共设施，来连接不同的空间区域，致力达到城市空间的"有机一体化"。缘侧空间的连续性如图3-11所示。

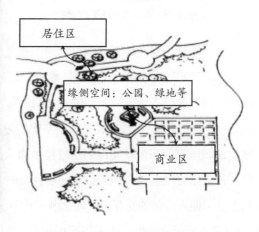

图 3-10　缘侧空间　　　　　　　　图 3-11　缘侧空间的连续性

概括而言，城市空间是人类居住与生存的空间，城市空间理应符合人类的需求，成为适合人类居住的生态宜居空间。人的自然属性是维持人类生存的基本要素，也是人类对城市空间建构最基本的要求；人的社会属性是人类进一步发展的动力，更是人类追求美好生活、改造自然的原动力，是推动与促进生态城市进一步发展的内核。

第四章　生态城市空间建构的基本原则

如前文所述，城市空间建构的实质是利益分配，分配的公平与否影响着空间结构的布局是否合理。自古以来，对于城市空间的分配问题，众多学者不断尝试提出各种分配原则，例如按劳分配、按需分配、按投资贡献率分配等多种分配原则，每种分配原则均具有一定的合理性与适用前提。但不管是哪一种分配原则成为社会建构与空间分配的主体原则，都只有坚持"以人为本""分配正义""统一建构"三大基本原则，才能真正实现城市空间的公平分配，治理城市空间分异现象，保障社会稳定，从而达到理想的生态宜居城市的和谐状态。

首先，在充分考虑共生理论的关联性、承接性、交互性、融合性与统一性的基础上，融入罗尔斯的正义原则，构建出生态城市空间建构的基本指导原则。其次，基于"以人为本""分配正义""统一建构"等指导原则，探寻出空间建构的具体实施方案，例如，城市公共资源的共享模式、土地供给方式、混合居住模式以及促进公众参与的空间联动等。最后，通过识别城市居民需求，将绿色与生态融入空间建构，构建居民满意度评价准则，试图让居民获得真正的空间归属感与幸福感。

第一节　"以人为本"是生态城市空间建构的根本

"以人为本"是"人的全面发展"和"人的解放"实现的基础，更是人本主义的核心。中华人民共和国成立至今，"以人为本"一直为我国立国主政的根本。"全心全意为人民服务"的治国理念，始终是我国政府坚持遵循的基本原则。

城市治理的前提条件是明确城市存在的意义，即城市发展应始终基于人民的需求与利益，并根据其发展变化而调整城市的政治、经济与社会发展。美国政治地理学家苏贾（Edward W. Soja）曾多次强调，资源、服务和可达性的平等是一项基本人权，理应成为未来城市发展与管理的基本战略与目标[104]。在城市发展过程中，城市治理应充分顾及不同利益群体的价值偏好和利益需求，尊重区域内每一位居民的基本权利。通过城市资源的公平分配，人类共享社会发展的"红利"，这是人类生活的理想状态，也是人类所追求的一种理想和乌托邦，更是马克思所说的"为一切人的发展和人的全面发展"。

中国共产党是全心全意为人民服务的政党，其自身不存在特殊的利益，党的利益就是人民的利益。党的十九大报告指出，"一个政党，一个政权，其前途命运取决于人心向背"。基于这个重要论断，我们就可以理解城市作为人类生存与发展的必要空间，其建构应基于人本主义思想。

一、"以人为本"的三重含义与维度

党的十九大报告不止一次指出"坚持以人民为中心"，"以人为本"是新时代我国始终坚持和发展的治国理政基本方针之一[105]。新社会、新时期不仅要全面建成小康社会，大力发展经济，更要坚持以人为本，建设和谐人类社会。"以人为本"中的"人"指的是广大民众，"本"指的是广大民众的根本利益。

（一）"以人为本"的三重含义

基于"以人为本"原则的城市空间分配具有三重含义。

第一重含义为：不管城市实施的是哪种空间分配制度，都必须满足绝大多数民众对空间的基本需求，不断提高广大民众的生活品质。根据城市自身的现实条件，确定合适的空间分配制度，才能最大限度地达到社会稳定、生产力发展的理想状态。例如，新加坡"居者有其屋"计划的实施，很好地满足了绝大多数新加坡民众对居住空间的需求。

第二重含义为："以人为本"的空间分配制度必须满足人的全面发展的愿望，提高民众的幸福感。人类对空间的需求不仅局限于对居住空间的需求，还包括人的全面发展。这意味着除居住空间以外，教育、医疗、发展等方面同样体现着人类的空间诉求。空间分配只有以"人的全面发展"作为指导原则，才能真正规划出理想城市的雏形。

第三重含义为："以人为本"的空间制度需要充分考虑实施城市空间分配制度的现实条件，如政治、经济、文化等现实因素。人类不断发展的需求与欲望总是受到现实条件的制约，例如执政党的治国理念、经济发展的速度、人类的思想意识等。如果忽略了现实条件的存在，"以人为本"的生态城市空间建构终将成为一纸空文，无法实施。

（二）城市治理"以人为本"的三重维度

城市化不只是一个建造工程，还是一种实现共同利益的方式，应由建造者、使用者以及居住者一同设计、建造和管理，并协调相互的利益。[106]城市既然是广大民众的生活聚集之地，那么只有协调不同利益集体的利益冲突，平衡、监督、引导城市的综合发展，满足广大市民的基本利益，为人类的不断发展创造有利的物质环境，才能真正实现"新时代的以人为本"。这其中，有效的城市管理是治理城市空间问题的关键。政府应将"以人为本"思想贯彻于城市治理的各个领域，从而真正实现"人的全面发展"。简而言之，可将城市治理归纳为三个维度，并在这三个维度中充分渗透"以人为本"的真实含义。

（1）物质分配维度——空间分配的"以人为本"。这应从人与自然的和谐性与城市空间资源的公平性展开。首先，是指对城市物质环境层面的有效管理。城市由多种功能各异、形态各异的不同空间所组成，如工作空间、居住空间、娱乐空间、休闲空间、交通空间等，它们共同组成人类整体的生存空间。从物质规划层面而言，城市空间规划是指以应用为取向的城市公共空间和公共设施的设计，其核心是一种确定公共利益的行为，体现着人类具有的城市权益。如何合理、有效地分配城市的有限空间与物质资源，使居民能更好地享受城市公共资源，并通过公平分配提高居民的生活质量与幸福感，是城市治理的首要问题。

（2）制度约束维度——制度制定的"以人为本"。这是指规章制度、法律条款对城市空间的监督与督促作用。合理的城市空间布局依赖于人类对空间的改造是具有规范性和制度化的改造，必须与社会的发展相协调，而不是无序混乱的改造与破坏。这就需要制度的监督与约束。制度的约束是城市治理有效运行的保障。可以说，没有制度约束的城市治理是极不稳定的。

（3）道德引导维度——思想意识的"以人为本"。城市空间是人类对自然界主观能动的改造，是人类对理想家园的追求。道德价值与伦理规范是人文秩序的核心，对城市治理同样具有极强的指引与引导作用。美国著名学者简·雅各布斯（Jane Jacobs）提出的"城市精神"与"市民精神"，和空间规划之间的联系，也很好地验证了这一点。

因此，明确"以人为本"的三重含义，并将其贯穿于城市治理的三大维度，是确保城市有效运行的基本条件，更是治理城市空间分异的主旨所在。

二、"以人为本"的生态城市空间诉求

生态城市空间的真实内涵在于满足人民的基本需求与利益诉求。将"以人为本"的城市空间分配落足于实际应用层面是当代生态城市规划与创建和谐城市的根本，例如以人类居住空间为中心，周围规划生活配套设施，将工业区与生活区相分离，保证人类的生活环境质量等。此外，如何将"以人为本"的理念与现实条件相融合，是城市空间分配始终面临的难题与困境。"以人为本"的生态城市规划应从人类的实际生活需求出发，如从衣、住、行三方面与城市环境的生态宜居性出发展开空间规划，才能真正实现生态宜居城市的建设，达到治理城市空间分异的基本诉求。

如前文所述，生态城市空间应充分考虑居住时的宜居性、衣物晾晒的功能性、交通运输的便利性。生态宜居城市不仅需要具有便捷、发达的交通，也需要在城市空间建构的过程中关注如何满足人类原始的"行"的功能，如建设步行区。例如，在居住空间、工作空间中设置更多的公共空间、绿地以及公园，为人类提供更多的休闲与锻炼机会，以实现城市环境的宜居、舒适与生态性。这正契合了政治局会议提出的绿色化扩容新四化为五化的新任务、新目标，进一步推进和提倡绿色、生态、环保、宜居的新理念。

第二节　"分配正义"是生态城市空间建构的基础

生态城市是按照生态学原则建立社会、经济、自然协调发展的新型社会关系，有效利用环境资源实现可持续发展的新生产和生活方式，而建立的高效、和谐、健康、可持续发展的人类聚居环境。城市空间建构的实质是利益分配。分配的制度与原则决定了空间建构的效率与方式。"分配正义"一直是诠释与实现社会"基本善"的保障。正义不仅是一种公德，更是城市空间建构的基础。正义对于空间的意义在于，其在处理城市利益相关群体之间各种错综复杂的冲突时所显现出的绝对优势。空间正义应作为城市空间分配的重要指导思想之一，予以重视。空间正义是人类普遍愿意接受的价值规范，它既可以提升民众对制度的信任度、认同度、安全感，也是人类调节空间矛盾的基本原则与解决路径。从"分配正义"的角度对城市空间进行合理的规划，可以在某种程度上促进人与人之间的交往与互惠，推动"社会家庭共同体"这一理想事物的产生与达成。因此，在考虑构建生态城市空间分配原则时，应关注人类生存的基本权利、最大平等、权变差异与空间救济等方面，试图达到"空间正义"与"分配正义"，实现人类所期许的社会正义与"基本善"。

这其中，以罗尔斯的正义原则尤为瞩目。正确解读罗尔斯的正义原则对城市空间建构极具指导性。罗尔斯在《正义论》中提出的两大正义原则——基本自由原则（第一原则），以及机会平等原则与差别原则（第二原则），是其对社会"基本善"的诠释，更是城市空间建构的理论基础。

（1）基本自由原则。"每个人对与其他人所拥有的最广泛的基本自由体系相容的类似自由体系都应有一种平等的权利。"[107] 对于这种最基本的平等原则，可以理解为是保障人类的政治自由、言论与结社自由、良心的自由、思想的自由、人身与财产的自由、免于任意逮捕和剥夺财产的权利，这些基本的自由是一个完整的体系[108]。罗尔斯指出，正义的第一层要义就是要确保公民基本权利的自由与平等分配，而这种平等的自由代表着公民基本权利的平等，更是确保公民起点的平等与社会公正的前提。因此，基本权利的自由与平等，是正义的第一层要义，更是公民最基本的权利与诉求，是其他权利与原则建构的基础。

（2）机会平等原则。机会平等原则与差别原则共同构成罗尔斯归类的第二原则。机会平等原则是指"地位和职务向所有人开放"，代表着公平竞争、不论出身与制度的保证。社会上所有人都拥有平等的机会去竞争其希冀从事的职务。人类可以通过自身的努力，凭借自身的能力获取更好的社会地位，且进一步自我实现。但是，机会的平等必须依靠有效的制度保障，才能实现真正的平等，这也更多地体现出正义与制度保障的关联性。从某种含义上解读，正是机会的平等确保了起点的平等。机会面前人人平等保障了公民公平竞争的权利以及努力拼搏有可能带来的上升机遇，而这是基于基本自由原则的另一原则。

（3）差别原则。机会面前人人平等，努力拼搏才可能带来社会地位的改变，但由于个人能力的不同，努力与拼搏所带来的结果却是极具差异性的。于是，罗尔斯提出了差别原则。差别原则是罗尔斯的正义原则的创新与核心意义所在，更是学界多年来的争议所在。例如，柯亨就对罗尔斯提出的差别原则进行了批判。他认为，罗尔斯的差别原则实质上是一种变相的激励政策，而这正是导致不平等产生的根源。但柯亨忽略了罗尔斯是立足于"互惠原则"提出差别原则的。罗尔斯所指的"互惠"首先体现在社会的博爱之上："差别原则看来正相应于博爱的一种自然意义，即相应于这样一个观念：如果不是有助于状况较差者的利益，就不欲占有较大的利益。家庭在其理想观念中（也常常在实践中）是一个拒绝最大限度地增加利益总额之原则的地方。一个家庭的成员通常只希望在能促进家庭其他人的利益时获利。那么按照差别原则行动正好也产生这一结果。那些处境较好者愿意只在一种促进较不利者利益的结构中占有他们的较大利益。"[108]

可见，社会在罗尔斯眼中是一个家庭共同体，正因为家庭中有情况较差的成员，基于对情况较差成员的关怀与不忍，其他具有较强能力的成员才更加具有责任感与进取心以谋得最大的利益，进而改善情况较差成员的状况。这正如一个家庭中父母希望通过努力工作，使子女与长辈获得更好的生活环境一样。从这一角度来解释，正是因为差别原则的存在，才进一步促进了社会公平的实现。它强调的是，通过社会合作与互助来缩小人与人之间的差距，进一步达到结果的平等。

简而言之，机会的平等并不能带来结果的相同，由于个人能力的不同，结果必然是具有差别的。然而，罗尔斯通过社会家庭共同体的建构，试图将有差别的结果通过互惠的方式，达到一定程度上的结果的平等。事实上，社会家庭共同体的建构并不容易，人与人之间的互惠与互助、信任与联系是社会家庭共同体构建的核心。这一切的实现，仍任重道远。

尽管社会家庭共同体的建构并不容易，但在生态城市空间建构的过程中，通过空间的分配与规划可以在某种程度上促进人与人之间"互惠模式"的实现，从而推动社会家庭共同体这一理想事物的产生。因此，生态城市空间分配原则应基于罗尔斯的正义原则予以构建，才能实现"互惠模式"。在城市空间建构的过程中，空间分配应遵循以下四大具体指导原则，进而试图达到"空间正义"与"分配正义"，以及罗尔斯所期许的社会正义与"基本善"。

一、空间基本权利原则

正义的基本权利包括平等的自由与机会的平等。首先，平等的自由代表着公民基本权利的平等，更是确保公民起点的平等与社会公正的前提。自由与平等是正义基本权利的第一层要义，更是公民最基本的权利与诉求，是其他权利与原则建构的基础。其次，机会的平等代表着公平竞争、不论出身的机会平等。社会上所有人都拥有平等竞争的机会，拥有通过自身的努力与能力获取更高、更好的社会地位的机会。除此之外，机会的平等必须依靠有效的制度对其进行保障，这更多地体现出"分配正义"需要制度的保障。因此，空间基本权利原则应包含两个维度，即空间基本生存权利与空间机会平等权利。

（1）空间基本生存权利。空间基本生存权利确保了公民在空间中的生存权，反映出对人类基本生活空间的保障。空间基本生存权利的确定，确保了人类生存的基本条件，应列为城市空间基本权利的第一要义。空间的居住权与安全权，可以理解为人类生存权的基本体现，更是空间"人本主义"内涵的最好体现。例如，新加坡"居者有其屋"计划的全面推行，为新加坡民众带来了百分之百的社会拥房率。这体现出新加坡政府一贯坚持城市空间是"人的空间"。人类空间基本权利的平等与公平是城市发展的核心驱动力之一。城市空间公平分配是全社会所有居民希冀达到的理想生活状态，是"人，诗意地栖居"最好的体现。只有人类城市空间基本生存权利的确定，才能使城市居民的归属感进一步提升，才能真正达到民族融合、社会稳定的理想城市状态[23]。

（2）空间机会平等权利。空间机会平等权利是基于基本生存权而产生的，指的是公民还应拥有在空间内自由发挥的权利。空间基本生存权利保障了公民在空间中的生存权；空间机会平等权利赋予了公民自由发挥的可能。这代表着公民通过自身的努力与奋斗，可取得相应的发展空间。在教育、职业、工作等方面，所有公民拥有相同的奋斗机会。儿童不论种族、民族、宗教、家庭、收入与财富状况等，均应获得平等的受教育机会。例如，我国九年义务教育的普及、微机派位的实施都体现了新中国教育的公平与平等。又如，我国《就业促进法》中的公平就业条例规定，任何企业在公民进行职业选择与工作晋升时，不得以任何种族、民族、宗教、性别、残疾等因素歧视公民。公民拥有平等的职业选择与工作竞争的机会。树立职业平等观赋予了公民参与的热情与发展的可能。《妇女权益保障法》中明确规定，女性在就业、晋升等方面拥有与男性平等的各项权利。此外，我国《党政机关办公用房建设标准》中，对各级工作人员的办公使用面积也有着明确的规定。这验证了教育、职业、工作与空间的紧密关联性，更通过空间体现出其真实的含义。

然而，空间基本权利的确立，并不代表着对所有空间均应采取无差异化的一视同仁分配原则，而应从根本上满足所有居民的基本生存权益与发展的需求。例如，紧随新加坡之后，我国香港特别行政区推行的"公屋计划"以及我国目前所采取的保障性住房制度，都体现了在城市空间建构的过程中，应首先明确人类的空间基本权利。

二、空间最大平等原则

如果所有公民都平等地拥有空间生存与机会平等的权益，那么如何保证公民在空间中自由发展的权利呢？这正如罗尔斯所言："所有社会价值——自由与机会、收入与财富以及自尊的基础——都应平等地分配，除非任何价值的不平等分配对每一个人都是有利的。"[109] 可见，空间最大平等原则代表着自由与权利的平等，是在空间基本生存权利与空间机会平等权利之上延伸而来的。空间最大平等原则可以最大限度地保证公民对空间使用的权利与自由，同时可进一步确保公民在空间中自由发挥的权利。两者之间相辅相成并密切关联。

从物质层面上来讲，空间最大平等原则保障了公民在物质空间中自由访问与自由行使的权利。例如，美国学者唐·米切尔（Don Mitchell）在《城市权：社会正义和为公共空间而战斗》一书中指出，城市权利与列斐伏尔的空间思想紧密相关。唐·米切尔对城市权利是这样阐述的："城市权利本身就标示着一种处于首位的权利：自由的权利，在社会中有个性的权利，有居住地和主动去居住的权利。进入城市的权利、参与的权利、支配财富的权利（同财产权有明晰的区别），是城市权利的内在要求。"[110] 可见，进入城市的权利、参与的权利与支配财富的权利，都代表着人类物质层面的空间自由度与权利。

从人文层面上来讲，空间最大平等原则保障了社会形态的自主、公民思想的开放与自我实现的可能。唐·米切尔在描述言论自由与文化自由时，强调了公民的"话语权"正是另一种保障公民精神空间自由度的体现。美国学者刘易斯·芒福德同样强调了文化自由的重要性："贮存文化、流传文化和创造文化，这大约就是城市的三个基本使命了"，"将来城市的任务是充分发展各个地区、各种文化、各个人的多样性和他们各自的特性"[40]。可见，文明的发展促进了人类自由的实现，更促进了人类精神空间与思想空间的自由。空间最大平等原则不仅保障了公民的空间出入、访问与发挥的权利，更确保了公民在空间自由发挥的同时，进一步达到自我实现。

三、空间权变差异原则

如上述原则所述，机会面前人人平等，努力拼搏会带来社会地位的改变，但鉴于个人能力的不同，努力拼搏所带来的结果却是极具差异性的。如果努力与懒怠带来的结果相同，何谈城市建设，更何谈社会发展？这是一种既包含"平等"，又包含"差异化"的激励政策。

起点的平等，不代表结果发展的一致；结果的差异，却反过来推动着人类的发展。甚至在某种程度上而言，结果的差异反而在一定情况下可以促进起点的平等。例如，差异化的结果促进了生产力的发展、科技的创新与社会物质的丰富；而正是社会物质的丰富，才能真正保障社会公民的基本权益，保障起点的平等。那么，在不违反正义平等的原则下，允许差异化的存在就显得尤为重要。只有这样才能进一步促进与激励公民自我发挥与自我实现。

简单来说，空间权变差异原则，不仅体现在差异化的收入与差异化的物质分配上，更体现在差异化的空间分配上。空间差异化的具体实施原则应是具有权变因素的，应根据不同情况制定不同区域的空间权变差异原则，但其总原则是不变的。归纳而言，总原则应包括以下两个方面：

（1）应对空间权变差异原则的适用范围进行限定。空间权变差异原则仅限于社会经济利益的分配，其他空间领域应避免差异化的存在。例如，居住空间、教育空间、思想空间、文化空间等领域应以平等分配原则为主导。此外，经济空间与财富空间应采取适度差异原则。

（2）应对空间权变差异原则的最大、最小限值做出规定。虽然个体的先天能力与努力程度不同，必然导致结果的不同，但我们可以通过设定空间差异化的最大、最小限值，来限定社会优势群体与弱势群体的空间权益，以避免不同群体间差异过大导致阶级固化与阶级斗争的产生。

四、空间正义救济原则

虽然空间权变差异原则维护了社会优势群体的经济利益，但正因社会优势群体创造出丰富的社会财富，才能为弱势群体提供更好的生活保障。当社会优势群体创造出的社会财富超过社会所限定的最大值时，其所创造出的多余财富可采取"社会统筹"方式进行再分配。可以说，空间正义救济原则是确立在空间权变差异原则所创造的剩余财富上的，是通过剩余财富的再分配确保社会弱势群体的权益。正是在博爱与互惠的基础上，空间正义救济原则才能发挥最大的能效，才能维护公民的空间基本生存权利、空间机会平等权利与空间最大平等自由权益。正如新加坡的"居者有其屋"计划、我国香港特别行政区的"公屋计划"、我国的保障性住房制度都建立在社会剩余财富与优势群体的纳税基础之上，这样才使得对社会弱势群体的救助具备了实现的基本条件。换而言之，这是试图通过差异化的社会财富再分配，达到相对的结果平等，而这也正是空间正义救济原则存在的意义所在。

针对这一情况，政府可根据其具体情况将社会弱势群体划分为不同的类别，并基于不同类别制定不同的救助方案。例如，我国颁布的《社会救助暂行办法》，将最低生活保障、特困人员供养、受灾人员救助、医疗救助、教育救助、住房救助、就业救助和临时救助归纳为我国基本社会救助类别，并制定相关的具体救助方案，以促进结果的相对平等。

归纳而言，空间基本权利原则、空间最大平等原则、空间权变差异原则与空间正义救助原则应作为城市空间建构的四大基本分配原则予以重视，并应充分考虑四者之间的系统性、关联性、承接性、交互性与融合性。

第三节　"有机统一"是生态城市空间建构的抓手

人类通过实践活动不断地创造社会文明，改变历史，创建符合人类发展需求的城市空间。城市空间由静态空间与动态空间构成。城市静态空间是指人类的过往行为对空间所形成的静止空间形式。城市动态空间是指人类在不断发生的具体交往活动中所形成的动态空间形式。生态城市空间建构的过程应为多领域的沟通与相互作用，并试图打破空间与领域间的壁垒，使城市空间不仅具有局部功能性，更是有机统一的整体。本节从人类活动的三重空间出发，探寻生态城市空间所蕴含的丰富的目的性与规律性。

一、生态城市空间的目的性

由于城市空间是人类主观能动的改造，因此改造的主观意识就形成了城市空间的目的性。明确的目的性给予了人类行动的方向与动力，是生态城市空间建构的指引与导向。合理的目的性、合规律性是生态城市空间建构的关键。生态城市空间的目的性需要人类客观认识自然事物，并根据自身现实条件进行设置。其目的性应包括以下三个方面：

（1）满足人类不断发展的需求——人的自由全面发展。城市存在的根本是其能否满足人类不断发展的需求，这就是城市空间首要的目的性。既然城市空间是人类主观能动的改造，那么对城市空间的建构首先应根据人类自身生存与发展的需求进行"空间的生产"。例如，在城市形成初期，人类出于安全需求建立了城墙与护城河，出于生存需求建立了房屋与集市，出于交往需求建立了茶馆与公园等公共场所。人的全面自由发展指的是，人的体力与智力双方面的全面、自由、和谐发展。这代表着城市空间的建构不仅仅包括人类物质空间的建设，还包括人文空间的建构。在现代社会，建设居住空间、教育空间、军事空间、政治空间、经济空间等众多空间的本源都是满足人类不断发展的需求这一城市空间发展永恒的主题。

（2）符合自然界发展的客观规律——城市的长久可持续发展。虽然城市空间是人类对自然空间主观能动的改造，但自然空间的客观发展规律是无法忽略、必须遵从的。在城市空间建构的过程中，有太多人类违背自然空间发展规律而受到自然惩罚的例子，比如空气污染、温室效应、冰山融化、水源污染、沙尘肆虐等。如今的"还耕于林""生态城市""雾霾治理""金山银山不如绿水青山"等理念的提出，都体现出只有城市空间建构符合自然界发展的客观规律，城市才能长久可持续发展。否则，人类对自然界的改造不仅无法满足自身不断发展的需求，更将加速自然空间与自身的毁灭。历史上曾经盛极一时的楼兰古城、约旦佩特拉城、洪都拉斯失落之城等，或多或少都是因人类对自然环境的破坏，毁灭了城市可持续发展的可能，才被淹没在历史的长河中。

（3）促进人类社会的发展进程——对理想社会的追寻。城市空间的第三重目的，是促进人类社会的发展进程。由远古至今，人类已经历了原始社会、奴隶社会、封建社会、资本主义社会，现正在由资本主义社会向共产主义社会发展的进程中不断努力前行。共产主义社会是人类畅想的没有剥削、没有阶级、没有异化的社会，是一个能够真正实现人的全面自由发展的理想社会，是社会发展的最高阶段。对共产主义的追寻，可以说是共产党人与全人类不断追寻的一种信仰，也是人类社会进化的最终目标。试想若社会上生产力高速发展、物质财富充裕、人类自由平等地全面发展、道德意识与思想形态高度统一、按需分配、全面消除阶级与私有制等社会负面问题，该是多么美好的一幅共产主义社会蓝图。但是，这一切必须在空间这一载体中才能实现。空间是人类生存的基本载体，人类创造空间、建构空间；反过来看，空间建构与合理分配对人类与社会发展有着重要的意义。合理的空间建构促进着人类与社会的发展，而不当的空间分配则制约着人类与社会发展的步伐，是异化的一种体现。可见，城市空间建构的第三层含义应是努力构建合理的空间秩序，从而促进社会的发展。

二、生态城市空间的规律性与空间秩序的等级化

生态文明建设不仅是新时代社会发展的重要议题之一，更是人民安居乐业、城市可持续发展的基石。生态文明与城市化进程具有极强的内在逻辑关联性。城市空间不仅是一种物质形态，更是人类社会关系等多种复杂关系的聚合。城市空间的规律性与空间秩序的等级化可以理解为一种空间秩序，是人类在长期聚集和交往的过程中所形成的一种规则。人类依照这种规则对空间进行合理的分配。这种规则不断被遵循、被模仿，逐渐形成了一种通用和共享的城市空间秩序。人们希望借此达到一种理想的生活状态。

城市空间秩序并非一般意义上的由地理位置和空间结构所形成的地理空间秩序，也非在城市规划中受到利益格局和权力结构深刻影响而形成的物质空间秩序。城市空间秩序应从人的自然性和社会性出发，在人与空间的关系模式下，结合城市区域化经济的快速发展，在共同的区域文化背景下，建立新的综合管理模式，最终找到城市空间的分隔与连接，探寻一种能够满足人们追求美好生活状态需求的城市空间秩序。英国学者肖特（John Rennie Short）把城市空间秩序定义为："空间秩序既是社会秩序实现的前提，又是其存在的基础。城市空间秩序的有效性直接决定了城市的发展与未来。"[111] 可见，城市空间秩序是人类正常生活的前提和生存的基础条件，是影响城市发展的重要因素之一。

生态文明是人类迄今为止最高阶段的文明形态，其核心思想为和谐共生。生态文明建设的目标，是建立人与人、人与自然、人与社会的"共生秩序"；它既要遵循自然的科学性，又要遵循人文的道德性；它可促进生态机制的有序建设，实现经济、社会自然环境与人的可持续发展。从生态文明思想中"人与自然、人与人（社会）和谐共生"的角度出发，重新审视城市空间秩序，不仅能显著提高城市生活的幸福感，对城市空间秩序的构建也极具指导意义。当前学界对城市空间秩序的研究，多从城市规划、建筑设计、空间效益、空间经济等角度出发，试图寻找一种最具效益与效率的城市空间布局，而往往忽视了从生态文明的视角对城市空间

秩序的本质进行探究。本节从生态文明的视角,系统地对城市空间秩序生成的本质、前提、动因以及运行的保障进行全面探讨。这不仅有助于我们更为深刻地把握城市空间秩序的本质及其演化的基本规律,更有利于当代生态城市建设的成功实施。

（一）目标认同：空间秩序的本质

谈及城市,人类首先要思考城市的内涵与存在的意义是什么。生态文明思想始终是围绕着"人"所构建的,这与脱离了"人"的城市空间不具备任何意义相一致。城市的本质不在于城墙的设立,更不在于边界的确立,而在于人类共同发展的目标与利益。城市是人类最为得意的创造,其存在的含义不在于物质形态的辉煌,而在于它能否满足人类不断发展的需求。因此,人类为了能够更好地生存与发展,迫切需要一种良好、有序的运行状态,于是"秩序"应运而生。

（1）自发秩序是人与人在社会活动与交往中由内在自发、自生的力量推动所产生的一种秩序。它既没有任何具体特定的预设目的,更不为任何个人意志所掌控,是一种自然的有序状态。这种自发秩序往往是自然界所普遍遵循的一种符合人与社会生存与发展规律的秩序,可称之为"应然秩序"。正如市场本身就像一只"看不见的手",对各种交易活动进行着调控,从而产生一种不需要外界干预的自发秩序,最终产生一种个体自由的状态。奥地利政治哲学家哈耶克指出,这种不以人的意志或意愿所操控的"自发的社会秩序",是一种"自我生成的或源于内部的秩序"[112]。自发秩序不仅可以避免个人意志可能导致的局限性与主观性,更可以充分发挥每个人的知识与才干,从而最大限度地推动社会的进步与发展。

（2）共同秩序是一种凌驾于自发秩序之上的有组织、有目的的秩序,是建立在个人、群体乃至整个社会一致认同的价值基础上的,属于一种位于自发秩序之上的高级形态的秩序。在某种程度上,自发的社会秩序是具有一定历史局限性的。这种无目的、无组织、无政府、无主体管控的,由市场自我调节而产生的秩序往往是导致市场混乱、经济危机的主要因素。可以说,这种放任社会自由竞争、自由发展、自由调整的自发秩序具有两面性:一方面,正如哈耶克所说的那样,自由性与自发性对社会的进化具有正面促进作用;另一方面,它的无序性、无目的性也正是导致与放任异化现象产生和发展的根源,正如资本主义社会中产生的"羊吃人"

现象一样[113]。在此观点的影响下，英国学者哈丁用"公地悲剧"的例子来佐证无序的自发秩序带来的巨大危害。在现实生活中，西方市场近年来频频出现的经济与金融危机，正是自发秩序带来负面影响的例证。

如果说城市是人类生存与发展的场所，那么生态城市空间秩序的建立就理应顺应人类的发展与需求。因此，对生态城市空间秩序的追求，不应忽略其主体，即人的意愿。归纳而言，生态城市空间秩序既不应是盲目的自发秩序，也不应是忽略个人意愿的共同秩序，而应是一种超越自发秩序，与人类价值与目标认同相一致的空间秩序。

（二）市场集中：空间秩序生成的前提

生态文明的构成源于人类对自然不断的良性改造，城市空间的构成更是源于人口聚集与生产力的不断发展。城市空间是人类进行各种交易活动的具体场所，如市场。德国社会学家马克斯·韦伯将城市定义为："城市永远是个'市场聚落'。它拥有一个市场，构成聚落的经济中心，在那儿，城外的居民及市民——基于一既存的专业生产的基础——以交易的方式取得所需的工业产品或商品。"[96] 城市空间不仅是人类聚集和交往的物质空间，也应是一个实现人类生存与发展的意向空间。没有人类的聚集也就不存在市场，没有市场的集中，城市空间也就失去了其存在的意义，空间秩序更无从谈起。可见，城市空间秩序生成的前提，是人口的聚集与市场交易的集中。

（1）人口的聚集是市场以及城市产生的先决条件。城市的形成是一个随着人类文明的发展而自我发展的历程。人类发展之初，可以说是源于以血缘关系为主的游牧氏族聚落。在原始社会，由于物质匮乏、生产力极度低下，人类基于生存的需求必须聚集生活。在氏族聚落发展的漫长岁月中，人类通过集体劳动与共同协作逐渐发现了劳动分工的重要性。劳动分工的出现使人类从游牧业与狩猎业中分离出来，进行农作物的生产。剩余产品的出现逐步使游牧氏族聚落转变为固定区域内的氏族聚落，市场与城市的雏形也随之初步显现出来。因此，人口的聚集不仅使劳动分工、剩余产品得以出现，更活跃了商品交易的发展，形成了交易频繁的集市与市场，从而也产生了与其相适应的空间秩序。我国在《全国文明城市测评体系》中将城市定义为："随着商品的发展，城乡开始分离，于是出现了人员聚集较多、成为一定地域内的政治、经济、文化中心的城市。"[114] 这都表明在城市形成的过程中，人口聚集、劳动分工、相互协作是市场交易以及城市形成的重要推手。

（2）市场交易的集中是城市空间秩序生成的前提。市场交易的集中进一步激活了区域经济发展。聚集经济反过来又促使更多聚落和更多的人群聚集在该区域，推动了城市的发展。阿瑟·奥沙利文在其《城市经济学》一书中曾这样描述："集聚经济在某一区位上可以产生自我强化效应：一个组织向该区域迁移，会激励另一个组织也向该区域迁移，从而形成城市。"[115] 从城市经济地理学角度来看，"各种交易主体和交易活动的集聚形成循环积累效应，推动单一城市的发展和城市体系的形成"[116]。在这方面，美国经济学家克鲁格曼的立论尤为瞩目。他认为，市场集中化是不同区域间贸易和专门化分工协作发展的基础。它通过薪酬递增的模式使区域内相互联系的行业和经济活动越发地活跃，从而带来规模经济的成本节约效应和空间的聚集。这种空间聚集正是所谓的"自发的空间秩序"产生的动因[117]。

随着生产力的发展以及分工的日趋专门化，人类对交易的场所也提出了更为多样的诉求。事实也是如此，货币的出现使得临时与分散的物物交换的零散集市，逐渐转变为固定与集中的大型市场，以及专门性和综合性的商店。空间秩序必然成为维持频繁的市场交易活动有序开展的前提条件和规则。人类在具体的城市空间中，周而复始地进行着各种各样的交易与交往活动，并逐渐形成共同遵守的城市空间秩序。因此，人口的聚集与市场的集中不仅是人类合群性需求的体现，更体现了人类对生活富足、经济增长的追求，是社会共存与城市发展的本能需求，也是城市空间秩序生成的先决因素与前提条件。

（三）交易推动：空间秩序生成的动因

城市空间秩序构建的过程同样是各种交易活动彼此博弈的过程；也就是说，空间秩序是在经济活动、政治活动以及宗教、信仰、道德、伦理等各类社会交往中逐步形成的。城市里各种交易活动互相影响、互相关联，从而形成了一个复杂的交易系统，而城市正是建立在这种庞大而错综复杂的交易系统之上的。在各种交易活动互相博弈的过程中，势必有某种交易活动凌驾于其他交易活动之上，成为主导城市发展的核心交易，而其他交易活动则会演变为服务于核心交易的衍生交易，逐渐形成核心交易与衍生交易两种交易形式，城市空间秩序的架构也随之逐渐显现出来。

（1）就核心交易而言，核心交易的不同产生了空间秩序上的分异。一般来说，经济活动决定着人类的生活环境与生活条件。人类的生活环境和生活条件是人类社会所追求的首要目标，而当今社会可以被认为是一种以经济活动为主的社会交易系统。但是，也不乏像梵蒂冈、耶路撒冷等城市，是一种以宗教活动为主的社会交易系统。总之，核心交易的不同决定了社会空间秩序架构的不同。

（2）就衍生交易而论，核心交易主体一旦确立，必然会致使其他衍生交易活动为其服务。无论何种核心交易系统，均需与其相配套的行政机构、服务机构、商业机构、公共机构等多个部门来服务和维持其核心交易的运转，这就是衍生交易之于核心交易的意义所在。美国社会哲学家刘易斯·芒福德认为："在城市的形成和发展过程中，某一项核心的基本交易无论是政治、经济或社会文化的，都可以成为城市起源与发展的'初始磁体'。但随着交易活动的密集与频繁，以及人口空间的聚集，'初始磁体'周围必然会围绕着由派生交易所形成的'第二磁体'或'第三磁体'。"[40]

新经济地理学派依据经济发展和地理区域环境改变之间的联系，来解释城市空间的形成与划分。该学派认为，是城市空间向心力与离心力之间的某种平衡形成了空间秩序。这其中任何一种力量发生改变，新的博弈就开始了。新平衡的产生造就了新的城市空间秩序，正如核心交易与衍生交易之间的博弈推动着空间秩序的形成一样。

自然界的发展有其规律，交易的发展不仅有其规律更有其秩序。无秩序的交易无法长久地维持下去，更无法推进生产力的进步与社会的发展。城市核心交易的主体理应是推动城市发展和扩张的原动力，衍生交易反映为核心交易的正外部性和聚集形式。如果衍生交易产生一定程度的负外部性，并凌驾于正外部性之上，核心交易主体将会随之而易位，旧的秩序土崩瓦解，新的交易主体与新的秩序出现并随之取代原来的交易主体和秩序。运用哈丁提出的"公地悲剧"的理论模型可证明，未受规范的公共资源将会因个人在复杂的社会环境中的行为，导致公共资源恶化、枯竭的悲剧[17]。最终，原有的空间秩序不复存在，新的空间秩序随着新的核心交易形式的产生而确立。可见，核心交易与衍生交易直接推动、影响着城市空间秩序的形成与演化，是推动城市空间秩序生成的根本动因。

（四）统一和谐：生态城市空间秩序演化的基本规律

生态文明是人类在可持续发展理念下不断实践与探索形成的，是人类认识自然、改造自然的进步状态和社会成果。它标志着自然生态领域与人文生态领域呈现出一种积极、进步的正面效应；是人与自然、社会和谐发展的高度统一。虽然城市空间始终是交易活动不断汇集与不断博弈的场所，但它更是一个饱含着城市文化记忆、历史叙事和个性气质的文化场域，始终与人、权力和资本等因素联系在一起。简而言之，交易活动在激发了人们对城市满怀期待的同时，也激发了人们对理想空间秩序的追求。传统的"自发的社会秩序"已远远不能适应当代社会发展的现实需求，超越"自发的社会秩序"之上的共同秩序则成为社会的主流意识。

意大利学者布鲁诺·赛维曾这样描述："尽管我们可以忽视空间的存在，但空间却影响着我们，并控制我们的精神活动。"[118] 城市空间就是这样一种人类精神活动的场域。从空间对人的心理认识方面而言，个体的感知行为总是与环境处于一个相互作用的系统当中。布莱恩·劳森认为，人们可以通过解读某个城市空间来把握城市的价值观与世界观。凯文·林奇也曾说过："从社会文化结构、人的活动和城市空间环境相结合的角度来看，城市空间与人的行为之间存在着相互依赖性，空间为行为提供着支撑。"[119] 因此，脱离人的情感与现实需求的城市空间秩序实际上是不存在的，生态城市空间秩序已成为构成和谐社会的重要因素之一。

就生态城市空间秩序的构成要素而论，田名川先生认为生态城市空间秩序应包括区域、人文、生活、生态与形态等 5 个层面[120]。希腊学者道萨迪亚斯（C. A Doxiadis）依据"人居理论"，将空间秩序划分为自然界、人、社会、建筑物与关系网络等 5 个层面[84]。简而论之，城市空间秩序经历了从自然生态、形态功能到人文伦理的演化过程。图4-1 为生态城市空间秩序结构图。

图 4-1　生态城市空间秩序结构图

（1）自然生态层面的空间秩序，指的是城市所处的地理空间位置及所拥有的自然空间资源，对城市空间秩序所形成的影响性和制约性，可称之为初级形态的空间秩序。城市空间秩序的建立首先应从其自然属性出发。在城市形成的初期，对城市空间的考量是以其地理位置和自然资源能否满足人类生存需求为基本条件的，如以地形、地势、水源、气候、土地等自然条件为选择依据。从本质上讲，虽说城市是人类通过对自然界的生产实践活动而改造出来的，但人类在改造自然的过程中，也必须遵循自然的客观事实及规律，才能充分发挥人的主观能动性；反之，就会造成生态的破坏、自然资源的枯竭、环境的污染等问题，最终导致人类赖以生存的生活空间丧失。自然规律具有不以任何人的意志为转移和改变的客观性，城市空间秩序应遵循自然规律，体现人类本能的价值诉求。

（2）形态功能层面的空间秩序，指的是人类根据其不同的生活需求对城市空间进行合理改造与功能分区，从而形成城市不同的空间形态，也可称之为中级形态的空间秩序。这是人类根据自身需求所创造的一种空间秩序形式，比如"工业区""商业区""生活区"等不同形态功能空间的划分与设立。从形态功能层面的设计与规划来看，首先，城市空间建构应推崇混合居住模式，并建立与之相适应的空间秩序，使不同收入水平和不同阶层的居民，通过共同生活增加沟通与交流的机会，促进族群融合与社会安定，有效地解决社会撕裂、空间隔离、心理排斥、社交断裂等一系列由空间分异现象所导致的社会问题。其次，城市空间建构必须遵循"以人为本"的理念。在城市空间中应分散建设多个功能中心，如政务中心、文体中心、医疗教育中心等，以满足人类的不同需求。功能中心的分散建设，不仅有利于城市的全面发展和公共资源的共享，更有利于缓解城市日渐加剧的交通压力。最后，城市空间建构应提倡工作与居住相邻的"人居城市"空间布局模式。以公共交通为导向，对城市空间布局进行设计、规划，可以改善人居分离的社会现象。近年来流行的"慢城"空间布局观念将人们从居所到工作场所设定在可步行的范围之内，在缓解交通压力的同时，也增加了人们进行有氧运动的机会，有效地提高了人们的生活质量。

（3）人文伦理层面的空间秩序，指的是生活在同一城市中的不同种族、不同文化背景的人所创造出的城市制度与价值观对空间秩序产生的影响和制约，可称之为高级形态的空间秩序。自然生态空间秩序，在人类的作用下发展为形态功能空间秩序，再逐步融入人文精神，形成整体和谐的空间秩序。中国古代的城市空间秩序就渗透着丰富的人文精神。一方面，作为儒家人文伦理思想核心的"礼"，体现在上下等级关系和尊卑有序的制度中。在尊卑思想和等级制度的影响下，我国古代的城市空间的布局也极具等级性。另一方面，道家思想中的"天人合一""尚中""对称"的中枢模式思想，对我国古代城市空间的布局也产生了尤为深远的影响。此外，隋唐时期儒教与佛教并存的风水思想，也深刻影响着当时城市空间的布局及秩序[121]。美国著名学者简·雅各布斯从现代意义上提出"城市精神"与"市民精神"的概念，并论证了两者与空间规划的联系。这也证明了人文伦理思想对城市空间秩序的作用。由此可见，城市空间秩序的形成必然受城市文化和价值取向的影响与制约。现代城市空间秩序的建立，应根据城市发展的具体情况进行区别对待。首先，要明确生活在城市中的族群是单一种族还是多个种族，并由此来确定空间秩序建构的基点是单一文化模式还是多元文化模式。其次，根据城市价值取向与人文伦理对城市空间进行合理规划，形成具有地域特色的城市空间秩序。这就是空间秩序的实然性体现。

总而言之，生态城市空间秩序的形成与演化规律，首先应顺从自然规律，其次应满足实际生活需求，最后应遵循人文伦理的演化规律。美国学者简·雅各布斯认为，城市空间在形成与演化的过程中，非但没有脱离自然的约束范畴，反而成为自然的一个有机组成部分。城市空间应将人与自然联系在一起，形成有效的城市空间秩序，以方便其持续不断地为城市发展而服务[122]。由于城市空间秩序处于不断调整、不断转变和不断发展的动态过程中，当其中任何一个层面发生改变时，整体空间秩序也会随之而自我调整，从而形成新的秩序、新的平衡，这就是城市空间秩序演化的核心规律与基本路径。因此，整体的和谐统一应为城市空间秩序演化的基本规律，和谐空间是城市空间秩序所追寻的基本目标。

秩序或显性或隐性地存在于世间万物之中，但却拥有自身的发展规律和规则。城市空间与世间万物一样，不可能独立存在，而是始终与社会环境以及人类的各种交往活动紧密联系在一起。空间是事物的载体，而事物的存在又形成了特定的空间，事物的大小、规模、形态与意义，决定了空间的大小、规模、形态与意义，而空间秩序也正是由这些事物之间有序的组织关系产生的；反过来，空间秩序也决定了城市的发展与未来。从系统论的角度出发，城市空间秩序是城市治理中必要且重要的一环。城市构建是一个庞大且复杂的整体系统，必须从整体的角度对系统内各组成要素进行审视与掌控，才能针对城市这个巨大的系统建立使之有条理、有组织、有顺序、不混乱的运行规则，这正是城市空间秩序。可见，理想的空间秩序是推动城市发展的重要推手，是生态文明建设实施的有效路径，"实然"与"应然"的城市空间秩序更是今后学界研究与讨论的热点所在。

三、"以人为本"的合目的性与合规律性的统一建构

城市空间是人类栖息的空间，更是人类发展的空间。如上所述，"以人为本"是城市空间建构的核心指导理念。城市空间是"以人为本"的合目的性与合规律性的统一建构。

（1）"以人为本"体现着生态城市空间建构的合目的性。事物的成功与否往往取决于其目的性是否明确，以及其能否充分调动并发挥人类的主观能动性与目的驱使性。合目的性能让人类焕发强大的精神动力，以促进目标的实现，更赋予人类前进的动力。合目的性不仅需要目标具有效性，更需要有实现这一目标的有效计划，以确保目标的可达成性。可以想象，如果活动缺失了其发展的目的性，盲目、无序的运动将使人类脱离预期、脱离理想状态。这不仅极大地阻碍了社会与人类的发展进程，更使人类对美好生活的追求变成了虚幻的泡沫，城市空间也就丧失了其存在的意义。

人的活动赋予了空间存在的意义。生态城市空间的建构不应被"物"的发展

所主导，虽然经济发展是城市发展的主体，但并不是全部。经济发展的目的是更好地为人民服务，这一主旨应是城市发展始终坚持的理念。人是城市发展的原动力，城市空间的建构理应促进人的发展，以达到空间发展的目的。这不仅符合人的全面发展理论，更符合人类发展的根本利益。人的全面自由发展、城市的长久可持续发展与人类对共产主义的追寻是城市空间建构的三重含义，而这一切均蕴含着"以人为本"的人本思想。

（2）"以人为本"体现着生态城市空间建构的合规律性。规律是物质之间的必然联系，规律中蕴含着事物的发展状态。目的给予人类目标的指引，规律却是实现目的的必要途径。只有真正地把握事物的规律性，才能达到目的。城市空间规律可基本划分为两个方面：一方面，是城市空间的物质规律，又可称为自然规律。例如，土地的自然资源、空间的区域位置、气候的自然条件等，都属于城市空间的物质规律。自然界的物质资源是不以任何人的意志为改变的客观规律，我们称之为自然规律。另一方面，是城市空间的社会规律。社会规律是以人与社会发展为基础，以人的意识与历史阶段性为引导而形成的。城市空间的社会规律，可以理解为不同历史阶段人的不同意识所形成的社会规律，它同时也被客观的自然规律与自然条件所约束。

城市空间的社会规律具体可理解为社会的主导思想对城市空间的影响，比如在我国传统思想影响下的中枢空间布局、美国自由主义思想影响下动态分散式的城市空间布局等。这些均代表着人的意识对城市空间布局的影响。

（3）生态城市空间建构既具有目的性，又具有规律性。目的性引导着人类努力实践，人类努力实践的过程中又蕴含着规律性，而规律性助力实践的成功。由此可见，合目的性与合规律性之间存在着极强的不可分离性与辩证统一性。城市空间是人造的空间，所以"以人为本"的合目的性与合规律性的统一建构，便成为城市可持续发展的永恒主题。

以新加坡为例，新加坡城市重建局的图标在设计上将宗旨与图形融为一体，以突显"以人为本"的目的性。图4-2为新加坡城市重建局标志。"To make Singapore a great city to live, work and play"（致力使新加坡成为一个集生活、工作和娱乐为一体的宜居城市），寥寥数语描述出新加坡城市空间规划"以人为本"的核心理念以及实施的决心。例如，新加坡根据所处地理位置、气候环境与水系分布的自然基本情况，确定了"环形城市"的城市基本规划；同时，新加坡通过"交通耗时"来估算并规划生活区、商业区与历史保护区的空间分布。可见，"以人为本"的合目的性、合规律性的统一建构是新加坡生态城市空间建构的基本原则。

To make Singapore a great city to live, work and play

图4-2 新加坡城市重建局标志

第五章 城市空间形态的发展历程

　　城市空间形态是城市社会文化、经济发展等在空间上的具体表征。当今社会经济飞速发展、人口规模不断扩大、城市空间急速扩张，均导致人类越来越关注城市空间形态的演变与演化历程。城市空间形态的发展历程体现着经济、文化、政治、权利、科技等多方因素在城市发展中的轨迹，更体现出多方因素博弈的时代结果。这对厘清城市的发展进程、考察空间格局转变的权变因素、归纳有效的城市空间分异治理路径具有显著效用。可以说，对城市空间演变与空间结构形成进行全面的考察与探讨，才能帮助人类解析城市空间分异形成的本源，制定城市治理的具体措施。

　　本章从城市发展的五大主要阶段，即原始部落、封建城池、市民社会、工业城市、智慧城市出发，以城市不同的社会阶段与生产方式为切入点，结合城市不同历史阶段的空间发展形态，归纳出"生产力发展与城市空间演化具直接关联性"这一论断。生产力的发展是社会发展、城市发展的原动力，是主导城市空间格局不断转变的核心驱动力。一切抛开宏观的、历史总体的因素，只从单纯的具体学科视域对城市进行的研究，都极易陷入研究的局限性困境。因此，全面审视生产力与空间结构的演化历程，有助于真正解析出城市发展的基本规律。人类只有真正理解了城市发展的基本规律，对城市发展所进行的具体学科的研究才会有总体性的把握和科学的分析。

第一节　原始部落——城市形成的酝酿时期

关于生产力与社会发展之间的关系，可以这样描述，无论哪一个社会形态，在它所能容纳的全部生产力发挥出来以前，是绝不会灭亡的；新的更先进的生产关系，在它的物质存在条件在旧社会的胎胞里成熟以前，是绝不会出现的。生产力的不断发展是社会形态变更的根本动因。对于城市形成与发展的探究应对社会形态进行追踪溯源，对原始的社会形态以及原始的生产力进行深入的考察。对于社会形态的变更，大体说来，可以将亚细亚的、古代的、封建的和现代资产阶级的生产方式，看作是经济社会形态演进的几个阶段。由此可知，人类社会形态起源于亚细亚生产方式。对于城市形成的酝酿时期，即原始部落，可从亚细亚生产方式切入原始部落空间形态进行研究与探讨。

一、原始社会阶段与亚细亚生产方式

关于人类的起源，最著名的理论是达尔文的进化论。他指出，人类是由古猿进化而来的，是自然界不断发展和进化的结晶。对于人类的形成，他认为人类是由树上攀爬的古代猿类一步一步进化而来的，直至成为可以制造工具、使用工具的"完全形成的人"。这论证了劳动对于人类进化的显著意义。正是劳动与生产活动将人类与动物区别开来，也正是由于劳动与生产活动的出现，人类才真正成为有思想、有意识的人。

"经过多少万年的努力，手脚的分化，直立行走，最后终于确定下来，于是人和猿区别开来，于是奠定了分音节的语言的发展和人脑的巨大发展的基础，这种发展使人和猿之间的鸿沟从此不可逾越了。手的专业化意味着工具的出现，而工具意味着人所特有的活动，意味着人对自然界的具有改造作用的反作用，意味着生产。"[123]

人类的出现意味着社会的出现，于是社会最古老的形态——原始部落、氏族陆续出现了。人类自出现开始，便面临着严峻的生存问题。例如，如何获取基本的生存资料维持自身的存活，就是人类首先必须解决的生存难题。因此，制造工具与

使用工具便成为人类生产劳动的基础。比如人类用石器取火并保存火种,用火取暖、御寒并获取更加卫生的食物以维持生存。同时,人类通过制造工具来进行食物收集与捕猎行为。这无不体现出工具与劳动生产的紧密关联。人类只有首先解决了基本的生存问题,才能进一步繁衍、扩张与聚集。近代学者普遍将原始社会划分为旧石器时代与新石器时代,佐证了生产劳动对人类与社会发展的重要性。

在原始社会,人类不仅处于思想的启蒙时期,而且物质资源匮乏,生产力极其低下。因此,人类是通过以血缘为主的氏族群居形式进行劳动生活的。由于人类的意识在原始社会时期仍处于混沌状态,语言文字还处于萌芽阶段,加上年代久远与遗留下来的可供参考与查证的历史资料有限,现今学界对于原始社会的认识仍是不充分与充满局限性的。但在通过有限的文史资料对原始社会进行不全面的分析与考察的过程中,我们仍能发现劳动生产力对原始社会发展的巨大作用。

关于原始社会发展的阶段,学界普遍认为其发展历程可以大约分为两个时期:原始群与氏族公社 [124]。在原始社会发展的历程中,我们可以清楚地看到劳动工具与生产力发展的历史曲线。在原始群这一形态中,人类刚刚从"猿类"蜕变为"人",还保留着动物的众多习性,如杂交、生食、居无定所,可以说是十足的"原始蒙昧人"。虽然这一阶段人类已经开始使用工具,但由于人类数量较少,无协作分工意识,生产力极其低下,仍处于屈服于自然的时期,故其生产力应属于个体劳动力。随着人类的思想意识逐渐被唤醒与人口数量的增加,人类的"猿类"动物习性逐渐消失,开始了由以血缘关系为纽带的母系氏族向父系氏族公社转换的过程。在氏族公社初期,女性的"神秘生育力"、抚育幼儿以及处理家务等能力,使氏族公社初期普遍形成了母系氏族公社。在人类征服自然的过程中,男性所占据的体力优势越来越明显,父系氏族公社开始取代母系氏族公社。但无论是母系还是父系氏族公社,人类开始群居并相互协作劳动,如集体围捕、狩猎、捕鱼、耕作等。其生产力逐步由个体生产力转变为群体生产力,但劳动的类型仍停留在以体力劳动为主的劳力生产力阶段。

(一)亚细亚生产方式

原始社会是一种特有的社会经济形态,其生产方式可归纳为"亚细亚生产方式"。土地公有制是原始社会的一个典型特征,可称之为自给自足的"部落所有制"。

部落所有制的生产方式与原始、落后的生产力阶段相对应,当时的人多以狩猎、捕鱼、畜牧、耕作为生。从狩猎、捕鱼、畜牧到耕作,不仅可以理解为原始社会人类发展与进化的过程,还可以理解为原始社会人类从居无定所到安居乐业的发展历程,并初步显现出人类对土地的依赖性,为其后农业社会的发展奠定了基础。

人类社会将史前阶段的生产方式称为"亚细亚生产方式",这一方式对应的社会形态是"东方的""亚洲的",代表着人类社会发展的初始阶段——原始社会形态。亚细亚生产方式的基本特征,可总结为以下几点:

(1)亚细亚生产方式的基石是土地所有制。这指的是当时以血缘关系为基础的氏族公有制占据了主导地位。亚细亚生产方式是由相对落后与低下的社会生产力所构成的,正如原始社会人类生产力普遍低下,是以劳动生产力为主的社会生产方式。

(2)封闭氏族主导制决定了当时政治制度的中央集权性与相对稳定性。原始社会中人类的意识仍处于蒙昧阶段,与外界的沟通处于闭塞阶段,氏族与氏族之间处于相对独立与隔离的状态,实行着自给自足的、独立的、居民自治的村社制度。思想的蒙昧致使氏族公社权力相对集中,长期的闭塞与隔离致使其社会结构相对趋于稳定。

正如我国学者张云飞对亚细亚生产方式的描述:"所谓的'亚细亚生产方式'是指具有如下社会结构的社会:在所有制上不存在土地私有制,在社会组织上实行村社制度,在政治制度上采用中央集权的专治制度。"[125] 这与原始部落和氏族公社的社会形态不谋而合,因此,学界又用亚细亚生产方式来阐述人类社会的史前阶段——原始部落与氏族公社。

(二)原始生产力促使父系氏族公社出现与社会开始等级化

原始部落时期,由于人类思想意识的蒙昧,人类对劳动生产力的崇拜达到了登峰造极的程度。当时,由于劳动生产力决定了人类生存的基本物质需求,因此劳动生产力主导着当时社会的发展。在人类征服自然的过程中,男性所占据的体力优势越来越明显,例如在集体围捕、狩猎、捕鱼、耕作等获取生存必需物质的过程中,男性的体力优势远超于女性。因此,男性逐渐取代了女性的地位,占据了经济主导权,男女分工逐渐明确。我国传统的"男主外、女主内"的思想便起源于这一时期。父系氏族公社开始取代母系氏族公社，成为男性在人类历史长河中辉煌的开端。以男性为主的"群体生产力"与"体力劳动生产力"创造了大量物资，促进了私有制的出现。人际关系随着私有制的出现发生了转变，公有制时期人人平等的社会现象瞬间瓦解。财富的聚集造成了等级分化，部落首领、奴隶主纷纷出现，并影响着空间布局的形态演化。

在生产力水平普遍低下的原始社会与奴隶社会，生产力主要表现为由原始部落分散的个体狩猎与捕鱼等体力劳动活动，转变为由氏族公社时期的相对较集中的群体狩猎、捕鱼与耕种等体力劳动活动，这一时代统称为"原始社会阶段"。

二、原始社会阶段演化与原始部落空间形态

原始社会阶段演化对原始部落空间形态与结构产生了巨大的影响。原始社会初期，以人人平等的土地公有制为主，空间结构分布也相对公平。例如，在河南仰韶文化原始氏族遗址中，可以清楚地看出居住空间格局是以氏族家庭为单位进行划分的。图 5-1 为河南淅川下王岗仰韶文化长屋平面图，体现了原始社会空间结构的相对公平。下王岗仰韶文化遗址与八里岗原始文化遗址，均由若干个套间组成，形成氏族聚集部落。由图中各套间的大小、形态、位置可见，原始社会初期，空间结构相对公平。因此，有些学者又称原始社会为"原始公社"与"原始共产主义"。

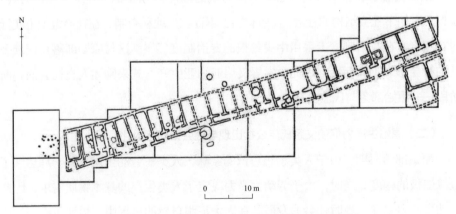

图 5-1　河南淅川下王岗仰韶文化长屋平面图[126]

劳动生产力的发展、私有制的出现与经济主导地位的明确，导致了剥削关系的出现，阶级随之产生，原始社会彻底转变为奴隶社会。著名考古学家戈登·柴

尔德在探寻历史发展的历程中，发现城市空间结构与社会等级存在紧密关联。他指出："奴隶制等级阶级的产生是导致奴隶城市空间结构分化的根本动力。"[127] 在奴隶社会中，奴隶被视为奴隶主的私有财产，是被完全占有与允许随意买卖的。不同层次的居民居住生活的不同区域被严格划分、隔离开来，形成了奴隶社会典型的空间隔离状态。

奴隶社会中的古埃及卡洪城就是一个典型的代表。其长方形的城市空间布局根据气候、温度与风向划分成贵族区、中产区与奴隶区，3个区域由城墙、道路分别隔开，形成了典型的城市空间分异形态。图5-2为古埃及卡洪城平面图，由图可知，其奴隶区由厚重的城墙完全隔离开来，中产区与贵族区则由道路隔离开来。由于沙漠西面吹来的阵阵热风让人难以忍受，故而在西面设立了奴隶区，并用厚重的城墙四面紧紧围住，仅留一个狭小的通道供奴隶们出入。奴隶区与贵族区之间建立了卫城将其分隔开来，以保证贵族区的隔离与安全性。贵族区则是由数十个大型庄园占据。相较于奴隶区的密集，贵族区展示了其得天独厚的舒适性与尊贵性。整个卡洪城的布局是典型的城市空间分异与等级分化、阶级对立的代表，奴隶社会的剥削、压抑、不平等在空间上跃然而出。

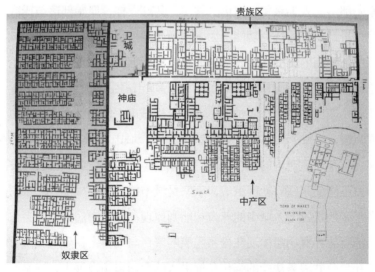

图 5-2　古埃及卡洪城平面图[128]

卡洪城的城市空间结构体现出典型的阶级对立与空间隔离，更体现出生产力对空间结构的影响。简而言之，以原始生产力为主的原始社会后期与奴隶社会，随着原始社会的发展与剩余物资的出现，公有制转变为私有制，等级化的阶级随之体现在空间结构上，城市空间形态与结构已明显显现出来。

三、原始部落的"养育功能"是城市产生的根本

城市是人类为满足自身需求、实现理想的生活状态所创造的物质空间环境，是人类不断奋斗和努力的场所。城市的产生更是人类为了达到这一目标所达成的共识。要达到这一目标，就需要城市这一载体具有不同的功能以满足人类的需求。

城市的养育功能在原始社会中体现得尤为突出。原始部落的产生是人类为了满足其基本生存需求而进行的聚集，是人类为了满足其衣食住行、延续生存、共同抵御大自然恶劣的生存条件而进行的原始聚集。因此，原始部落最基本的功能就是"养育功能"，这为城市的产生奠定了基础。美国著名城市理论学家刘易斯·芒福德对城市的基本功能是这样描述的："我们必须使城市恢复母亲般的养育生命的功能，独立自主的生活，共生共栖的联合，这些很久以来都被遗忘或被抑止了。因为城市应当是一个爱的器官,而城市最好的经济模式应当是关怀人和陶冶人。" [40] 正如在原始部落，人类聚集、繁衍、共生、共存一样，原始部落与氏族公社为人类提供了如母亲一样的抚育功能，为老弱病残孕提供了遮风避雨的港湾。在希腊荷马史诗中，神庙的庇护功能、部落的养育功能都有所体现。这无不论证了原始部落的"养育功能"是城市的基本功能，更是城市产生的根本。

城市是由有生命的个体组成的，人生存于城市，城市就要考虑到每个人的生存与发展问题，对每个人的生命全过程负责 [129]。城市为每一位来到城市生活、工作的居民提供了遮风避雨的生存空间，使城市中的每一位居民具有"安居"的场所。城市由不同的家庭、社区组成，家庭是城市的有机组成部分。家庭的养育功能体现在母亲的抚育上，城市的养育功能则体现在城市对居民的社会化服务功能上。原始部落的养育功能体现在母系氏族的繁育与哺育上，现代城市的养育功能则体现在社会公共服务功能的强化与促进人的全面自由发展上，这是城市的首要基本功能，并不断引导着城市的发展。

第二节 封建城池——现代城市的历史雏形

封建社会在人类发展历程中占据了重要的一环，为人类乃至全世界创造了丰富的社会财富与璀璨的历史文明。在东方,中国的封建社会自春秋战国时代中期起，经秦朝的大一统，一直维持到清朝后期（鸦片战争前），前后延续两千多年；越南的封建社会自我国西汉始直至 19 世纪后期为止；日本的封建社会也一直维持到 19 世纪中后期的明治维新。虽然相对于东方两千年上下的封建社会，西方封建社会存活的时间相对短一些，但自西罗马帝国灭亡直至 15 世纪，欧洲的封建社会仍维持了上千年。可见，封建社会结构在相当长的一段时间内主宰着城市发展的进程，影响着封建城池空间结构的形成，是城市空间发展历程中不可忽视的一环。

在原始社会与奴隶社会后期，人类逐渐发现耕作不仅比狩猎、捕鱼、畜牧更稳定，而且能够帮助人类从频繁的迁徙中解脱出来，从而真正实现安居乐业，而这一切都是在土地上完成的。我国古代社会将发展农业生产视为根本大事，商鞅的"重农抑商"思想，汉朝所奉行的"贱商"政策，以及我国封建社会后期的"海禁"与"闭关"政策，都可以很好地诠释农业生产在封建社会中的主导地位。土地的固定性与产出的相对稳定，导致人类越发依赖于土地而生存，进而逐渐形成了人类聚集与固定居住之处，更奠定了封建农业社会空间结构的基础。

一、人口聚集与封建农业生产方式

人口聚集与交易集中是"封建城池"形成的前提条件。城市的形成是一个漫长的过程，是一个随着历史文明发展而自我发展的过程，是由原始部落逐步发展为封建城池，再由封建城池转化而来的。人口的密集、劳动分工的明确以及剩余产品的出现，促使氏族聚落中出现了物物交换的交易，从而形成了交易集中的集市与市场，城市的雏形，即封建城池便产生了。封建城池的出现进一步激活了区域经济的发展，这种聚集经济的产生促使更多的人群和经济体迁入这一区域，以谋求生活的便利与更好的发展。

封建城池的出现不仅很好地顺应了这一时代人类生存与发展的需求，更为人类创造的剩余物品提供了物物交易的场所与安全性的保护。比如，封建城池中的护城河、城墙与城门的建设以及"宵禁"制度的建立与实施都很好地反映出防御功能是封建城池建设的基础功能之一。它不仅是满足人类基本安全需求的有效措施与手段，更是人类追求理想生活与自我发展的有效途径。

（一）劳动工具改良与技术发展是促进封建生产方式发展的核心

封建农业生产方式与生产关系是推动封建城池产生的根本动力。人类对土地重要性的认知，拉开了城市形成的序幕。当人类认识到土地能给予人类丰厚的回报，是人类安居乐业的根本时，城市的雏形便产生了。人类在土地上耕作、聚集、交换、贸易、生活，并逐渐建立了政权以维护城市的安全与发展。

封建农业生产方式是推动城池产生与发展的根本动力。学界普遍认为封建生产力的代名词是"封建农业生产方式"。这正如"封建土地所有制"与"农业经济"是封建社会的社会主体结构一样，"重农抑商"一直是我国两千多年封建王朝所奉行的主体思想。在封建城池形成的初期阶段，农业的发展决定了城市的发展，满足着人类的基本生存需求。因此，农业生产力成为封建社会发展的核心。人类不断改良与发展农耕工具以推动封建生产力的发展，例如从春秋时期的铁器牛耕到元明清时期的水利灌溉高转筒车和风力水车，使封建农业生产方式得到了极大的发展。

毫无疑问，我国封建社会的生产方式是极具创新性与开拓性的。在长达两千多年的封建社会中，各类劳动工具的发明彰显了中国人民璀璨的智慧结晶，如指南针、造纸术、火药、印刷术等四大发明对世界与全人类的影响是有目共睹的。除此之外，我国商代出现的纺织工具——纺织机、提花机，春秋战国时期出现的手摇纺车、铸铁术及弩等作战工具，汉代出现的石碾、纸、瓷器等，都让世人惊叹。据《自然科学大事年表》统计，我国古代劳动人民所创造的重大发明占世界发明总数的 57% 以上，其中多是在封建社会发明与创造得来的 [130]，且多与推进农业发展有关。

（二）封建土地所有制下以个体家庭为单位的农业生产方式

虽然劳动工具不断改良、技术不断发展，但在很长一段时间内，以铁器为主的生产工具仍是较为笨重的、较小的工具，只适应于个体生产与劳作，加上封建土地所有制的主导,封建统治阶级与地主阶级始终通过土地对农民进行剥削。当时,封建统治阶级与地主阶级占据着大量的土地。他们往往通过高价出租土地的方式获取大量的财富,导致土地的真正劳动者,即农民只能局限在有限的、较小的范围内从事劳力耕作与生产劳动。以家庭为单位的精耕细作逐渐成为主导农业生产力发展的关键因素。我国封建社会生产的基本模式逐渐形成,即封建土地所有制下的以个体家庭为单位的小农经济。因为封建社会的农业生产力是以家庭为单位的劳动者共同生产经营一块小得可怜的土地,而这块土地往往仅够供给其一家所需。由于土地有限、佃户生产规模有限、劳动单一化,当时的佃户往往依靠市场"以物换物"换取生存所需。故而,其依赖于市场获取其他物资的程度较深,集市与市场大规模发展。正由于市场与集市的活跃,城市得以进一步发展。

二、封建社会发展与封建城池空间结构转变

手工加工业的发展进一步促进了集市与市场的活跃,推动着封建城池的进化。德国著名社会学家马克斯·韦伯对城市的定义:"城市永远是市场的聚落,是人口密集的市场形成的经济中心,是居民间通过交易的方式获取工业品、商业品或生活必需品的场所。"[96] 可见,市场的聚集与活跃进一步影响着空间的构成与城市的转化。

图 5-3 为我国古代都城空间结构的演变示意图。可见,封建城池的出现顺应了这一阶段人类发展的需求,更为人类创造的剩余物品提供了物物交易的场所与安全性庇护。封建制度为维持王权的稳定,树立封建王权的绝对权威性,在城市空间结构上将代表封建王权的"宫殿"建立在城市的核心区域,根据居民等级的

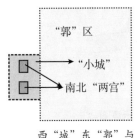
西"城"东"郭"与
"坐西朝东"格局

"东西南"三面郭区环绕
"小城"与"坐北朝南"格局

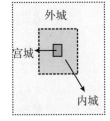
以"宫城"为中心的"重
城式"格局

图 5-3　我国古代都城空间结构演变示意图 [131]

不同对"宫殿"的周围进行空间结构的规划，并在外围建立维护城池安全保障的城门、护城河等安全保卫设施，以抵抗外敌的入侵。另外，内城与外城的区分也能很好地反映出封建城池的防御功能，外城中往往驻扎着军队以保卫内城统治阶级的安全。这不仅是当时人们为满足安全需求而采取的有效措施与手段，更影响着封建城池的空间结构转变。

可以说，我国古代城市空间形态极具等级化特征。它是封建王权的体现，直接反映出社会等级的结构。空间服务于王权，为王权的稳固发挥着重要的作用，这些在封建社会得以彰显。随着封建文化的发展，我国古代封建城池的空间演变同时渗透着宗教、礼仪等空间布局特色，如"坐北朝南""坐西朝东"等空间布局。简而言之，我国古代封建空间明显呈现出"分化"与"隔离"的现象，普遍是以"王权"统治的宫殿为中心，形成贵族等上层居民环绕、平民等下层居民隔离、功能区（商业区、集市）等经济所需外迁、安全壁垒（城门）等保卫设施为边界的"空间分化"形态，充分显示出城市空间分异的典型特征。图5-4为中国传统封建城市空间结构形态示意图。可见，等级制度充分体现在封建城池的空间结构中。不同等级的居民居住在不同区域，空间隔离现象明显，城市空间分异进一步形成。

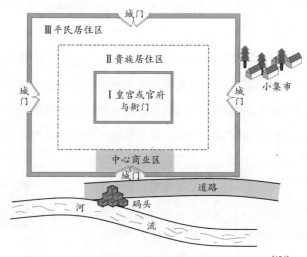

图 5-4 中国传统封建城市空间结构形态示意图[131]

封建生产力的辉煌创造了璀璨的世界文明，古希腊文明、我国古代四大发明、古埃及文明等，无不体现了封建生产力已不单单是劳力生产力，而是脑力与体力的结合。正是由于封建农业生产力的快速发展，并在一定阶段形成了生产力与生产关系相适应的生产方式，封建城池才在我国历史上占据了近两千四百年。简而言之，古代城市体现出"王权"政治与"军事"力量，又可称为"政治城市"。

三、封建城池的生产功能是城市发展的动力

封建城池的生产功能是促进城市产生与发展的核心动力。城市的生产功能可以分为物质生产能力与精神生产能力。在封建城池建设的前期阶段，其生产功能是指其农业生产能力，比如对土地的耕作、农作物的生产等；但随着农业生产力的不断提高，人类对手工业的需求不断增加。在封建城池发展的后期阶段，以纺织品为主的手工加工业逐渐登上了历史的舞台。不论如何，人类总是按照其不断发展的需求，不断创造着物质财富。但当其物质生产能力发展到一定阶段的时候，人类对精神生产的需求日益增加，从而产生了一系列璀璨的物质文化文明。城邦、文字、礼仪宗教是判断古文明的三大标准，在这三大评判标准中，物质生产力与精神生产力得到了很好的体现。

刘易斯•芒福德曾说过："假定说，在一代人的时间内每一万人中可能出现一个杰出人才，那么一千人的群体则要等许多世代才能获得一个杰出人才……而在苏美尔、巴比伦、耶路撒冷、雅典或巴格达、贝那里斯这样的城市中，一代人的时间内至少可以出现五十个杰出人才。"[40] 正是这些杰出人才的发明创造，不断推动与促进着城市的产生与进化。

当代城市的生产功能体现在广义的社会生产方式上，包括物质产品的生产、精神文化的产出与科技创新的培育等三方面。在漫长的封建城池历史长河中，物质生产能力与精神生产能力对城市产生的巨大影响有目共睹。而今，当代城市的生产功能则更多地体现在科技创新与人才培育上，是人才生产和科技交叉、融合的新时代。

目前，我国正加快落实创新驱动发展战略的实施。"大众创业、万众创新"的春潮在神州大地上涌动。

第三节　市民社会——城市建设的前期阶段

在中世纪之前并无城市这一概念，当时英文中能够体现城市这一概念的只有"town"一词。换而言之，当时人类的思想还停留在城池、城镇这一概念上，并无城市之说。直至 12 世纪，"city"这个单词才具体产生与出现。比利时学者亨利·皮雷纳在《中世纪的城市》一书中指出，只有包含了"市民阶级的居民"和"城市组织"的人口密集区域才能称之为"城市"[132]。他认为，市民这一概念始终与城市相互纠结、共生共存。没有城市就没有市民，没有市民更无所谓城市的形成。市民社会中的"行会"产生后，社会上逐渐形成了以"行会"为核心的手工业聚集区。

一、工商业与农业主导的社会经济结构

工商业与农业主导的社会经济结构的转变是城市产生的关键。随着农业的不断发展和剩余农产品的不断增多，人类对手工业的需求也不断增加。手工业的发展逐步超越了农业发展，进而形成了工商业，而工商业是促使城市产生的关键性因素。这一时期，欧洲工商业逐步登上了历史的舞台，并大放异彩。尤其是在 11 世纪的西欧，手工业在威尼斯与南意大利的蓬勃发展，不仅改变了当时西欧的社会结构，甚至改变了整个欧洲的面貌。从佛兰德尔海岸、威尼斯到南意大利，手工业的迅猛发展使人类社会逐渐摆脱土地的束缚与农业经济的制约，转而向商业社会转型。商品经济的发展促使整个社会范围内的劳动分工得以普及，使剩余产品普遍转变为商品。这不仅代表着农产品由原先单纯的消耗品逐步转变为买卖交易的商品，更代表着商品多样化的产生。市场交易的活跃、非农业人口的聚集以及商品交易聚集区域与农业耕种区域的逐渐分离，使"城"与"乡"的差别进一步展现，"城市"也应运而生。

11 世纪前后，西欧众多新兴城市成规模地大批兴起，如米兰、威尼斯、布鲁日都成为当时著名的手工业新兴城市与重要的贸易港湾。可以说，没有工商业的发展，就没有城市的诞生。换而言之，工商业与农业主导的社会经济与结构的转变是城市产生的关键。比如，14 世纪的英格兰仍是农业经济所主导的国家，而在

英国，城与乡的区别也是在 14 世纪中后期才逐渐明确的 [133]。可见，商品经济的发展致使商品在整个社会范围内普及。这不仅使农产品由原先单纯的消耗品逐步转变为买卖交易的商品，更凸显了工商业对城市的产生起到了重要的促进作用。

二、市民社会发展与前工业城市空间结构转变

"市民社会"的出现是城市产生的标志性代表。正如亨利·皮雷纳指出的，是否拥有"市民阶级的居民"是评判城市能否称为"城市"的重要准则之一。"市民社会"源自于"civil society"一词，最早可追溯到古希腊亚里士多德在《政治学》一书中所提及的"城邦"与"阶级"概念。亚氏认为，人类自然是趋向于城邦生活的动物，人类在本性上也是一个政治动物。由政治所产生的社会结构正是国家与城邦的社会主体，公民正是生活在这样的社会主体中的、对国家与城邦具有决定性意义的居民。他认为，城邦与公民之间的关系是城邦兴衰的关键。城邦如何公平执政、有效管理以及对公民进行德育培养，均是由公民的"善"发展到国家的"善"的基本路径。此后，由古罗马著名的政治家西塞罗到中世纪的奥古斯丁与阿奎那，再到黑格尔与马克思，都开始不断地思考与探讨"市民社会"的含义，以及"市民社会"与"城邦""国家"之间的关联性。

工商业的活跃促使了城市的产生。"市民"作为一个阶级，可以说几乎是与城市同时产生的。这时的"市民"主要以工商业者为主，工商业者为了维护贸易的合法性，开始不断地追求权利与自由。自此，"权利"与"自由"渗透到"市民"的血液之中，成为"市民"不断追求的目标。比如，14 世纪中后期英国所爆发的大规模的农民起义，虽然起义与战争的主体仍是农民，但是这场起义在英文文献中是以"civil war"出现的。这至少可以表明在 14 世纪，英国的市民社会与城市初见雏形，而在西欧，其出现可能更早。此后，市民基于"权利"与"自由"的追求而与王室和统治阶级展开的战争，更是数不胜数。

可以说，工商业的发展造就了市民，更缔造了城市。而城市的经济聚集必然导致统治阶级的觊觎，从而致使市民们为自保而彼此联结、聚集，变成一股不容小觑的社会力量，进而与之抗衡。所以说，自"civil war"出现以后，欧洲各地的市民大多是以"市民社会"的面貌出现于人们的视野之中。随着王朝的变更与社会的统一，

国家代替了王朝,市民也逐步蜕变为"公民"。美国著名学者迈克尔·迪尔曾指出:"人们可以把城市化理解为国家与市民社会之间对立统一关系的产物。"[22]因此,我们可以推论,"市民"与"市民社会"的出现是城市产生的标志性代表,而"市民社会"的生产力则以群体生产力为主。在劳动分工的大环境下,以技术生产力与劳力生产力相结合的生产力发展途径,推动着城市建设的前期发展。

前工业城市时期,由于工商业的发展与市民意识的萌芽,个体手工业者为维护自身利益,聚集形成了"行会"。行会的出现进一步促进了"工场手工业"的发展。"行会"的产生是城市中单一中心逐渐转化为"多中心"模式的起源。不同的行业在不同中心中形成聚集的手工业作坊。行家、雇工、学徒、佣人聚集生活,形成了"前店后场"的空间分布模式,逐渐为空间功能结构向"行业聚集区"转变奠定了基础。

在市民社会中,不同手工业者根据不同职业形成的"职业聚集地"分散于社会不同阶层中。前工业城市时期,贵族、平民、流民构成了城市空间结构的主体形态。但由于"市民社会"与工商业的活跃,个体私营手工业各自聚集的"分散渗透模式"逐渐形成了。图5-5为前工业社会城市居住区空间结构模式,展现出了当时的统治阶级仍主导着城市空间结构,但市民与个体手工业者已分散渗透到社会的各个层次,为统治阶级的王权带来了挑战,从而形成了当时社会等级分化与个体手工业"分散混杂"的城市空间结构形态。

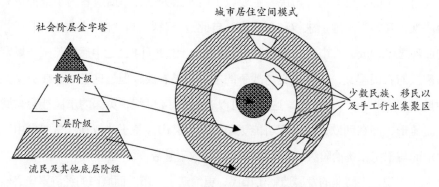

图5-5 纪登·舒伯格的前工业社会城市居住区空间结构模式[134]

三、市民社会的"教育功能"是城市建设的主体

亚里士多德认为，城邦与国家兴盛、衰亡的根本在于对公民德行与品德的培育。因此，城邦中必须设定保障教育的具体措施，以确保教育的有效性与广泛性。由此可见，教育对于城市发展的重要性不言而喻。人创造环境；同样，环境也创造人。这其中最重要的就是教育环境，教育环境不仅能影响人的主观意识的形成，更能影响人对世界的改造，进而影响城市的发展与社会的形成。教育对于环境的重要性，正如环境是由人来改变的，而教育者本人一定是受教育的一样。教育具有培育、影响、改造人的功能与作用，是创造城市意识形态的力量。一旦城市形成，人类基本的生存需求得以满足，人类对精神、文化的需求随之演变为城市的核心需求，而这一切都依赖于城市的教育与教化功能。

当工商业逐步替代农业经济成为社会主导的经济结构之后，交易与贸易、交流与文化都随之活跃起来。城市与乡村的区别也逐步彰显，其主要区别在于城市能满足人类不断发展的需求，而教育正是促进人类与城市不断发展的核心。归根究底，人和环境都是教育的产物，教育通过改造人来改造世界。

在城市逐步形成的前期阶段，城市的教育功能已融入城市的建设之中，比如亚里士多德将教育计划与城邦的建设相捆绑。历年来，确定教育体制，将教育与官员任用的体制相挂钩，广建学堂，利用各种途径和手段来宣扬正面的人性观等，都体现了"教育功能"对于城市建设的重大意义。我国所倡行的"科教兴国"战略，很好地证明了教育对于城市与国家的重大意义。人类只有把教育确定为终身不断奋斗的目标才能不断地自我完善与自我发展，进而推动城市的快速发展。学校教育与社会教学的结合，是当代城市发挥教育功能的最佳诠释。学科教育应与社会实践相结合，才能真正实现教育的能效，践行人才服务社会的理念。

教育的目的不仅是使学生增长知识，更多的是培养其创新与创业能力，这显然已成为当前我国高等教育改革最重要的使命。近年来，我国高度重视创新创业教育的贯彻工作，将创新创业教育作为国家发展的核心驱动力，将创新人才培育作为服务创新型国家建设的重大战略举措，为当代城市发展提供了更多优质的创新人才，更为未来智慧城市的发展提供了保障。

第四节 工业革命——规模城市的快速发展

"资产阶级在它不到一百年的阶级统治中所创造的生产力，比过去一切时代创造的全部生产力还要多，还要大。自然力的征服，机器的采用，化学在工业和农业中的应用，轮船的行驶，铁路的通行，电报的使用，整个大陆的开垦，河川的通航，仿佛用法术从地下呼唤出来的大量人口——过去哪一个世纪料想到在社会劳动里蕴藏有这样的生产力呢？"[135] 可见，工业革命快速推动了生产力的发展，并大大加快和扩大了城市发展的进程与规模。英国著名历史学家霍布斯·鲍姆在谈及工业革命为英国所带来的历史性意义时，是这么描述的："工业革命标志着有文字记录以来世界历史上最根本的一次人类生活转型。在某个短暂时期内，工业革命仅与一个国家即英国的历史相重合，因此，整个世界经济都以英国为基础或者围着英国转。这个国家由此上升到了足以影响并支配全球的位置，这是任何规模相当的国家此前或此后从未达到的地位，在可预见的未来恐怕没有哪个国家可以望其项背。世界史上曾有过这样的时刻，如果不拘字眼的话不妨将当年英国描述为：世上唯一的工厂、唯一的大规模进出口国、唯一的货运国、唯一的帝国主义者、几乎唯一的外国投资方，而且因此也是世界唯一的海军强权、唯一拥有真正世界政策的国家。这种垄断地位很大程度上得自开路先锋的独行无双，既然不存在其他拓荒者，英国便是开天辟地的主人。"[136]

一、技术发展、资本融合与劳动力转型

可以说，工业革命是人类历史上最伟大的革命，它彻底将人类的手工业分散化劳动的生产方式转化为机械大工业集中化劳动的生产方式。工业革命自18世纪中后期起，从英国迅速席卷全球。它的产生不仅为生产力的发展带来了质的改变，并且推动与引发了一系列的经济、政治与社会变革，改变了社会结构与社会形态，使全球发生了翻天覆地的改变，是人类与城市发展史中不可忽略的辉煌一页。

以纺织机与蒸汽机为代表的发明创造，可归纳为工业革命的第一个阶段；以发电机为代表的技术革新，可归纳为工业革命的第二个阶段。当时，"电气革命"仍

以欧洲为主要阵营，这其中德国人奥托利发明的内燃机对推动工业革命的发展具有里程碑式的意义。随后，美国人通过规模生产将工业革命的发展推进了一大步。美国学者斯塔夫里·阿诺斯对工业革命时期的生产力是这么描述的："事实却是，在18世纪80年代生产力的确有了一个惊人的进步，正如现在的经济学家所称的，生产力有了一个进入自驱动发展阶段的起飞。更明确地说是，当时产生了一个机械化工厂体系，它以迅速降低的成本生产出大量商品，以致它不再依赖现有的需要，而是创造出新的需要。"[137] 在工业革命时期，生产力的发展产生了惊人的起飞，其发展速度是过往任何一个时代所无法比拟的。我们甚至可以在《全球通史》下册第三编目录中初见端倪。斯塔夫里·阿诺斯将1763年至1914年总结为西方占据世界优势地位的关键时刻。他指出，科学革命与工业革命揭开了西方列强与帝国主义的近代史，是使东西方优势地位产生互换的根源。工业革命为欧洲带来了不可估算的经济增长、人口增长与城市化进程的迅速发展。工业革命引起了世界前所未有的城市化发展。可见，由工业革命所产生的大规模机械化生产大大推动了当时的生产力发展，可简单概括为以下三方面：

（1）蒸汽机的出现打破了传统的劳动生产力只能依赖人力与畜力的限制，产生了大量廉价又充足的机械劳动力。

（2）冶金工业、钢铁工业与化学工业的发展，使劳动工具产生了质的改变，为机械提供了有效的原材料支持，进一步促进了生产力的快速发展。例如钢铁、煤炭等原材料对火车、飞机、轮船有着重要意义。

（3）电力的广泛应用使人类将科技创新与工业发展紧密联合，逐渐明确了"科技创新是第一生产力"的重要观点，为城市的快速发展打下了坚实的基础。

工业革命的出现产生了一系列机械设备，蒸汽机、火车、轮船、汽车、石油化工、电力等完全改变了人类生产力的构成方式，形成了以机械生产为主的"机器大生产时代"。机器生产力创造出大量的机械设备，不断推动着城市步入工业城市时代，为人类带来了前所未有的、丰富的剩余产品。丰富的剩余产品不仅促进了贸易的发展，更加速了贸易的频率，为资本的累积创造了有效的前提条件。同时，资本的累积又加速了大工业、大工厂的发展，从本质上推动着人类劳动力的转型。财富的集中促使大量人口不断向城市迁徙，导致一时间城市人口呈爆发式增长，"工业城市"不断涌现。例如，英国的曼彻斯特、伯明翰，德国的鲁尔工业区，以及法国的莱茵工业区等，均是这一时期的产物。

第一次工业革命起源于英国，英国因此成为全球率先步入"工业城市"的先锋者。表 5-1 为 1750—1851 年英国人口数表，展现出工业革命期间，英国人口数量增长率达到 2.6 倍之巨。表 5-2 列出了 1685—1801 年间英国两大著名工业城市的人口数据，展现出英国利兹的城市人口增长了 6.5 倍，曼彻斯特则足足增长了 13 倍之巨。在 1821 年英国的人口普查中，英国农业人口的数量占比为 33%。在 50 年后的英国，其农业人口仅占全国人口的 14.2%。这些均足以证明，工业对城市化发展有巨大的促进作用，工业城市威力巨大。

表 5-1　1750—1851 年英国人口数 [138]　　（单位：百万人）

年份	1750 年	1781 年	1801 年	1811 年	1821 年	1831 年	1841 年	1851 年
人口数	10.5	13.0	15.0	17.0	20.894	24.029	26.731	27.390

表 5-2　1685—1801 年间英国两大著名工业城市人口数 [138]　　（单位：人）

年份	1685 年	1775 年	1801 年
利兹	7 000	17 000	53 000
曼彻斯特	6 000	30 000	84 000

继英国以"蒸汽工业"为代表的工业革命之后，德国迅速加入了工业变革的阵营中，并掀起了以"铁路工业"与"电气工业"为代表的德国工业革命。德国 1830—1870 年间以"铁路工业"为主，1870—1910 年间以"电气工业"为主的两次工业革命，使德国一跃成为可与英国相媲美的"工业先锋帝国"，为随之而来的第一次世界大战与第二次世界大战奠定了经济与物质基础。表 5-3 列出了德国工业革命时期（1871—1910）农村人口与城市人口的变化数据，证明了 1871 年至 1910 年间是德国工业化与城市化发展的高峰期。这一时期，德国城市人口与工业产值远超农业人口与农业产值，城市人口比例与农村人口比例发生了调转。1871 年，德国城市人口占比从 36.1% 上升至 1910 年的 60%。这充分说明，在工业革命期间，德国城市化进程迅猛发展，无愧于其"工业城市"的美誉。除此之外，法国、美国、日本等国的城市化进程同样与其工业革命的产生密不可分。由此可见，机器生产

力推动着工业城市的快速发展，并完全改变了城市空间结构的面貌。

表 5-3　德国工业革命时期（1871—1910）农村人口与城市人口变化数据[138]

年份	人口总数（人）	农村人口比例	城市人口比例
1871	41 059 000	63.9%	36.1%
1880	45 234 000	58.6%	41.4%
1890	49 428 000	57.5%	42.5%
1900	56 367 000	45.6%	54.4%
1910	64 926 000	40.0%	60.0%

二、工业革命与工业城市空间结构转变

自工业革命发生起，工业化便与城市化紧密连接在一起。两者成为互相促进、互相影响、互相制约的双因子。工业化带动着人口增长，促进着经济发展，是推动城市化进程的重要推手。反过来，城市化进程又稳定着人口、吸引着投资，是工业化发展的基本载体。两者之间互促共进的客观关系是毋庸置疑的。

工业革命带来了人口的激增，促使城市这个"人口容器"面临着巨大的挑战与机遇。不仅如此，工业革命更彻底改变了社会结构。传统的贵族等级结构随之转化为资本主导的贫富等级结构。工业化带来的巨额资产使资产阶级与资本主义登上了历史的舞台，城市空间结构随之由政治主导转向资本主导。可以说，资本的不断注入推动了城市的发展与繁荣，但同时也因为资本的操控导致社会等级的不断分化，进而呈现在城市空间上，进一步激化了空间的各种矛盾与冲突。工业革命时期，西方城市呈规模化增长，劳动人数众多，资本过度聚集，空间矛盾不断。

工业化、资本化彻底改变了社会结构的组成，以贫富差距为标准的新的社会阶层出现了。表 5-4 列出了 19 世纪 20 年代伦敦各社会阶层的人口状况及经济地位状况，表明 19 世纪工业革命时期，英国社会中的富裕阶级（G 中产阶层及以上阶层）仅占社会人口的 17.8%，这其中真正富裕的资产阶级更是占少数。社会中绝对贫困者占据了 30.7% 的比重，相对贫困者——工人阶级占 51.5% 的份额。总体而言，社会已呈现两极分化，贫困者（绝对贫困者 + 相对贫困者）占比超过八成以上。资本家通过资本操控着大量的机器与劳工，并不断通过剥削他人稳定着

自身的地位。这不仅导致了社会底层阶级的阶层固化，使其无法脱离贫困阶层，更导致底层阶级内部再次分化与固化，工业革命时期城市空间结构两极分化严重，社会中遍布底层阶级的"棚舍"。这也可以解释20世纪六七十年代法国"五月风暴"事件的产生。

表5-4　19世纪20年代伦敦的城市社会空间分层结构[139]

社会阶层	人口（人）	比例	经济地位状况
A 最低阶层	37 610	0.9%	绝对贫困者（30.7%）
B 赤贫阶层	316 834	7.5%	
C 贫穷阶层	938 293	22.3%	
E（状况较好的）工人阶层	2 166 503	51.5%	相对贫困者
G 中产阶层及以上阶层	749 930	17.8%	富裕者
总和	4 209 930	100.0%	

图5-6为工业城市居住区空间结构模式图，表现出工业城市时期，由于生产制造的需要，工厂往往建在交通便利的中心区域。工厂周围往往形成了大量劳工的"棚舍"，以容纳劳工及其家属。过度的工业化不断侵蚀着中心城区的生态环境，大量的贫困阶层聚集在社会的中心城区，导致犯罪率激升、社会矛盾严重。城市

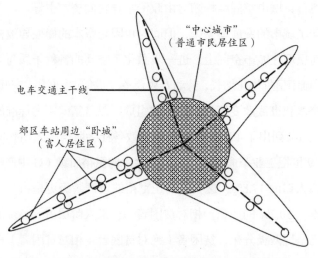

图5-6　工业城市居住区空间结构模式[131]

的中心区域已由传统的权力与财富所在，沦落为大量劳工聚集的"贫民窟"。富裕阶层则逐渐迁出城中心，移居至环境较好的郊区，逐渐形成富裕阶层"分散居住"（富人聚集区）的城市空间形态。整个城市已形成了两极分化的"空间分异"结构形态

聚集在城中心的大量贫民对恶劣的生存环境以及生活中随处可见的异化现象的不满情绪不断叠加，进而造成了城市不稳定风险的增加。正因空间中隐藏着深层的日常异化矛盾，打破旧空间、产生新空间的革命运动，即"城市革命"随时有可能一触即发。

三、规模城市的管理功能是城市化进程的关键

规模城市的管理功能是促进城市快速发展的先决条件。随着工业化与城市化的不断发展，城市的规模与人口数量不断地扩张与增加。如何针对快速发展的城市和日益增加的人口进行有效的管理成为城市规模发展的先决条件。城市的管理功能在于协调不同利益群体的利益冲突，平衡、监督、引导城市的综合发展，从而真正做到满足广大市民的基本利益，并为人类的不断发展创造有利的物质环境。

（1）城市管理的首要目标是明确城市存在的意义——为了人民的需求与利益。城市发展应始终基于人民的需求与利益的变化而调整城市的政治、经济与社会结构并发展生产力。在城市发展过程中，城市管理应充分顾及不同利益群体的价值偏好和利益需求，尊重区域内每一位居民的基本权利，通过城市资源的公平分配，实现社会发展的"红利共享"。这不仅是人类生活的理想状态，也是人类所追求的全面与自由的发展。

（2）城市管理应通过以下3个维度来实现真正的"人的全面发展"。

首先，物质分配维度，注重人与自然的和谐性以及城市空间与资源的公平性。这首先指的是城市的物质环境层面的有效管理。城市由功能各异、形态各异的多种不同空间组成，如工作空间、居住空间、娱乐空间、休闲空间、交通空间等组成人类整体的生存空间。城市空间规划与设计从物质规划层次上来讲是指以应用为取向的城市公共空间和公共设施的规划与布局，其核心是一种确定公共利益的行为，代表着人类所具有的城市权益。如何合理有效地规划城市有限空间与物质

资源，使城市居民更好地享受城市公共资源，并通过公平分配提升城市居民的生活质量和幸福感，成为城市管理的首要问题。

其次，制度约束维度，注重规章、制度、法律条款的监督与督促作用。合理的城市空间布局依赖于人类对空间的改造是具有规范性和制度化的改造，并必须与社会的发展相协调，而不是无序混乱的改造与破坏。这就需要制度的监督与约束。制度的约束是城市管理有效运行的保障，可以说没有制度约束的城市管理是极度不稳定的，是极易被破坏的。

最后，道德引导维度。城市空间是人类对自然界主观能动的改造，是人类对理想家园的追求。道德价值与伦理规范是人类人文秩序的核心，对城市管理具有指引与引导的作用。

确定城市存在的目的与明确城市管理的三大维度，是确保城市有效运行的基本条件，更是规模城市快速发展的先决条件。

第五节　技术融合——智慧生态城市的历史迈进

随着工业革命在全世界范围内引发巨大变革，城市发展的速度达到了前所未有的高度。例如，18世纪的"蒸汽工业"革命使人类正式步入了机械化生产的时代；19世纪的"电气工业"革命使城市化进程加快；20世纪计算机带来的信息革命，可谓是人类历史上又一个辉煌。继工业革命之后，科学技术带来巨大红利，使人类不断致力于科学技术的发明与创造。"科技改变生活"这一名言无时无刻不围绕着我国国民的生活。璀璨的第三次工业革命，即信息革命将人类世界彻底带入了一个新的纪元。

一、信息化是人类开启智慧城市的钥匙

计算机的普及与应用使信息革命迅速地席卷全球，影响着每一个人的生活。"1967年日本学者参照'工业化'一词提出了'信息化'的概念，随着科学技术的不断发展，人类社会正由后工业社会进入信息社会。"[140] 信息技术的大量运用打破了人类对传统物质空间的依赖，更打破了传统物质空间对人类的束缚与制约。

人类借助信息化技术，达到了时空整合，并实现了虚拟空间的无局限性。任何场所、任何空间都将变成人类工作的场所，人类可随时随地随性地进行生产工作。信息化必将为城市传统的空间与管理模式带来巨大挑战，为人类开启智慧城市的大门提供必要的技术支持。

自 20 世纪 80 年代起，由计算机所带来的信息化革命极大地推进了人类社会的发展进程。新一代互联网、云数据、GPS 定位、移动支付、掌上 APP、智能传感、智能遥感、智能识别、无线通信等信息技术正改变着城市内的一切事物，使城市的建设、管理、运行等各个领域的功能与效率大幅度提升，达到一种"智慧"的状态，从而更好地为人类服务。由此可知，信息化在某种程度上是一种生产技术，是一种能推动城市快速发展的生产力。这种迄今为止最先进的"信息生产力"，是现代化城市发展为智慧城市的重要推手。

信息技术的出现产生了一种全新的城市形态，是当今城市发展至更高阶段的产物。知识性与创新性是智慧城市的重要特征。信息化带来的红利体现在当今社会的三大方面：一是信息化促使社会传播方式显著进步；二是信息处理与传播方式的广泛应用，为人类与社会带来了更便捷与智慧的生活方式；三是信息化促进了当代社会与城市结构的全面更新，有利于城市的综合性管理。

技术发展到一定的程度，便会形成固有的发展模式，进而固化生产力的发展速度。创新是颠覆思维、打破僵局的唯一途径。创新是国家和企业发展的必由之路，并将创新驱动发展战略作为我国发展的基本战略之一。技术生产力与创新生产力相辅相成，融会贯通。创新生产力创造新的科技，而新的科技需要推广与运用才能进一步普惠大众。

信息生产力是智慧城市产生的根本动力，是整体生产力的综合构成，是社会生产力、创新生产力、技术生产力与信息生产力的整合统一。知识与创新、高新科技的发明与应用，是推动智慧城市产生的核心，而技术融合是科技创新的关键。可以说，技术融合不仅是当今高新科技与重大发明产生的重要突破口，更已成为现今科技发展的一种新兴趋势。比如，人类利用技术融合实现了对海量数据的储存、计算、分析工作，为城市管理与决策提供了快速方便的渠道以及具有指导意义的数据支撑。3C 类产品的融合、物联网的出现、大数据云仓储的产生以及纳米技术、生物技术、信息技术与认知科学的融合，都显示了技术融合对人类与城市发展所产生的巨大效应与贡献。图 5-7 为技术融合历程图。

交叉引用 → 技术融合 → 实践应用 → 产业融合

各学科间不同领域的交叉引用（理论研究）　从应用学科的理论研究到科技研发（科技研发）　科技研发创造出新产品并将其在市场上推广（实践应用）　不同产业的跨区域融合（一体化）

图 5-7　技术融合历程图

将不同领域产生的新兴科技融入城市规划与城市管理的体系之中，将不同学科以及知识领域的科学融合到产业融合中，是智慧城市建设所追求的理想技术融合之路。例如，信息科技与医疗技术的融合，解决了医学界很多难以攻克的医疗难题；旅游与文化产业的融合、农业与生态观光业的融合、互联网与销售业的融合等都改变了城市的面貌。由于大数据的共享与整合，智慧城市中的生产方式所呈现出的面貌更倾向于社会生产力——以创新生产力为核心的技术生产力与劳动生产力的总和，从而代表着城市的发展迈向了一个新的阶段。

二、"信息化" 与智慧城市空间结构转变

智慧城市（Smart City）是人类基于数字化与信息化之上提出的一种全新城市发展理念，是现今城市发展的趋势与选择。2008 年，在 IBM 所推广的智慧地球计划（Smart Planet）中，智慧城市这一概念尤为瞩目，为智慧城市的研究与发展掀开了新的篇章。表 5-5 为中外各科研机构与学者对 "智慧城市" 全方位的探讨。

从上述学者对智慧城市的概念解析中，我们不难得出以下结论：

（1）以信息化技术为代表的信息生产力是实现智慧城市的基本手段。没有信息生产力，就无所谓智慧城市的建构与发展。信息化是一种技术、一种生产力，是推动城市向更高阶段发展的驱动力。

（2）智慧城市是一种新的城市形态，是信息化发展的产物，是由信息生产力推动、发展而形成的一种新的城市形态。智慧城市理念中的 "智" 可理解为 "智能"。"智能" 所针对的主体对象是 "物"，对物的处理需要大量的信息技术予以支

撑，才能达到高效、高产、精准、快捷等目的。"慧"则可理解为"聪慧"。"聪慧"所针对的主体对象是"人"，对"人"的管理则更多地需要人性化与人文关怀的灵性处理，才能符合城市所存在的意义，即为人类的发展而存在。

表5-5　中外各科研机构与学者对"智慧城市"全方位的探讨

中外学者与研究机构	"智慧城市"概念解析
1. 美国独立研究机构 Forrester[142]	"智慧城市就是通过智慧的计算技术为城市提供更好的基础设施与服务，包括使城市管理、教育、医疗、公共安全、住宅、交通及公共事业更加智能、互通与高效。"
2. Andrea Caragliu 等[143]	"智慧城市是通过参与式治理，对人力资本、社会资本、传统和现代通信基础设施进行投资，促进经济的可持续增长，提高居民生活质量以及对自然资源明智地管理。"
3. IBM[143]	"智慧城市就是在城市发展过程中，在其管辖的环境、公共事业、城市服务、公民和本地产业发展中，充分利用通信技术，智慧地感知、分析、集成和应对地方政府在行使经济调节、市场监管、社会管理和公共服务政府职能的过程中的相关活动与需求，创造一个更好的生活、工作、休息和娱乐环境。"
4. 南京市政府[144]	"智慧城市是城市发展的全新理念，它是一个智慧基础设施先进、信息网络畅通、智慧技术应用普及、生产生活便捷、城市管理高效、公共服务完备、生态环境优美、惠及全体市民的城市。"
5. 赵大鹏[145]	"智慧城市是以城市的生命体属性为基本视角，以运用新一代信息技术为基本手段，以全面感知、深度融合、职能协同为城市运行的基本方式，以提高城市公共管理和公共服务的效益为基本目标，以实现城市可持续发展和为人类创造美好城市生活为根本目标的信息社会城市发展形态。"
6. 李重照，刘淑华[146]	"智慧城市是对现代城市治理理念的创新，是在充分合理利用信息与通信技术的基础上，将物联网与互联网系统完全连接和融合；在缩小数字鸿沟、促进信息共享的基础上，通过参与式治理，让决策者更智慧地管理城市、保护环境，更合理地利用和分配人力资本、社会资本和自然资源；促进城市经济增长和维持城市的可持续发展，提供更完善的公共服务，不断提升居民生活质量，促进社会各阶层的平等。"

（3）"智慧城市"不仅应涵盖"物"与"人"两个方面，更应明确两者之间的关联度。智慧城市应大力发展信息技术等高新科技，并充分依托信息技术等高新科技为人类提供良好的服务，创造更理想的家园。技术与产业融合促使新的城市

面貌不断涌现出来。智慧城市的生产力构成，相较于传统的城市生产力发生了根本的改变。智慧城市中大数据的共享与整合，使生产力呈现出的面貌更倾向于社会生产力。以创新生产力为核心的技术生产力与劳动生产力，引导着当今城市空间形态迈向新的方向，即"智慧空间结构"。

图 5-8 显示了城市空间布局由圈层式向网络化形式的转变。如图所示，当今社会城市结构普遍倾向于圈层式功能化结构布局，包括中央商务区、轻型制造业、住宅区、外围商务区、郊外住宅区和工业区，形成城市空间的功能划分。例如，我国现今城市普遍具有高新开发区、工业产业园、居民生活区等功能性结构区域。信息生产力的产生推动着功能空间结构转向网络化空间布局。例如，居住、生产、商贸混合功能区很好地体现了在智慧城市中空间分异转向空间融合的新趋势。信息的畅通与高效让社会中不同层次的居民跨越了阶层固化的鸿沟，有了更多沟通交流的渠道与机会，为未来城市空间结构的重置注入了新鲜的血液，更为混合居住的实现奠定了坚实的基础。

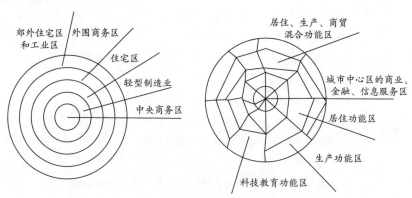

图 5-8　城市空间布局由圈层式向网络化形式的转变 [146]

从生产力发展与城市空间结构演化的历程，我们可以看出，在不同历史条件与不同生产力关系的作用下，社会阶层与空间结构的转变始终息息相关，是一个不断演变、转化、发展的漫长历程。这正如"城市起源与农业起源一样，是一种坡状的渐变而非阶梯状的飞跃。它应被视为一种发展的过程，而不是一种突发的事件" [147]。

三、城市的五大基本功能与"智慧化"融合

智慧城市是城市发展过程中随着信息技术的出现而产生的一种全新的城市形态，是现代城市发展到更高阶段的产物。知识性与创新性是智慧城市的重要特征。"在知识社会，信息革命开创了以信息资源为关键要素的知识经济，第一个是信息处理和传播方式的巨大进步，第二个是先进的信息处理和传播方式的广泛普及化应用，第三个是由此对社会面貌、社会状态、社会结构和社会体制的全方位、综合性和全局性的改造。"[148] 由此可见，信息化是智慧城市构建的基础，高新科技则是智慧城市发展的关键。

图 5-9 为智慧城市的总体架构图。如图所示，技术融合不仅是当今高新科技与重大发明产生的突破口，更已成为现今科技发展的一种新兴趋势。比如，人类将射频识别标签以及其他各类传感器移植入各类移动终端设备，然后通过网络建立巨大而复杂的数据系统，从而建立城市的各个智慧功能部分。随着技术的不断

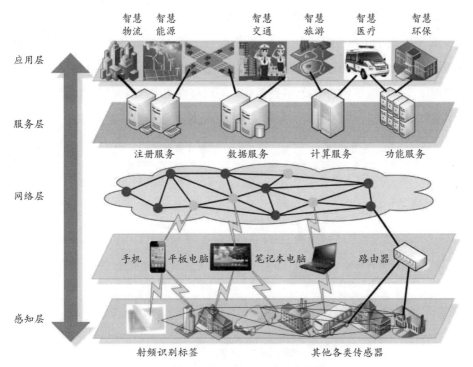

图 5-9　智慧城市的总体架构[149]

发展与创新，城市的形态也不断更新，但城市的基本功能却是相对稳定的，并能持久而长远地发挥其正面效益，为人类与城市的发展做出巨大贡献。在前述章节中，我们总结出城市具有养育功能、生产功能、教育功能以及管理功能。除此之外，社会功能应是城市不容忽略的另一主要功能。城市是人口密集、交易频繁的集中区域，人类在城市这一社会中生活，当然不能忽略了其社会功能。

针对城市的社会功能，美国著名城市学家刘易斯·芒福德曾这样描述："城市通过它集中物质的和文化的力量，加速了人类交往的速度，并将它的产品变成可以储存和复制的形式。通过它的纪念性建筑、文字记载、有秩序的风俗和交往关系，城市扩大了所有人类活动的范围，并使这些活动承上启下、继往开来。"[40] 这代表着城市的社会功能可以从两方面解析。一方面是过程，指的是人类在社会交往的过程中所产生的社交活动，包括文化沟通与休闲娱乐活动等一系列社交活动。另一方面是成果，指的是由人类社会交往活动所产生的具体成果，比如璀璨的文化、传统的风俗与礼仪、独具一格的建筑等。这些人类社会所传承下来的宝贵遗产不仅保留在人类的记忆里，更由城市客观地展现出来。

图 5-10 列示了城市的基本功能。归纳而言，养育功能、生产功能、教育功能、管理功能、社会功能可以归纳为城市的五大基本功能。但随着"互联网 +"模式的出现以及信息数字化的普及，"智慧化"不仅将贯彻于这五大基本功能之中，更将实现其巨大的整合功效，成为未来生态城市发展的新趋势。

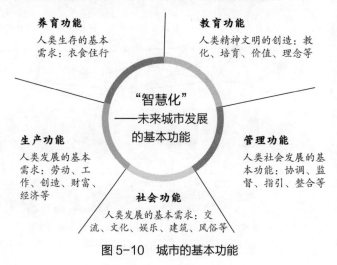

图 5-10　城市的基本功能

第六章 城市空间分异的产生与表征

城市便利的生活条件与完善的配套设施，不断吸引着大量人口涌入城市，推动着全球范围内城市化进程的飞速发展。资本、土地、技术与权力等一系列社会因素交集在城市这一有限的空间场所中，使得人口贫富差距加大，阶层分化现象逐渐凸显，城市空间分异现象日益明显。

美国社会学家伯吉斯敏锐地发现了城市空间分异的重要性，并提出了著名的同心圆模型理论。他认为，城市居住空间的分异是城市发展的必然结果，是城市治理过程中必将面对的问题。伯吉斯的观点具有一定的前瞻性，他察觉出在城市发展过程中必将面对这一治理难题，即城市空间分异。城市空间分异是指城市中不同类型、不同功能、不同需求的住宅区域大量涌现，并逐渐导致城市中不同收入与社会地位的群体居住空间的不断分离与各自聚集，使整个城市呈现出一种居住分化或者是互相隔离的状态。不同特性的居民聚集在不同的城市空间范围内，会形成一种具有共性的亚文化现象，可能引发一系列的社会问题，为城市的和谐发展埋下隐患。近代以来的城市空间分异问题一直是当今学界关注的热门问题之一。

第一节 城市空间分异相关概念解析

如前所述，城市空间结构的形成是一个演变的过程，是一个随社会发展而不断发展与改良的过程。在城市演化的历程中，资本、权利、政治等因素不仅相互纠结、相互影响，更相互制约、相互博弈，或试图凌驾于对方之上，从而导致空间结构的失衡，逐渐造成城市空间建构的分化。如果人类无法正视各要素之间的博弈关系，城市空间与人的关系将极有可能由"服务"转化为"对抗"。

资本、权力、政治是促使阶级产生的主要因素。例如，统治阶级为维护自身的统治权力，通过空间进一步固化王权与其社会地位。不管是原始社会、封建社会，还是工业社会或当代城市，其空间中均显性或隐性地烙上了阶级斗争与阶层分化的印记。

人类创造空间、改造空间是为了自身更好地生活，而不是为自身的发展制造束缚。人类不仅是城市空间的缔造者，更是城市空间的主人。正确厘清城市空间建构过程中各要素之间的关系与正确识别空间建构过程中的分化现象，是推动城市发展的重要因素。

一、阶层分化与空间分异

自 19 世纪起，阶级与阶级斗争便深刻地影响着每个人的生活。短短 30 年间两次世界大战全面爆发，各类工人运动此起彼伏、如火如荼地开展，均体现出阶级影响并主导着全球革命运动的发展。在 21 世纪的今天，社会和平、科技发展、经济腾飞、社会进步，阶级斗争也逐渐由显性斗争转向隐形对立的方式，隐藏于社会形态之中，这就是阶层分化。

社会分层的扩大导致了阶层分化的产生。社会分层是社会阶级与社会结构的客观表现。社会分层是社会中的人们区分高低有序的不同等级、层次的一种社会现象，是通过城市社会流动来实现的[150]。从某种意义上而言，社会分层中隐藏着阶级的概念。自改革开放以来，我国新的社会阶层随着社会结构的发展不断产生，早已打破曾经"两阶级一阶层"的说法。2002 年，中国社科院将我国社会划分为"五等级十阶层"[151]。自此，阶层成为我国社会公认的一种存在。

关于阶层的划分，马克斯·韦伯的多元分层观为社会分层提供了有效的参考依据。他从财富、权力、声望等 3 个维度对社会阶层进行了划分。随后，受教育程度、职业、收入、种族、文化、住房都被纳入社会分层划分标准的考虑范畴之内。这其中，贫富差距、受教育程度、居住空间（住房）均成为现今社会分层的主要划分因素。特别是在我国住房市场改革后，在有偿使用土地与货币购房制度为主的背景下，经过房价的过滤，不同阶层的居民逐步分离到不同房价区域的住宅中。阶层聚集的居住模式使城市呈现出豪华别墅、高档住宅、刚需房、经济适用房、农民自建房等多种相隔离的居住区域，进一步催化了居住隔离的产生。可以说，居住隔离的出现进一步加速了社会阶层的分离。阶层一旦固化，则难以打破，最终将导致阶层分化的逐渐形成。

分异（differentiation）又可称之为分化。"分异"一词最初出现的领域为地质地理学领域，原指地质构造的不同层面出现的结构改变。空间分异是人、物体、空间环境、权力等异质性元素及其相互作用所导致的空间分布不均衡、空间形态发生异质变化的现象[152]。城市空间分异的概念同样源自城市地理学的经典议题，即居住分异研究，指的是由于不同特性的居民长期分类聚集生活，导致整个城市形成了一种空间隔离、分化的结构现象。不同的空间结构区域之间，存在着显著的互异性。同质人群聚集居住，异质人群彼此隔离，形成了城市空间分异的基本格局，也塑造了城市不同区域的物质生态景观[153]。针对这一现象，西方学者多以"居住隔离"进行阐述，而我国学者则多以空间分异来描述这一现象。针对居住隔离与空间分异的区别，我国学者黄怡曾专门做了论述。黄怡指出，居住隔离在反映城市居住空间的社会经济特征及物质空间状态上针对性更强，而分异则强调分开部分的差异性及异化的过程，对社会阶层的社会距离变化的强调高于对空间分布差异的强调[154]。

简而言之，城市空间分异源自居住分异，指的是城市整体空间结构出现的一种结构分离状态，而不单指居住空间。它具体可以解析为，由于种族、贫富、文化、教育等方面差异所导致的社会不同阶层的居民分布在不同城市空间区域中；同类聚集使空间结构不断分离、聚集、隔离，逐渐使整个城市呈现出一种空间分化或者相互隔离状态，而这种整体分化或隔离的状态就称为城市空间分异。它涉及城市的各类空间，如商业空间、居住空间、公共空间等，指的是城市整体空间分化与隔离的一种状态。如果说居住分异是空间分异的初级阶段，那么，城市空间分异则是空间分异的高级阶段。

二、城市空间分异的具体体现

封闭空间的出现是早期阶段的空间分异。如果城市空间不能成为促进与推动人类全面发展的力量，那它反而会成为抑制、阻碍人类全面发展的制约力。封闭空间现象出现后，如不适时加以抑制，就会逐渐发展成为空间分异。

首先，城市空间分异体现在空间物质形态上，进而显现于城市居民的精神意识上。近年来，随着社会的发展与人类的进化，空间的含义也在不断地延伸与扩展。空间的传统意义指的是自然生态的物质化空间，是大自然赋予人类的宝贵财富，是人类生活与工作的基本载体，是未经人类改造的原始自然空间。这就是空间的第一类型，即原始自然空间。随着人类的进化与发展，人类对空间的需求进一步深化。人类需要更适合自身发展的空间。于是，人类开始自主能动地改造空间，从而创造出形态各异、功能各异的人造空间。例如，城市的发展很好地验证了人造空间发展的具体历程。人造空间是空间的第二种类型。除此之外，在原始自然空间与人造空间之上，还存在着第三种空间，我们称之为虚拟空间。

虚拟空间又可以划分为两个领域。一个是虚拟数字化空间，源于工业革命所带来的技术革新。尤其是近年来电子科技的发展使人类逐步进入了基于互联网与物联网的虚拟数字化空间。例如，IBM 所提出的"智慧地球"概念与大数据时代的来临都可以很好地验证虚拟数字化空间的真实与意义。另一个领域可归纳为人类的虚拟精神世界，指的是当物质财富逐渐满足人类的生存需求后，人类开始追求其精神世界的满足，这就是所谓的人类虚拟精神空间。空间的分类如图 6-1 所示。

空间的三大类型 ─┬─ 原始自然空间——大自然赋予人类的馈赠
　　　　　　　　　├─ 人造空间——人类对空间自主能动改造的产物
　　　　　　　　　└─ 虚拟空间 ─┬─ 虚拟数字化空间
　　　　　　　　　　　　　　　　 └─ 虚拟精神空间

图 6-1　空间的三大类型

人造空间与虚拟空间发展得如火如荼。它们不仅是现代城市文明的代表，更体现出人类对空间的改造，以及在空间改造过程中可能造成的空间分异现象。例如，人类所发明和创造的各类人工智能与技术使原始的自然空间分化为城市空间、乡镇空间等形态各异、功能各异的人造空间，而忽略了城市空间的原始属性，即人与自然的和谐。同时，虚拟空间的迅猛发展已逐步改变了原始空间自我发展的轨道，如今，"手机控""低头族"比比皆是，社交断裂、心理冷漠的现象更是逐年增多，"空间分异"已成为人类在发展过程中不得不面对的真实难题。

由城市空间分异所带来的负面消极影响，往往在资本与人口更为密集的城市区域中更快地得以释放，比如，城市空间功能的异化。人造空间中由于大力发展工商业导致城市空间布局的失衡，使商业区替代了民居、工业污染了环境；生活区反过来变成了商业区、工业区的附属，失去了其作为人类生存主体的本质。近年来，由于房地产行业的利润逐年上升与消费者趋之若鹜的心理，大批房地产开发商争先恐后涌入市场，导致大量商品房空置，城市的建设远超人类的居住需求。这就是商人逐利、忽略人类真实的居住需求所带来的恶果，人少房多的"鬼城"的产生印证了这一问题所带来的现实困境。

除此之外，人造空间的异化还体现在城市空间形态之上。例如，人类对物质财富的追求使人类开始不断改造城市空间的原始形态。城中老城区的改造与拆迁致使历史文化古迹被破坏，雾霾无法根治，交通压力巨大，甚至出现城市短时间瘫痪的现象，这些都进一步反映了城市空间形态的断层。近年来美国"废都"底特律的破产，也体现出城市空间形态断层所带来的严重后果。美国著名学者刘易斯·芒福德深刻意识到城市空间形态异化所带来的问题，在其《城市发展史》一书中专门对此进行了阐述："请乘飞机在伦敦、布宜诺斯艾利斯、芝加哥、悉尼等城市上空环绕一下，或是按照这些城市的地图或区划图仔细看一下。这些城市的形态是什么样子的？它们的边界又在哪里？原先的老城市已经完全看不见了……"[40] 人造空间的异化还包括人类城市空间意识的异化。规划者与居住者空间意识、公共意识的淡薄都将成为城市人造空间异化产生的根源。人类对于城市空间意识的弱化与颠覆都将进一步促使空间分异这一现象的加剧与凸显。城市空间的异化过程如图 6-2 所示。

近年来，人造空间进一步发展为新型虚拟空间，城市虚拟空间的异化问题也随之步入人类的视野。首先，科技的快速发展导致数字化虚拟空间的迅速崛起。当人类享受着这个新兴的虚拟数字化空间所带来的众多便利时，其负面消极的异

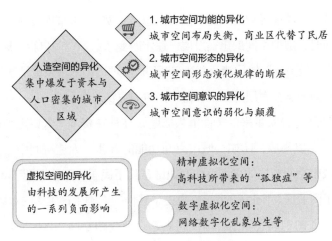

图 6-2　城市空间分异现象解析

化现象也不断加剧。比如，网络由于具有隐蔽性等特点，往往乱象丛生、难以管理，出现了网络黑客泛滥成灾、网络直播平台无人监管、消费者个人信息被贩卖、网络侵权问题增多等众多问题。再者，科技的发展同样促进了人类精神虚拟化空间的快速发展。人类变得越来越依赖网络而脱离现实生活。近年来"手机控"所带来的"咫尺天涯"，在现实生活中变得越来越普遍。这种由高科技所带来的"孤独症"，正在不断地侵蚀人类的生活、扭曲人类的心灵，致使心理抑郁、自杀现象激增。这些都是人类在城市化进程中必须面临的各种问题。正如刘易斯·芒福德指出的，城市在其发展的过程中不可避免地包含着尖锐的矛盾："大都市的文明包含着尖锐的矛盾，我们已经看到，这种矛盾在城市刚一创立之时就埋入它的生命进程之中，并且将一直伴随到它的终结。这种矛盾来自城市的双重渊源，以及它对它的目标产生的无休止的冲突。"[40] 各种空间异化问题此起彼伏、不断产生，最终形成了城市空间分异现象。

第二节　资本诱导的城市空间分异

回顾城市的发展历程，我们可知社会分层的形成需要具备两个前提条件，那就是生产方式发展推动剩余产品出现，以及剩余产品出现导致私有制形成。究其本质，其形成源于对社会中经济（资本）、权力与政治力量的争夺。西方学者哈维、福柯、列斐伏尔等均致力研究城市空间的复杂性与矛盾性，去解析城市形成的过程。哈维、福柯、列斐伏尔分别从不同角度对城市空间问题展开了深度的剖析。哈维以资本、福柯以权力、列斐伏尔以政治等作为切入口，对城市空间结构的改变进行了深入的研究。资本、权力、政治是推动城市空间分异产生不可忽视的三大核心力量。

谈及导致空间异化产生的本源，毋庸置疑应将资本的诱导摆在首位。哈维认为，空间本身是极具冲突性与矛盾性的产物。他对西方城市空间进行了深入与系统的研究，试图进一步揭示致使城市空间不平等现象产生的本源。哈维的空间研究的贡献在于，他将资本与空间相关联，并从资本的角度阐述了空间不公平与空间异化现象产生的原因，即资本的聚集。

20世纪六七十年代的欧洲与美国，经济与资本快速聚集导致社会矛盾逐渐凸显，尤其是人口密集与资本集中的城市更为突出，其社会与空间矛盾尤为尖锐。这一类城市的空间异化现象普遍严重，贫民窟日益增多，空间分异已经形成。这一系列问题带来了剧烈的社会冲突，并造成了"不平衡地理发展"现象。针对这种现实情况，哈维在研究中指出，单纯的实证研究已无法解释城市空间中众多复杂的社会矛盾与冲突，应从多学科融合的角度去探寻城市的可持续发展之道。

一、空间的社会性与生产性

20世纪中后期，人口的迅速增长促使人类对空间的需求迅速释放。"人口的增加，以及随之而来的住宅需求的增大，而且固定资本的发展（这种固定资本或者合并在土地中，或者扎根在土地中，建立在土地上，如所有工业建筑物、铁路、货栈、工厂建筑物、船坞等等），都必然会提高建筑地段的地租……一方面，土地为了再生产或采掘的目的而被利用；另一方面，空间是一切生产和一切人类活动所需要的要素。从这两个方面，土地所有权都要求得到它的贡献。对建筑地段的需求，会提高土地作为空间和地基的价值，而对土地的各种可用作建筑材料用的要素的需求，同时也会因此增加。"[155] 由此可见，空间不但是承载人类生存活动的基本容器，更是社会生产力的重要组成要素，其社会性与生产性的特征更是显而易见。

不仅如此，哈维还指出，时间和空间不仅是社会组成的一部分，更直接参与了城市中各类复杂社会关系的构建。人类对时间和空间的占有与分配权利，反映了城市的等级结构。哈维指出，城市空间是人类根据不同时代的需求对自然原始空间的改造，是一种主观能动的社会关系。它更倾向于是一种社会空间，是一种关系和意义的集合。既然空间是具有社会性的，是人类对其主观能动的改造，那么空间理应是能够被生产出来的，是具有生产性的。"每个社会形态都建构客观的空间和时间概念，以符合物质与社会再生产的需要和目的，并且根据这些概念来组织物质实践。" [13]

为此，哈维构建了著名的空间生产理论。由于哈维的地理学背景，他将空间研究作为城市研究的基石，并试图将地理学与社会学结合起来研究资本主义社会进程下所造成的一系列城市空间问题。空间生产理论以空间的独特视角，思考了"资本主义在当代为什么能够存在和发展以及如何存在和发展"这一根本性的问题。他认为，正因空间的社会意义及属性，空间才能被生产出来；而空间生产的本身也因此被赋予了孕育与维系社会关系的重大意义。大卫·哈维构建的空间生产理论主要由四个部分构成：首先，他研究了空间生产的运行机制，指出"时间—空间修复"机制应为空间运行的主体；其次，他对空间生产的主要手段进行了探讨，认为剥夺性积累是当代空间生产的主要手段；再次，他讨论了空间生产的严重后果，指出"阶级力量的重建"与"不平衡地理发展"是空间恶化的现实结果；最后，他探寻了空间生产的最终解决方式与处理，构建了具有一定理想意义的"希望的空间"。

二、资本是推动空间分异产生的动因

在哈维看来，资本的累积是推动全球化发展的重要推手。资本主义的天性就是不断地追求财富和累积利益；但当资本累积到一定程度的时候，多余的资本与劳动力必然导致资本危机的产生；而应对资本危机，则依赖"空间开拓"来进行"资本转移"，从而缓解区域内过剩的资本与劳动力压力。资本与空间的不断扩展是推动全球化快速发展的核心动力，更是将资本与空间紧密捆绑在一起的原因。我们可以看到，历年来资本主义在面临资本危机时，都是将其置于空间扩展中进行调整、重置与修复的。因此，"资本转移"的过程也可以称之为"空间生产"的过程。哈维将之称为资本的"三级循环":"初级循环"是资本生产的过程,资本家通过不断压榨工人阶级造成了资本的过度累积,随之带来资本、商品与劳动力的剩余。为了缓解由此带来的资本危机,资本家将剩余的资本与劳动力投入城市化的建筑与发展的"次循环"之中。但是,随着城市化进程的扩张与发展,将资本与劳动力投入城市空间建设中,并不能真正地解决资本过度累积的问题。由于空间与土地的不可分割性,资本的流入势必影响地价的走向。当剩余资本与劳动力过多地涌入城市建筑市场时,地价虚高会导致空间价值的不断抬高,终会产生"不平衡地理发展",从而导致城市化进程的滞后、断层,乃至崩盘。事实证明,哈维的观点是正确的。城市空间发展到一定程度的时候,必然会出现饱和的状态。当人口发展跟不上空间扩展时,"鬼城"必然会出现。因此,空间的发展应以"人的需求"为核心,而不是被"资本累积"控制。对此,哈维提出了以"资本的第三次循环"来解决资本过剩的问题,即将剩余资本投入国家层面的建设中去,如个人资本无力承担的科技的投入、保证劳动力再生产的各项社会开支以及意识形态、军队方面的投资[156]。当然,第三次循环也有失效的时候。例如,剩余资本在"次循环"中过度消费导致城市建筑空间与物质资本贬值时,终会波及资本主义"生产"与"消费"的全链条,从而影响国家层面的科技、教育、文化、国防等方面的投入与发展。这正是资本主义危机由局部危机发展为全球化的经济危机的原因。哈维正是用这"资本的第三次循环"理论来解释 20 世纪六七十年代欧洲普遍产生的"城市危机"的。

哈维的空间思想始终围绕着"资本的批判"而展开。不可否认的是,资本是推动空间发展的动因,更是导致空间分异产生的本源。在资本主义经济发展的过程中,生产是为了提高产出、增加收益,是为了财富的累积,从而实现资本的不断增值;在这个过程中,资本的累积必然受到时间与空间的约束。因此,空间如无法随资本的累积不断扩张,将变成制约资本主义继续发展的阻力,最终造成"剥夺性的累积",进一步激化社会矛盾与社会冲突。其显性特征是,在资本主义城市化进程中,为缓解资本危机而对城市空间进行频繁改造。可以说,正是资本的注入推动了城市的发展与繁荣,同时也因资本的操控导致城市空间产生了各种问题与冲突。这正是空间分异产生的根源。

三、"时空修复"与"希望空间"

哈维认为，当资本过度累积到一定程度，资本过剩所导致的空间失衡危机就产生了。对于这种由资本过剩导致的"三级循环"危机，可运用"时间延迟"与"地理空间扩张"的"时空修复"方法来进行资本的转移与释放。但这仅仅只是转移，并没有真正地解决资本所带来的巨大危机。"时空修复"的第一种即"时间修复"，是指将过多的资本投入长期性的社会项目中，通过时间的延迟以拖延资本危机爆发的时间。第二种即"空间修复"，指的是地理空间的扩张与重置，是将过剩的资本投入新的市场进行开拓，以"空间转移"的方法将自身过剩的资本、劳力、产品继续输出到新的领域，以换取更多的资本累积。这是"一种相对持久的过度积累问题的解决方法"[157]。第三种"时间—空间修复"指的是，对于新市场的地理空间扩张，通常需要大量长期的社会基础设施投资以及物质投资。这既需要长期的时间，又需要大量的地理空间。比如，将可发展的欠发达地区纳入资本循环系统，以消化其过剩的资本盈余。正如哈维对"时空修复"这一方法所描述的："空间关系的生产和重新配置即使没有为资本主义危机提供一种潜在的解决方法，至少也推迟了危机的发生。"[158]

20世纪，资本主义社会普遍采用这种资本的"三级循环"，在时间与空间中对资本危机进行修复，但这种"时空修复"并不是万能的。它不仅不能从本源上解决资本主义危机所带来的社会冲突与矛盾，反而进一步促进了资本主义城市化与全球化的进程，这正是哈维对"时空修复"应对资本危机终将失灵的洞悉。事实上，20世纪六七十年代的欧洲与美国正处于社会矛盾与冲突凸显的城市危机阶段，城市空间分异现象严重，贫困人口增多，大量的流浪汉聚集在街道上，贫富差距、阶级矛盾日益严重。尤其是哈维曾生活过的巴尔的摩（Baltimore），这个美国马里兰州最大的海港城市，一度充满了暴力事件、种族矛盾、贫富差距与居住隔离等城市危机。正因为如此，哈维更坚信资本主义"时空修复"最终的失败是必然的。如今，逐渐蔓延的全球性经济危机已然验证了哈维的观点。那么对于空间最终的走向，哈维是如何设想和阐述的呢？事实上，他提出了一个完美的设想，即"希望的空间"。

"当替代景象——无论如何富有幻想——为塑造强大的政治变革力量提供资源时，人们不断改变世界的努力就有了一个时间和地点。我相信我们正好处在这样的一个时刻。无论如何，乌托邦梦想不会完全消失。它们会作为我们欲望的隐蔽能指而无处不在。从我们思想的幽深处提取它们，并把它们变成政治变革力量，这可能会招致那些欲望最终被挫败的危险。但那无疑好过屈服于新自由主义的退步乌托邦理想（以及那些给予可能性如此一种不良压力的所有利益集团）、胜过生活在畏缩和消极的忧虑之中以及根本不敢表达和追求替代欲望。"[159]

"希望的空间"是哈维对未来空间的美好设想，是一种乌托邦式的理想，是其试图解决资本危机与空间剥削的最终出路。在现实生活中，城市空间危机日益恶劣，使哈维构想出这样一个理想的乌托邦空间。虽然乌托邦是一种理想式的境界，但人类对乌托邦的向往与追寻正是最强大与最具有毁灭性的变革力量。哈维认为，希望的空间虽是乌托邦式的理想国，但却是人类孜孜不倦、不懈追求的理想空间。

哈维笔下的希望的空间，是一种通过协调时间与空间的关系达到的"辩证的时空乌托邦"。他指出，希望的空间绝不能是无任何现实基础、天马行空的空想与幻想，而应从现实的空间危机和空间形态出发，做到理想与时代的融合。这是一种人类在资本主义危机下对和谐社会强烈的向往。他认为，希望的空间必须是封闭性的孤岛，以避免外界一些毁灭性的社会力量对其产生干扰。显然，他构想的封闭性空间在现实社会是难以实现的。

"乌托邦是一个人工制造的孤岛，它是一个孤立的、有条理地组织的且主要是封闭空间的系统，这个孤岛的内部空间的秩序安排严格调节着一个稳定的、不变的社会过程。大概说来，空间形态控制着时间，一个想象的地理控制着社会变革和历史的可能性。"[159]

哈维的创新在于，使希望的空间摆脱了空想，变得具有实践意义。他认为，资本的过度累积与积极斗争所造成的矛盾，是导致空间生产危机的本源。

希望的空间是经过一系列社会冲突和矛盾之后形成的一个摆脱了剥削、不公平与蒙昧的自由空间。这个空间可通过强化人类对社会与自然的责任与义务，来满足人类自由全面发展的需求，并形成空间秩序与空间正义。同时，哈维还指出，人类在希望的空间中是自由人、责任人、自然人，能真正实现人类的解放。"辩证的乌托邦"是一个时间与空间高度契合的理想社会，身处其中的人们对社会与自然具有高度的责任感与认同感。在这样一个社会中，人与自然高度融合，社会自然问题则迎刃而解。哈维在构建理想空间的过程中，始终将如何解决资本危机作为空间重构的前提。他认为，资本是诱导城市空间异化产生的重要成因之一。这对于如何治理城市空间分异具有一定的启发意义。

（1）资本的快速累积及扩张对区域的发展是极具两面性的。资本可以造就空间，更可以毁灭空间。资本对空间的塑造性与选择性，往往容易造成区域空间发展的不平衡性。城市空间应避免区域性差异带来的局部震荡。在当今社会，资本扩张所带来的全球化进程加速，是诱导城市空间分异产生的原因。可见，经济的调控、区域差异化的平衡，不仅是良性经济发展的重要推手，更是治理城市空间分异的重点所在。

（2）人类个体的发展与社会空间的发展，应是高度契合统一的。人类精神文明的建设是强化人类对社会、对自然的责任感与认同感的核心所在。政治民主与社会公正是理想社会、辩证的乌托邦所必要的组成要素。人，作为个体与自然的存在物，既从属于人类，又从属于自然，所以，每一个人对于"人类与自然"的责任感与使命感就应是与生俱来、不可推卸的。要认识到人为社会、自然服务，社会与自然给予人类生存所必需的空间载体，从而使人真正实现全面发展，这才是解决城市空间分异的关键所在。

第三节　权力脉迫的城市空间分异

福柯作为 20 世纪西方极具影响力的思想家，他对空间的研究是不可忽视的。福柯始终致力于从空间及权力的视角，去研究社会所产生的一系列问题。他认为，空间是权力与知识的表征；空间是随着权力与知识的不断发展而不断改变的；空间、权力与知识是多元、复杂、相互纠结、不可分割的结合体。他构建了极具特色与创新的"空间权力辩证法"。

"我们知道，19 世纪最大的困惑是历史学：发展和停滞的主题，危机和循环的主题，不断积累的过去导致死人所带来的巨大负担的主题以及可怕的世界降温的主题。19 世纪正是在第二热力学原理中才找到了它神话资源的主要部分。我们处于同时的时代，处于并列的时代，邻近的和遥远的时代，并肩的时代，被传播的时代。我们处于这样一个时刻，在这个时刻，我相信，世界更多地是能感觉到自己像一个连接一些点和使它的线束交织在一起的网，而非像一个经过时间成长起来的伟大生命。也许我们可以这样说，一些激起今天论战的意识形态上的冲突发生于时间和空间之中。结构主义，或者至少是我们集中于这个有些笼统的名词下的东西，是为了在那些能够通过时间来分配的元素中间建立一个关系的集合而做的努力，这一关系的集合使那些元素似乎是并列的、相对的、彼此相互包含的。总之，使那些元素作为一种结构出现。"[160]

福柯认为，20 世纪人类对空间的研究，绝不能仅停留在"时空"这一概念上，而更应该关注多元主体下相互纠结、渗透、影响的网络关系。空间是由多元主体相互影响、共同发展而形成的关系网络世界。他充分肯定了空间在人类发展历史中所扮演的重要角色，同时指出了权力、知识对于空间发展所产生的重要作用。基于此，福柯提出了极具哲理的核心观点"异托邦"构想。

一、多元主体共存的"异托邦"

相较于大卫·哈维，福柯抛弃了空想主义所构建的乌托邦，试图构建出更具有现实意义的"异托邦"。"异托邦"与乌托邦的区别在于："异托邦"是我们现实生活中所存在的一个真实的、具有某些显著特征的异质空间。我们可以理解为，"异托邦"是超越了乌托邦的某个真实的另类世界，它如同镜子所折射出的空间一般，既具有真实性又具有虚无性。福柯在其《另类空间》一文中对"异托邦"的概念以及特性，做出了明确的阐述和解释。他指出，"异托邦"必须具备以下 6 种特质：

（1）"异托邦"是多元主体共存的多元化空间。"第一个特征，就是世界上可能不存在一个不构成异托邦的文化。这一点是所有种群的倾向。但很明显，异托邦采取各种各样的形式，而且可能我们找不到有哪一种异托邦的形式是绝对普遍的。"[160] 可见，多元化空间是"异托邦"的主体存在模式，它是各种形式的存在。

（2）不同的时代、不同的社会、不同历史阶段下所存在的"异托邦"，是截然不同的空间形态与空间存在。福柯以不同时期下的"公墓异托邦"为例，通过对18世纪至19世纪人类对墓地选择行为的变迁，来阐述时代、社会、历史、文化对"异托邦"空间形态改变的影响。

（3）"异托邦"极具包容性与融合性。它可将多个互不相连的、貌似不能共存的异质空间融合成一个真实场所。福柯还以电影院和花园为例解释了"异托邦"的包容性。

（4）"异托邦"可将不同时空的历史碎片，重新置于同一时空场所进行碎片重组，例如公墓、博物馆、图书馆等。

（5）"异托邦"是一个既具有开放性，又具有封闭性的空间，既相互分离又相互渗透。例如监狱、学校或军队具有私密性与封闭性，拒绝任何不相关的人进入。又如一些看似开放的空间，具有隐藏的排他性。美国的汽车旅馆看似任何人可以进入，但事实上这种进入并不代表着真正融入。

（6）"异托邦"具有营造一种虚幻空间的作用。它可以弥补真实空间中的不完美，可将符合当时意识形态的规章制度，融合到"异托邦"构建之中，营造出一个符合当时意识形态的完美空间，例如殖民地。

从福柯所论述的"异托邦"概念中，我们可以隐约窥探出权力、知识对空间所产生的重要作用。福柯的"异托邦"既具有乌托邦的虚幻性，又具有现实社会的真实性。他认为，现实社会中存在着不同形式、不同类型的多个"异托邦"。这些空间不断自我发展、自我改变，空间集合关系逐渐取代了时空关系，成为空间的核心范畴。然而，福柯的"异托邦"构想同样具有一定的局限性。首先，人类对"异托邦"普遍持批判态度是因为福柯没有界定和区别"异托邦"的好坏，也没有任何的规范与标准来衡量空间的差异。比如，福柯在《另类空间》一文中对教堂、公墓、监狱、浴室、花园、殖民地等空间不加区别的描述，使得极具差异化的空间在"异托邦"中貌似变成了无规范、无标准的自由主义产物。无规矩不成方圆，这种无标准的自由主义，反而极易使理想空间脱离理想的轨道，陷入无序的深渊。其次，"异托邦"过分强调其多元主体性与差异性，忽略了其空间同质性。正因如此，福柯的"异托邦"缺乏规范、标准以及原则性的指引，使得空间的聚集与发展变得盲目与偶然。

二、空间、知识与权力

从福柯的"异托邦"理论可以看出，他认为空间的发展是沿着权力发展的历史而形成的。从这种意义上而言，空间的历史就是一部权力的发展史。审视空间格局的形成无异于审视权力关系的构成。这如同他在访谈中对空间的阐释："人们常指责我迷恋于这些空间的概念，我确实对它们很迷恋。但是，我认为通过这些概念我确实找到了我追寻的东西：权力与知识之间的关系。"[161] 可以说，这正是福柯空间哲学的独特之处，他将权力纳入空间形成基础的范畴内。空间不仅是任何事物运行的基本载体，更是权力运行的基础，这正是"权力空间"诞生的意义。

此后，在福柯的诸多著作中，对"权力空间"的阐述与探讨更是数不胜数。如《疯癫与文明》中，他通过对监狱、医院、精神病院等一系列禁闭空间的研究，探讨了权力化的空间结构构成。在《规训与惩罚》中，他探讨了权力与知识对空间制度的影响与关联性。权力影响着空间的分配，而知识却改变着权力本身。他运用大量的隐例来阐述权力与身体、权力与制度对空间分配的影响。可以说，"权力是如何在空间中运作的"是福柯空间研究主要的探索点。他通过对 17~19 世纪相关历史的研究得出结论：通过暴力进行酷刑体罚身体所获得的权力，是无法从根本上有效解决社会问题的，而通过规训对人类进行全方位控制所获取的权力则更加高效与稳定。由此可见，"规训权力"是存在于我们每一个人生活之中的；通过意识规训形成的一张庞大的网，影响与控制着每一个人的生活与工作。"权力的实施通过约束、纪律等形式来完成。"[162] 生活在空间中的人类无时无刻不被规训权力所控制。在福柯看来，空间与权力是相互纠结、相辅相成的双因子。空间是权力的载体，权力是空间的内涵。两者缺一不可，相互交织。

在探讨权力与空间关系的过程中，作为另一重要影响因素，知识对空间和权力的影响不容忽视。正如福柯对权力与知识的描述："权力制造知识（而且，不仅仅是因为知识为权力服务，权力才鼓励知识；也不仅仅是因为知识有用，权力才使用知识）；权力和知识是直接相互连带的；不相应地建构一种知识领域就不可能有权力关系，不同时预设和建构权力关系就不会有任何知识。"[162] 权力与知识直接在空间中碰撞，相互作用。福柯强调，正是权力的产生与发展促使了知识的产生。

没有权力的产生,知识的产生也变得遥遥无期。从某一方面来说,福柯的"权力空间"意味着,权力主导着知识的产生与发展。但这并不影响权力对知识的依赖性,权力的有效稳定运行依赖于知识所构建的庞大的文化意识体系。可以说,脱离了知识的权力就像一匹脱了缰的野马,变得难以掌控、无法预料。再者,在某些情况下,知识本身也是一种权力。

对于知识与空间的解读,福柯在其《临床医学的诞生》与《疯癫与文明》等著作中都有进一步的详细解释。他认为,将某些特定疾病暴露在光线与空间之中,才能使医生的观察与认识进一步加深,从而凝聚成知识。比如,解剖学的产生与发展,使医生对人身体的透视能力进一步加强,使医学得以进一步发展。这正是可见性与空间性对于促进知识发展的意义所在。在福柯看来,知识的空间化是知识构建成科学的主要因素 [163]。

总而言之,福柯的空间研究是一张巨大的关系网络,是一张权力、知识、空间相互交错、相互影响、相互纠结的巨大关系网络。在空间中,权力得以产生与实现;权力的实现促使知识产生;而知识又不断影响着权力的有效性与实践性;同时,权力的有效性则影响着空间的分配与构建。由此看来,三者密不可分,缺一不可。

三、空间权力辩证法

众所周知,福柯在巴黎高等师范学院的学习与工作经历,使其"权力空间"中注入了"空间权力辩证法"的基因。虽然福柯并未在著作中明确提出这一理论名词,但其在阐述与论证空间与权力这两大因素的过程中,进行了再次解读与构建,从而形成了独具特色的"空间权力辩证法"理论体系。

首先,空间与权力之间的普遍联系性。传统权力具备中心性、集权性与自上而下的控制性等特性,而在福柯这里的权力则是多元化的、非中心的,渗透于我们生活中每一个角落的空间里,不断地与空间发生着关系,逐渐构建出"权力空间"的空间结构。福柯对权力空间这张错综复杂的关系网络的描述为:"一个永远处于紧张状态的活动之中的关系网络。" [162] 权力无处不在,在空间每一个角落中与其发生着碰撞,人类正是在这样一个被权力影响的规训空间中被权力影响和操控着。例如,监狱、精神病院、图书馆、医院等空间场所时时刻刻影响和规范着人类的行为和意愿。反过来看,空间也无时无刻不在影响着权力发展的历史。例如,权力将空间分割为众多不同的场所,而在不同的空间场所中有不同社会等级的人类分散其中,逐渐形成了具有特定社会等级的空间范围。这些空间不断相互影响,进而影响着权力的发展。比如,福柯所举例的圆形监狱是由权力塑造的,而圆形监狱这一可视性的空间却又束缚、影响着权力的发展。总之,空间是权力存在的场所,是权力运行的基础;权力只有在空间中才能发挥自身的能效;而权力塑造的空间由于具有多元性、可视性、发展性等特性,又影响和引导着权力发展的历史。

其次,空间与权力之间的运动发展性。在福柯的权力空间概念中,权力从来都不是一种静止、不变的力量,而是"活"的存在。它一直在自身不断发展的历史中,不断地自我否定、自我改变、自我发展。福柯从客观的角度,重新解析了权力的存在。他认为,传统权力总带有强迫性与压制性的色彩。在福柯眼里,权力是具有生产性、创造性、微观性、影响性的。他认为,权力总是不断地与空间发生关系,创造新的活动与新的空间。正因为权力不断地生产与创造,人类乃至整体社会才能不断地发展与进步。如前所述,在福柯看来,权力不应是一种"力量",而应是一种规训人类的"环境"。这种规训的力量构成了一个时时刻刻影响着人类生存与发展的环境。每个人都参与其中,每个人都可以被理解为构成权力这一规训力量的生产要素。正如福柯所言:"权力的无所不在,这并不是由于它具有把一切联合在它那战无不胜的统一性之下的特权,而是由于它在每时每刻地产生,或者说在点与点之间的每个关系上产生。权力的普遍存在并不是因为它包罗万象,而是因为它来自于所有的地方。"[164] 既然权力是由人这一不断发展与改变的要素造就的,空间则受权力的影响进行分配,那么,空间与权力之间的运动发展性就不言而喻了。

最后,空间与权力之间的矛盾统一性。如上所述,空间与权力之间相互依存、相互贯通、相互影响,并在一定的情况下相互转化。福柯认为,空间的发展史就是一部权力的发展史,而权力的发展史又可以折射出空间建构的历史。"要探讨权力关系得以发挥作用的场所、方式和技术,从而使权力分析成为社会批评和社会斗争的工具。"[165] 可见,由于权力的介入,空间变得更有纪律性了。例如,福柯所描述的圆形监狱,说明了空间的构成是由权力诱导的一种空间分配,而规训空间形成以后,由于其具有可见性与透视性,又对权力产生着束缚与影响。二者之间的对立统一性，是推动空间与权力不断发展与改变的原动力。

由此可见，虽然福柯并没有明确地为其空间研究冠上"空间权力辩证法"的帽子，但事实上，福柯所表述的空间研究，正是独具特色的"空间权力辩证法"的体现。但他的空间研究理论过于边缘化，缺乏主体性与指导性，并且他对规训空间的负面消极作用描述过多，忽略了规训空间和规训权力的正面积极效应。此外，他对权力空间的描述还过于碎片化，缺乏系统的研究体系，而这些都是值得我们思考的地方。

第四节　政治谋划的城市空间分异

20世纪法国著名的思想家列斐伏尔对城市空间研究的重要贡献使得西方学界称其为城市社会学理论的重要奠基者。1901年，列斐伏尔出生于法国西南边陲小镇。青年时期的列斐伏尔对哲学产生了浓厚的兴趣，并积极参加了"青年哲学读书小组"，进行了大量学习与探讨活动。列斐伏尔退伍后迫于生活压力，曾在巴黎从事了两年多的出租车司机工作。因此，他对哲学的探讨逐渐脱离了上层建筑，开始从日常生活和社会实践的角度探讨哲学问题，这正是他最早的著作《日常生活批判》诞生的源泉。同时，从他早期的著作《神秘化的意识》与《辩证唯物主义》都可以看出，他对哲学、精神意识、异化、唯物主义辩证法以及"人的全面发展"的理解与认识，是从"政治"这一视角进行阐释与研究的，从而构建了极具思辨色彩的政治空间研究。

短短30年内两次世界大战的爆发导致当时的社会政治动乱、资本主义危机频现、人民生活流离失所，这些都是促使列斐伏尔的空间研究更加聚焦于政治立场的原因。再加上当时俄国工业革命的成功，促使法国共产主义阵营中斯大林主义快速泛滥，使本就关注政治立场的列斐伏尔迅速成为法共党内反斯大林主义的中坚力量，也使他更加坚定了"政治空间"研究的立场。

20世纪是战后经济大萧条与人口爆炸的时代，经济危机与人口年轻化导致社会动荡、青年人反抗意识强烈、城市资源紧缺等一系列城市困境，欧洲城市危机一触即发。1968年，一度造成法国全国瘫痪、议会解散、重新选举的严重局面的法国"五月风暴"事件就是当时城市危机的典型代表。这样声势浩大的学生示威游行活动，从最初的反越战转变为之后法国国内的主要矛盾。这使列斐伏尔迅速认识到空间与城市危机之间的重要关联性。他创办了名为《空间与社会》的期刊，呼吁大众认清时事。他的空间研究坚持从日常生活出发，对城市快速扩张所导致的空间问题进行了深入的探讨，并指出城市空间早已是政治立场与政治运动的谋划场所，进而提出了差异空间的思想。最终，他呼吁、倡导、主张城市革命。他意识到了资本、权力与空间三者之间有着极强的关联性。在列斐伏尔眼中，空间的政治性是不可忽视的；城市空间分异这一现象，则是由政治空间谋划形成的。

一、差异空间

空间的生产虽是多种因素共同作用产生的结果，但其生产的过程必然是具有内在逻辑性与秩序性的，而不是混沌无序的偶然情况。列斐伏尔强调，差异空间是一种具有差异化的生产、秩序、支配关系，既包括新的社会关系、空间秩序，又包括新的政治规范。这种差异空间必须体现出下层被统治阶级的利益与需求，才能真正实现"总体的人"的全面自由与解放。他认为，差异空间应是空间生产的指导原则："差异必须成为社会与政治实践的背景，这种实践与空间分析相连，这是关于空间的生产分析。"[166]简而言之，列斐伏尔提出的差异空间率先打破了人类对社会大同、人人平等的"平等空间"的追求，更具有现实意义与实践性。

首先，寻求政治解放的差异空间。毋庸置疑，列斐伏尔将差异空间的政治性放在了首要地位。他认为，人类通过政治解放运动改变当下国家统治阶级政治体制中不合理的地方，是差异空间构建的前提。在某种程度上，差异空间中的差异化是另一种平等的构建。因此，虽然是差异空间，但其强调对被统治阶级的利益最大限度地予以考虑，只有将人类的日常生活空间树立为差异空间构建的主体，才能真正稳定空间的政治隐患。

其次，寻求空间使用价值不同的"差异空间"。列斐伏尔指出，从人类的日常生活角度来看，空间的使用价值远高于空间的其他价值，这就是空间的功能化。简单来说，空间交换价值的高低取决于其使用价值，是判断与衡量其交换价值的重要指标。例如，城市中心的房地产项目的售价远高于城市边缘区域的房地产项目，原因在于，城市中心的空间功能性更强、交通更便利、配套设施更完善。因此，空间的功能性与使用性，是人类在日常生活中对空间最基本、最核心的诉求。既然差异空间探讨的是空间的解放问题，那么对它的研究就必须从如何构建与恢复空间的使用价值开始，倡导多元、开放、自由的差异空间，使其能效发挥至最大化。

最后，应注重差异空间中的"差异"与"差异正义"。列斐伏尔所提倡的"差异正义"是构建差异空间的核心。他认为，世界上没有完全相同的事物，更没有一模一样的个体。对于差异空间，他的描述为："它暗含着在一个单独运动中的差异空间，包括自然起源的差异，还涉及政体、国家、区域、种族团体、自然资源等的差异。"[167]

可见，差异空间应主张空间多元利益化以及个体差异。空间只有立足于"差异性"，才能看到人类因个体差异所造成的对空间的需求差异，才能充分理解与发挥空间的包容性，才能建立合理分区、配套共享、居住差异、利益均衡的和谐空间。简而言之，平等与正义绝不能忽视个体差异化与差异化需求，只有如此，才能真正构建出一个多元、开放、自主、自由、自治、差异、包容、艺术、和谐的理性日常生活空间。

在笔者看来，差异空间的"差异正义"与"自由平等"是极具实践意义的。正因列斐伏尔有过两年的出租车司机生涯，他的研究视角才更人性化，更能深入日常生活。只有真实融入了民众的日常生活，充分考虑了民众的日常需求，才能去探索具有实践意义的城市理想空间。不容置疑地说，"差异空间"的出现，使人类离这一目标似乎更近了一步。然而，列斐伏尔对革命、变革的呼唤以及对政治运动的热衷，却使其空间研究蒙上了一层破坏性的阴影，这是值得我们考虑与深思的。

二、城市革命

随着"五月风暴"如火如荼地席卷法国各地，声势浩大的学生运动使列斐伏尔开始思考城市革命与城市空间、城市异化现象之间的关联性与逻辑性。从某一方面而言，意识形态是统治阶级维护其政治局面稳定的利器，而城市则为统治阶级与阶级斗争提供了博弈的场所。这正如列斐伏尔所言："城市的日常生活状态是革命的敏感性和政治进化的中心环节。"[167]

城市革命的爆发，代表着民众对生活中随处可见的异化现象极度不满的爆发。列斐伏尔认为，城市空间应脱离以往"物"的单一范畴，而应是一种社会关系、资本运作、政治立场博弈之下的产物。阶级矛盾与政治立场对抗是导致城市革命爆发的直接诱因。1968 年至 1972 年间，他出版的 3 本城市巨著很好地阐明了他的这一立场，1968 年的《城镇的权力》、1970 年的《城市革命》、1972 年的《马克思主义思想与城市》这三本书均围绕着政治、权力、城市与空间进行了系统的研究。

他在《城市革命》一书中，开篇即指出了城市化的重要意义。他指出，社会已经完全被城市化了。在该书第一章中，列斐伏尔详细阐述了城市化发展的过程，并指出古代城市是政治与军事力量的体现，可称作"政治城市"。但随着人口对物资需要的增强，商业发展逐渐成为城市发展的主体。于是，封建社会时期的"政治城市"逐渐转化为了"商业城市"。工业革命时期，生产力的飞跃发展促使城市空间发生了一系列的重组。这一时期，以"机械化大规模生产"为特征的"工业城市"诞生了。而在 20 世纪六七十年代（特指"五月风暴"所处的时期），城市化的发展正处于具有历史性意义的"关键阶段"，也是革命、抗议、游行运动所处的"内爆—外爆"高发的阶段，是"当今城市革命"的关键阶段。

图 6-3 为城市化发展的过程。如图所示，我们不难看出，城市化进程依赖于"新的空间"的诞生。"新的空间"的不断诞生导致城市革命的爆发，城市化进程因而不断被推动。正如列斐伏尔所言："一个革命如果没有产生出新的空间，它的潜力就无法展示和发挥出来。革命失败的原因，往往在于只是想改变社会的意识形态，即社会的上层建筑或政治机器，而不是人的日常生活。社会的转型，必须具有真正革命的性质，对于日常生活、语言、空间都必须给予创新的力量。"[168]可见，当时社会空间中隐藏着深层次的日常异化矛盾，打破旧空间、产生新空间的革命运动随时有可能爆发。既然城市革命的爆发起源于日常生活的矛盾，那么，城市革命的实质就应是民众从统治阶级手中夺回日常生活控制权的政治运动。因此，他鼓励工人阶级、学生团体等不同组织的民众团结起来以取得更多空间的控制权，进而谋求城市革命的胜利。

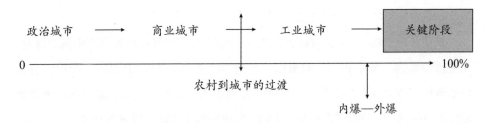

图 6-3　城市化发展过程 [169]

但我认为，列斐伏尔笔下的城市革命以及空间变革具有一定程度的理想性，始终无法摆脱"乌托邦式"的虚无性。虽然他在特定的历史局面下为法国大规模的学生运动提供了理论支撑，但城市性凌驾于当时社会的工业性之上或控制着生产力与生产关系的理论，在如今看来则显得有些悖论的意味了。

三、空间与政治

空间与政治之间的关联，始终是列斐伏尔研究城市空间问题的核心所在。他在《空间生产》一书中指出，空间生产可以缓解资本主义日益凸显的社会矛盾，是一种新的政治统治方式，是一种新的政治工具，甚至可以成为政治稳定的一种基本手段。他认为，由于空间对于人类生存的必要性，它已俨然变成政治控制人、压迫人的主要工具。城市空间的政治性显然已凌驾于资本之上，成为政府维护其统治的一种新型工具。例如，警察局、监狱等政府监控空间的产生，成为政府为了稳定其政权而构建的特有政治空间。"空间是政治性的、意识形态性的，它是一种完全充斥着意识形态的表现。" [15] 因此，列斐伏尔不断强调空间生产是受政治与意识形态操控的产物，它的内部既蕴含着政治制度，又暗藏着社会等级秩序，是一种政治关系的体现；换句话说，绝对的政治空间是一种战略的空间。它是权力的所在地和中介，是一种抽象的、被人们赋予了巨大的权力的空间。可见，政治空间是统治着生活秩序、支配着思想文化的现实空间。

"今天，阶级斗争已经被刻入空间。" [167] 空间的政治性主导着空间的生产与布局，它的内部充斥着阶级斗争的政治色彩。在这里，政治运动与阶级斗争的核心内容就是，彼此争夺更多的空间与场所。只要资本主义私有制仍然存在，那么对空间的争夺就依然是阶级斗争的核心。这种资本主义统治阶级借由空间生产，对人类的日常生活形成的整体操控局面，使空间极具阶级性。"对于阶级斗争，它在空间的生产中的地位是非常重要的，因为这种生产完全是通过阶级来展现的。"[167]

由此可知，空间和政治是一对相互纠结、互相影响的因子：政治权力支配着空间的生产与分配；空间等级制度的不公不断引发日益严重的空间矛盾；空间矛盾则进一步加剧了阶级矛盾，使阶级斗争等政治解放运动一触即发。反过来，政治解放运动的爆发，又促使了新的空间秩序诞生，打破了旧的政治体系，建立了新的政权。可见，政治促进空间的产生，空间是政治形成的前提。

如本章前文所述，空间异化造成了社会矛盾，加剧了社会冲突，是城市治理所面临的一大难题。针对城市空间分异这一问题，厘清其产生的根源则是重中之重。只有厘清了导致其产生的根源才能更好地治理这一难题。简而言之，资本、权力、政治始终是城市空间分异产生的主要动因，但资本、权力、政治并不能完全概括导致城市空间分异产生的所有诱因。例如，人口的增加、科技的进步、自然环境的改变等都可能成为城市空间分异产生的诱导因素。但毋庸置疑的是，资本、权力、政治是不可忽视的三大核心力量，是人类治理城市空间分异这一难题时首先应考虑的本源因素。

第七章　阶层分化、空间隔离与当代城市空间分异

在西方，对城市空间分异与居住隔离的研究由来已久。从 20 世纪 20 年代起，人文生态学派对城市空间结构就开始了不懈的探讨和研究，这其中以美国芝加哥学派归纳的城市空间结构的 3 种模型尤为瞩目。美国社会学家伯吉斯敏锐地发现了居住隔离的重要性与必然性。他指出，城市居住隔离是城市发展的必然结果，是城市治理过程中必将面对的现实问题。基于此，他提出了著名的同心圆模型。随后，都市人类学派与空间经济学派对居住隔离都进行了系统的分析研究。其中都市人类学派对城市空间分异的研究，更侧重于城市人口的社会分层，并认为城市社会分层与居住隔离是不可分割的双因子。本章试图基于前文的分析，从城市空间的建构过程中，去寻找导致城市空间分异现象产生的本源；从社会分层与居住隔离之间的关系打开研究的视角，去探寻城市空间分异治理问题中的共性，以寻求普适的治理路径，为城市空间建构与治理梳理出清晰的脉络，助力和谐社会与美好人居的实现。

第一节　阶层分化导致当代城市空间分异

从城市发展的历程不难看出，阶层分化与空间结构之间具有直接的关联性。我们可以从 20 世纪频繁爆发的阶级斗争运动中看出民众对空间分配不公的抵触情绪。近代以来，随着社会的进步与发展，当今我国社会中阶级斗争与对立的现象

已逐步消失，取而代之的是"阶层分化"的出现。这代表着显性的阶级斗争已转变为隐性的阶层冲突形式。归纳而言，阶级斗争与阶层分化的区别在于，阶级斗争侧重于双方对立与对抗的状态，而阶层分化则以一种"共存"的状态出现。它指的是，社会中不同阶层的居民彼此区隔但又共存的一种社会状态。可以说，在激烈、对抗的阶级斗争退隐之后，阶层分化还将长时期地存在于社会形态之中，并影响着当代城市空间分异演化的历程。

大卫·哈维曾指出："城市的发展过程就是各阶级之间不断围绕空间的分配讨价还价，乃至冲突的过程。城市空间的占有、利用、支配、控制成为阶级之间协商、对立、抗争的主要议题。"[156] 可以说，居住隔离产生的过程是与资本生产过程密切相关的，是资本主义阶级对立产生的后果，是人类对于空间的异化。此后，众多学者皆致力于阶层分化与空间分异之间关联性的研究，并通过研究发现，阶层分化的形成是导致居住隔离现象产生的根本原因，而居住隔离正是城市空间分异的雏形。英国著名建筑与规划学教授皮特·霍尔指出："一旦确定了合适的社会等级结构，空间结构必将合乎逻辑地随之而定。"[170] 城市空间分布与结构是基于社会结构中不同等级的社会成员和社会群体分布而决定的。这就形成了著名的"社会空间结构影响论"。

对于区别阶层分化的具体方法，可根据不同时期的不同理论进行划分。例如，在早期的资本主义社会中，阶级是根据天赋和出身来划定的，正如西方社会中与生俱来便拥有相应身份的贵族与贫民。随着社会的发展，阶级斗争形式也在不断变化，特别是在我国，阶层分化取代了阶级差异。那么是什么导致了阶层分化现象的产生？其形成的根源又是什么呢？

一、种族隔离的阶层分化

种族隔离是指人类在日常生活中，按照不同种族将人群分割开来，使得各种族不能同时使用公共空间或者服务。种族隔离可能是法律规定的，也可能是非法律规定的事实存在。但是，不论是所谓的平等隔离，还是不平等隔离，种族隔离实质上均是一种种族歧视行为。在种族隔离制度下，人民所能拥有的权力是依照种族背景划分而来的。例如，在欧洲殖民地时期，拥有欧洲白人血统者能享有至高的权力地位，但非裔、亚裔或种族混合血统者则受法律限制，较少拥有参与政治事务与提升经济能力的机会。

历史上最著名的种族隔离现象发生在南非和美国。1948 年至 1991 年间，南非共和国实行着一种严格的种族隔离制度（Apartheid）。直至 1994 年，南非共和国因为长期被国际舆论批判与贸易制裁才逐步废止该制度。Apartheid 是南非语，引自荷兰语，有区分、隔离制度之意。这一制度对人种进行了严格区分，白人、黑人、印度人和其他有色人种因肤色不同，其社会地位与公民权利也不同。不同的族群在地理空间上被强制地分离，特别是占多数的黑人，依法成为某些"家园"的市民。这些"家园"在名义上是自主的，但其运作却比较类似于美国印第安保留区和加拿大原住民保留区。事实上，多数的南非黑人从未居住过这些"家园"。

这一制度由于广泛的使用而被执政的南非国家党（National Party）予以强化。这一时期，接受差别待遇的黑人有 2 500 万人之众，印度人约有 90 万人，但是白人只有近 400 万人。南非共和国政府的说法："南非共和国是一个多种族国家，各民族的传统文化与习俗皆有所不同，言语也有所差别。让各民族各自发展，并不是种族隔离，而是各自发展。"然而，显而易见的是，白人掌握着政治经济权力，有色人种则成为廉价劳动力的来源。这其中，黑人多在白人拥有的农场工作，但是只拿到白人 1/10 的工资，而且工资通常也无法养家。事实上，非白人族群可得到的，只是非常次等的公共服务。

1963 年，美国黑人民权运动领袖马丁·路德·金在林肯纪念馆的台阶上发表著名演讲《我有一个梦想》，影响了整整几代人的思想，更标志着 20 世纪黑人民权运动进入了高潮。20 世纪中期的美国，黑人在教育、工作、社会，甚至是在乘坐公交车这一公共设施方面都需要严格地与白人分开。1960 年，美国女作家哈珀·李在这一背景下，创作了长篇小说《杀死一只知更鸟》，更是验证了美国种族隔离制度的存在。小说描述了美国南部小镇上的白种人与黑种人的真实生活，虽然大家工作在相同的区域，但却被隔离在不同的区域居住，白种人可以居住在镇上，但黑人们却只能居住在镇外的黑人村落；他们信仰同一个上帝，却分属不同的教会，只能前往各自的教堂祷告；他们都有聆听法庭审判的权利，却不得不在不同区域的看台聆听——白人坐在一楼，黑人坐在二楼。小说中，家境贫困、品行恶劣的白人鲍伯·尤厄尔诬陷黑人汤姆·鲁滨逊强奸了他的女儿。尽管黑人汤姆的辩护律师有充分的理由证明汤姆的清白，且汤姆有着正当职业和良好口碑，而鲍伯·尤厄尔平素的行径常常被其他白人所鄙夷，但在法庭上，白人陪审团面对如此"大是大非"的问题，一致地站在了同肤色的鲍伯一方，判定汤姆有罪。这一判决最终导致无辜的汤姆死亡。小说中描述的 20 世纪西方社会普遍存在的种族隔离、居住隔离现象，很好地证明了种族隔离所造成的社会分层是导致一系列城市治理难题与困境的原因。

简而言之，种族不同、文化信仰不同所造成的阶层分化主要出现在多种族国家。西方的居住隔离与我国的居住隔离有着十分明显的区别。美国的居住隔离，特指某一种族或民族与其他种族和民族分开、隔离。比如，黑人明显被隔离在其他有色种族之外。这种隔离有可能是在自愿的情况下，也有可能是在不自愿的情况下产生的 [171]。这种因为种族因素而被划分在一国主流社会之外的隔离，我们又可称之为种族隔离。美国与南非社会中的白人与有色人种，均因种族隔离而形成了阶层分化。美国由于殖民历史对黑人形成的"种族歧视"，历来都是美国社会最敏感的话题，也是美国政治的焦点问题之一。例如，美国白人警察多次枪杀黑人的事件，对美国社会所造成的冲击，也是"种族隔离"最好的佐证。2020 年 5 月 25 日，在美国非裔男子乔治·弗洛伊德被白人警察肖文"膝盖锁喉"致死的视频曝光后，一石激起千层浪，美国国内有关抗议白人警察暴力执法的示威活动从明尼苏达州蔓延至全美数十个州。据《纽约时报》最新消息，美国各地至少有 140 个城市爆发了抗议种族主义和警察暴行的活动。一些示威活动已经演变成骚乱，促使至少 21 个州动用了国民警卫队。"弗洛伊德之死"事件的产生佐证了在 21 世纪的今天，种族隔离现象仍然存在。

与南非、美国不同的是，我国虽是一个多民族国家，但是却基本由黄色人种构成，绝大多数民族隶属于同一种族，拥有相近的生活习性与历史文化背景。虽然我国的某些城市中设有少数民族行政区或自然形成的少数民族居住区，但从未严格地与汉族区分与隔离开来。虽然这种现象也是一定程度上导致空间分异的重要成因，但我国在对待少数民族聚集区时，往往会根据当地的具体情况制定不同的对待政策，例如福利教育政策、经济扶持政策等，以求进一步达到民族融合。

二、贫富隔离的阶层分化

财富决定了人类的生活方式、消费水平、教育水平与职业等一切活动。财富的可继承性导致虽然财富不能直接和职业以及社会地位画上等号，但其中的关联性和必然性仍然不可忽视。经济基础决定上层建筑，经济基础决定生活水平。居民的财富和经济地位是形成社会分层的核心根源之一。我国根据城镇居民家庭的收入和经济状况将社会同样划分为五个阶层，即贫困、温饱、小康、富裕、富有。虽然社会居民的经济水平具有一定的隐蔽性和不可考察性，但其往往可以直接反映在消费水平和固定资产上。相对来说，这种以经济地位划分社会阶层的方法，能够较为全面地覆盖社会中的所有人群，故被普遍作为分析阶层分化现象的主要方式之一。

近年来，虽然全球人均收入水平普遍上涨，财富累积的差距却在逐渐加大，社会贫富差距也越来越大，社会分层现象由于财富差距的扩大而越发凸显。全球基尼系数显示，全球基尼系数超过 0.4 以上的国家不在少数。我国的基尼系数自2000 年开始超越 0.4 的警戒线，至今仍超过 0.47[172]。财富累积的差异代表着社会富有阶级的资产增值速度，这种资产增值的速度越快，就越会加大社会的贫富差距。虽然美国的基尼系数也一直在 0.4 的平均值之上，但这并不代表美国人民贫困比例的绝对值，而说明美国社会中的富有阶层财富增值的速度过快，导致区域内财富分配不均。

如今，美国贫富差距越来越大，底层群体进入中产阶层的机会越来越小。目前，贫富差距扩大是美国社会最基本的问题，它不仅是经济问题，而且是社会问题。2019 年 2 月 7 日，美国国家经济研究所刊登了加州大学伯克利分校经济学教授祖克曼（Gabriel Zucman）的论文。文中数据显示，0.1% 的美国人拥有着该国 20%的财富，财富不均的情况回到了 100 年前。2016 年占美国人口 1% 的最富有的一群人，手握全美 38.9% 的财富——这也已经回到了 20 世纪 20 年代的水平。过去的 20 年间，俄罗斯的贫富差距加剧。目前，俄罗斯 10% 的人占据了该国 72% 的财富。1995—2015 年，俄罗斯 1% 的最富有人群的财富占比更是从 22% 飙升至43%。穷人越来越穷、富人越来越富，阶层分化一旦固化，社会矛盾将频发。

针对贫富差距所带来的种种社会问题，美国采取"橄榄球"政策，试图通过税收政策、继承法和慈善法等政策调控，增加中产阶级的人数和收入，控制与缩小贫富两极的数量，以缩小贫富差异。在中国，当下的阶层是流动的，科技的不断进步总是会给草根阶级新的上升渠道，比如"互联网＋"时代的全面覆盖。虽然目前我国贫富差距也在加大，但整体而言还是流动的。例如，对于中产阶层来说，未来是充满了希望的。各阶层均可以通过对教育的大力投入，为下一代带来向上迈进的希望。

三、文化隔离的阶层分化

文化隔离是种族隔离与贫富隔离的必然结果。不同阶层与族群的个体文化因聚合而逐渐形成不同的价值群体，必然导致文化隔离。不可否认，就个体而言，人类都希望生活在具有相同文化背景的群体中。这种文化形成的同时，也伴生着一种亚文化现象的产生，使得孤立的文化群体很难融入社会主流文化之中。例如在许多西方国家的"唐人街"，在其中生活多年的很多移民甚至不懂当地的官方语言，更谈不上融入所处国家。此类现象的普遍存在，就是这种文化隔离的有力佐证。

此外，改革开放以来，我国外来人口和流动人口的增长也逐渐成为文化隔离的另一主要原因。外来人口与流动人口中包含着进城务工者、少数民族人士以及外籍人士等。其往往形成"群体聚集""贫富差异""喜好相近"等现象，无可争议地正在产生一种新的文化隔离现象。如北京城郊曾出现过的"河南村""新疆帮"，在加剧社会分层的同时，也加剧了文化冲突。西方世界所推崇的金领、白领、粉领、灰领、蓝领的"五领划分"，以及我国"物以类聚，人以群分"的传统观念，均值得被人类重新认真考量。

英国广播公司（British Brondcasting Corporation，BBC）采用了更为科学的方式去调查和分析当今社会的阶级问题。BBC不再简单地只根据职业去划分，而是综合分析了经济资本、社会资本和文化资本这三大因素。BBC在纪录片《阶层与文化》中，梳理了自1911年至1980年，英国社会的阶层与文化变更，展示了时代改变中阶层流动的变化。最早的上流阶层经历了两次世界大战后都基本消失了，最初的低下阶层的工人基本没有受教育的机会，更难向上自我改变。现今，同一阶层中出现了不同的级别，有收入高的熟练工人和普通工人，中产阶级在稳定的社会环境下获得了更多机会，特别是年轻人在技术革新的今天得到了更多机会。从 20 世纪 80 年代开始，随着文化的开放与融合，流行文化改变着社会的偏好，阶层的流动性随之增强。此外，城乡差别与阶层分化也具有一定的关联性，是导致阶层分化的主要因素之一。

文化相互排异的本质是不愿意学习其他文化，而这是导致文化隔离的主要因素之一。简而言之，对不同文化的接受与学习是解决文化隔离问题的主要路径。例如，几个世纪以来，英国和日本都在经济上落后于大陆邻国，但它们最终都赶上并超过了邻国，这得益于它们吸收了其他国家的文化和经济进步的成果，并用这些成果促进了自身发展。英国和日本的文化在很多方面非常不同，但它们在吸收借鉴其他文化方面却很相似。相比之下，中东地区的阿拉伯国家（原本其文化比欧洲文化发达得多）则因为抵触学习其他地区的文化，失去了领先的优势，并落后于其他发展更快的国家。当今阿拉伯世界共 22 个国家，有约 3 亿人，但其翻译其他语言书籍的数量仅为希腊的 1/5，而希腊人口仅 1 100 万。联合国的一项研究表明，阿拉伯世界 5 年内翻译出版的图书数量，折算到每 100 万人还不到 1 本，而匈牙利为每 100 万人 519 本书，西班牙每 100 万人的译著数量是 920 本。换一种说法，西班牙每年翻译出版的图书数量相当于阿拉伯人近 1 000 年翻译出版的图书总量。文化隔离是造成国家间财富差异的一个因素，正如地理上的隔离一样。虽然阿拉伯世界中高学历的人可能不需要翻译就能够读懂其他语言的图书，但是不够幸运的大众却并不能如此。有些时候，文化隔离是政府决定的结果，比如 15 世纪的中国，那时中国远较其他许多国家更先进，但当时中国的统治者却刻意选择将中国与异域国家隔离。17 世纪，日本的统治者也选择把自己的国家与世界其他国家隔离开来。几个世纪后，这两个国家都震惊地发现，在它们自我隔离期间，其他国家在技术、经济和军事方面已经远远超越了它们。

此外，文化自我限制的另一种表现是，限制人口中的某些群体从事某些经济或社会活动：只有预先选定的群体，才被允许从事特定的职业。这种根据文化划分经济角色与根据个人的内在禀赋划分经济角色有着很大的差异。最终的结果就是，放弃了国家内部许多人的潜能的社会或国家，相较于不对人民发挥天赋和潜能施以限制的社会或国家，往往只能获得较少的经济产出。可见，施加文化自我限制对社会经济与发展具有一定的负面影响。

总体来说，种族隔离、贫富隔离、文化隔离均为导致阶层分化出现的因素。在某种程度上而言，资本、权力、政治造成了阶层分化现象的产生，而阶层分化正是导致城市空间结构失衡的主因，即导致城市空间分异产生的核心问题。因此，打破由种族、贫富、文化所带来的隔离，是解决城市空间分异的本源，更是治理城市空间分异的首要目标之一。

第二节 空间隔离是城市空间分异的典型特征

随着社会与城市的不断发展，资本、权力、政治因素相互聚集，人类通过发明、创造各类人工智能与技术，使原始的自然空间进化为城市空间、乡镇空间等形态各异、功能各异的人造空间。在人类自主能动地改造空间的过程中，由于个体能力的差异，社会分层现象随之产生。城市中拥有不同工作职业、经济基础和文化背景的居民，往往根据相似的共性选择同类聚集，此类社会现象即为城市空间分异。其典型特征表现为居住隔离，又称空间隔离。

空间隔离模式可以划分为传统模式和"权变"模式。传统模式的基本概况为：以20世纪中期美国学者伯吉斯的同心圆模型、霍伊特的扇形模型，以及哈里斯和乌尔曼的多核心模型为代表，对城市空间隔离进行了系统的研究。该理论源于北美，对分析全球其他国家和地区的隔离现象具有一定普适性，但却不能机械套用。空间隔离现象具有明显的地方色彩，不同地理位置、不同民族文化、不同历史背景都会形成不同的空间隔离模式。关于本土化空间隔离模式的探究，加拿大学者穆迪（R. A. Murdie）根据加拿大城市空间的情况，采取实证分析的方法将同心圆模型与扇形模型相结合，提出并验证了3个假设[29]。我国学者黄怡基于传统的空间隔离模式与上海城区的实际情况，认为"内外圈分明的圈层式隔离和中心城区的镶嵌隔离与簇状隔离"是上海空间隔离的具体模式[48]。这均表明，城市空间隔离模式的建立需根据不同的城市现况进行分析和研究，是不能统一而论的，居住隔离的"权变"模式由此应运而生。

居住隔离是城市空间分异的具体表现与典型特征，影响着居民生活的满意度与幸福感。我国学者吴启焰认为，城市社会空间的分异可理解为 5 个层次：土地利用与建筑环境的空间分异；邻里、社区组织的空间分异；感知与行为的空间分异；社会阶层分化；社会空间分异的动力机制研究等 [173]。简单来说，居住隔离是城市空间隔离的主要特征，而城市空间隔离可分为 3 种典型的特征：城市物质空间隔离、城市社会空间隔离、城市心理空间隔离 [174]。可见，居住隔离是一种从物理空间隔离逐渐上升到社会空间隔离，最终导致无形的心理空间隔离的过程。

一、物质空间隔离是空间分异的基本表征

物质空间隔离主要是指城市生存空间隔离，以住宅隔离为主。由于居住空间在城市居民生活中的固定性和不可或缺性，物质空间隔离成为城市空间分异最典型的表征。自古以来，物质空间隔离都是城市空间分异的基本表征。通过前文的整体梳理，不难看出，随着私有制的出现，等级制度随之产生，并直接呈现于城市空间结构之上。城市空间作为一种具体地理区域，其实质在于会根据社会等级结构的不同而构建。城市空间分异的本质就在于社会经济、权力的关系结构促进了城市具体地理区域的分配。"物以类聚，人以群分"，社会等级的分化直接带来的是物质地理空间分布的分化与隔离。原始社会后期、奴隶社会、封建城池、前工业城市、工业城市以及当今城市的空间结构均反映出，在不同历史发展阶段，城市空间分化现象随社会等级结构的转化而改变。

在我国漫长的封建王朝历史中，城市空间的布局体现着王朝的统治与集权。例如北京以紫禁城为核心、以中轴线为纽带的"田"字形对称、整齐的城市布局，南宋临安城以南北轴线划分的"西宫东工"城市布局，都显示了空间的物质隔离特性。封建王朝利用城市物质空间隔离将居民隔离区分，以维护其统治的稳定性。

图 7-1 为我国周王城复原想象图。众所周知，我国古代封建统治阶级为维护自身利益与王权的集权，制定出一系列的礼制、典仪与规章制度，并试图通过城市空间规划彰显其统治的合法性与自身的高贵。从该图中，我们可以看出，"宫城"历来被规划在城市的中心地带，并通过"田"字形的划分将城市中不同等级的居民分布在不同区域。可以说，居民离"宫城"的远近距离直接体现了其社会等级

的高低。城市外围则设立一系列的"城门"以保护统治阶级不受外来入侵所威胁。可见，城市地理空间划分是导致城市空间分异现象产生的"外显"层次。它在某种程度上体现着分配的不均以及阶层间的剥削与对立。随着社会的发展与人类反抗意识的增强，这样阶级意识强烈的城市空间布局逐渐消失了，但类似的物质空间隔离仍隐藏于城市空间的各个角落，至今仍隐性地主导着城市空间布局的主题。

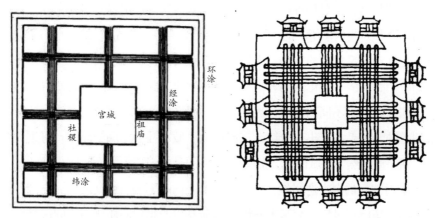

图 7-1　周王城复原想象图[176]

在近代西方世界，尤其是美国，在城市扩展的进程中，白人逐步向城郊迁徙，黑人等有色种族人士的聚集区却往往处于城中心劳工密集的区域。特别是第二次世界大战以后的美国，黑人与中产阶级占据了城中心与近郊，白人及资产阶级则不断向城外迁移，逐步抛弃了曾经生活的城中心。美国人口统计数据显示，20 世纪五六十年代，美国近 80% 的白人人口增长发生在城郊，98% 的黑人人口增长则发生在城中心[176]。这组数据显示，城市物质空间隔离现象，不但没有随着城市发展而消失，反而愈来愈显著。

自我国改革开放以来，在住宅商品化的过程中，通过开发商的货币调控和过滤，社会上已出现了不同阶层与区域的居住隔离。如近年来，"献给 100 位影响 GDP 的人""国际化高端生活社区""少数海派金领的生活府邸""灵动小户型——市中心的刚需房"等各种五花八门的房产推介语，毫无遮掩地显现出这种城市物质空间隔离的事实。事实上，中国社会已逐渐形成不同类型的居住区。高档住宅小区往往占据城市繁华地段或主要风景带，有着得天独厚的地理位置，商业与交通配套设施齐全，享受着稀缺的城市资源，并有着严格的保安和监控系统，杜绝外人任意造访。城市中低收入人群只能居住在安置区或保障房内，基本位于城市的边缘地带。如此一来，我国城市现今的分区式居住隔离模式逐渐形成了。

二、社会空间隔离是空间分异的具体现象

空间是具有社会延展性的，空间不仅是人的空间，更是人与人之间各种社会关系的集合。列斐伏尔所言的"空间的社会性，与社会的空间性"，指出了城市空间其实是社会关系集合的空间。人类居住在空间内，并在空间中产生各种社会活动（如政治、经济、文化活动等）与交集。然而，居住区域的隔离使得不同收入的人群居住在城市不同的区域，逐渐导致不同区域间的居民缺乏交流，社交网络品破裂，社会关系集合出现分散，从而形成了城市社会空间的断层。可见，城市物质空间隔离必然导致城市社会空间隔离。

人类对空间的自主选择性，在一定程度上同时影响着空间的布局与分配。同一区域内的居民通过日常生活不断地交集所产生的思想同质化与不同区域民众思想的异质化比较严重。这不仅为阶级斗争埋下了隐患，更使生活在不同区域的民众逐步丧失了沟通与理解的渠道。此外，社会空间隔离带来城市空间形态的异化。例如，人类对物质财富的追求，促使人类不断改造城市空间的自然形态。城中老城区的改造与拆迁导致历史文化古迹被破坏、雾霾无法根治、交通压力巨大，甚至出现交通瘫痪等众多问题，进一步致使城市空间形态与结构断层。刘易斯·芒福德深刻地意识到城市空间形态异化所带来的问题。在《城市发展史》一书中，他专门对此进行了阐述："大都市的文明包含着尖锐的矛盾，我们已经看到，这种矛盾在城市刚一创立之时就埋入它的生命进程之中，并且将一直伴随到它的终结。这种矛盾来自城市的双重渊源，以及它对它的目标产生的无休止的冲突。"[40] 城市空间功能与形态的异化致使空间出现隔离与断层，进而造成人类空间意识的异化、公共意识的淡薄、人与人之间的冷漠，而这些均将进一步导致城市空间分异这一现象的加剧。

由此可见，区域隔离带来的势必是社交隔离。这种隔离使人类从开始的被迫隔离，到逐渐的认同隔离。社会空间的交流沟通逐渐弱化，以至于不同阶层的居

民从缺乏沟通到不愿沟通，社会空间隔离现象凸显，心理空间隔离初见雏形。

三、心理空间隔离是空间分异的必然结果

城市心理空间隔离是城市物质空间隔离和社会空间隔离的升华，是城市空间分异的最深层面，一旦形成，隔离指数极高，难以弥合。城市心理空间隔离是社会排斥最主要的表现形式之一，是社会冲突的起源。居民社交空间的断层，导致居住在不同区域的居民产生心理隔阂，他们逐渐隔离于对方群体之外，形成不同的世界观与价值观。在现实社会中，贫困阶层对富裕阶层的"仇富"与"敌对"心态，以及富裕阶层对贫困阶层的"蔑视"与"曲解"心态的形成，与心理空间隔离关系匪浅。如不及时治理与控制，阶层之间的矛盾将激化、固化，阶级矛盾必然重现。

历史上，由物质空间隔离到社会空间隔离，再上升到固化的心理空间隔离的例子，数不胜数。这样的现象往往以起义、暴动、镇压、革命、胜利等事件平息，周而复始、不断循环。譬如奴隶社会的消亡、封建王朝的兴起、资本主义与无产阶级的斗争、社会进程的发展，均体现出这一现象会持续产生。20 世纪六七十年代的欧洲与美国，正处于由物质空间分化导致社交空间断层，进而造成社会民众心理空间隔离的特殊时期，社会矛盾与冲突凸显，导致城市危机频生。只有打破这一固有模式，和谐社会才有可能真正实现。在当前社会，城市空间居住隔离基本处于城市社会空间隔离的阶段，绝大多数城市还没有上升到心理空间隔离的层面。因此，现阶段对居住隔离现象的治理是势在必行的，必须延缓其发展进程，在其还未上升到心理空间隔离的层面就应予以制止。

空间隔离的产生带来各国学者、政府对解决方法的集中研究。美国、英国的混合居住政策，新加坡的"居者有其屋"，我国香港特别行政区的公屋计划，以及"邻里单位"与《雅典宪章》的颁布，均体现出各国对空间隔离制定了相应的治理对策与治理原则。从中归纳出治理空间分异的基本原则，是实现社会融合，促进社会公平、公正的有效途径。

第三节　城市空间分异治理的当代价值

城市空间分异治理并非单一层面的治理，而是涵盖了国家、社会与自我等3个层面的治理体系。在不同历史时期，城市空间分异的治理方式呈现出不同历史阶段的特有模式。梳理治理模式的历史流变与当代中国特色的治理模式，对当代城市空间分异治理具有一定的借鉴意义。同时，这与我国当代推进国家治理体系与治理能力现代化在逻辑上是相通的，也为快速推动当代城市空间治理提供了理论基础。

纵观当今国内外城市的空间建构与治理，可发现英国、美国、瑞典、丹麦、日本、韩国等早已陆续完成了基于居民步行距离、活动频次的城市生活圈规划，旨在治理阶层分化、空间隔离所带来的当代城市空间分异问题，为人类创造更加和谐、宜居的城市空间。我国2016年2月出台的《中共中央　国务院关于进一步加强城市规划建设管理工作的若干意见》也明确指出，要完善城市公共服务，"健全公共服务设施。坚持共享发展理念，使人民群众在共建共享中有更多获得感"。在这一思想指导下，上海、北京、广州、深圳、成都等城市也分别在新一轮城市总体规划、"十三五"规划纲要中提出了相应的城市发展规划。

党的十七大报告明确指出："要全面认识祖国传统文化，取其精华，去其糟粕，使之与当代社会相适应、与现代文明相协调，保持民族性，体现时代性。"[177] 事实上，城市空间分异的治理问题蕴含着丰富的历史治理经验，是国家推进治理体系与治理能力现代化的进程中不可祛除的指导因素。当代城市空间分异治理应充分梳理历史治理经验，找出其中的精华，去其糟粕，使城市空间分异治理历史中优秀的治理经验充分发挥引导作用与当代价值。

一、治理思想的历史流变

"治理"作为从西方引入的理念，是处理公共事务、实现资源优化配置中政府和市场如何有效地进行权力划分的最新理念。治理理念更加强调非政府组织和个人与政府一道在实现公共利益最大化中的积极作用，实现多元共治的目标。这一思想绝非凭空而来，是西方国家在从传统管理走向治理的过程中历经了两百多年的艰苦探索所得。

治理理念的萌芽最早可以追溯到资本主义制度的建立。1776 年，英国学者亚当·斯密提出的"守夜人"与"无形的手"中便蕴含着丰富的治理思想。斯密提出的限制政府公共管理权力的自由资本主义理论，大大解放和发展了社会生产力，直接加快了英国产业革命的进程，使英国成为当时首屈一指的世界资本主义强国，并使西方世界普遍推崇这一治理思想。1929 年至 1933 年席卷资本主义世界的大萧条危机，让西方世界引以为傲的自由资本主义理论出现失灵。西方世界普遍推崇与践行的"守夜人"与"无形的手"理论，在这场危机中消极无为，引发了西方世界对"治理理论"当代价值的重新考量。

1936 年，英国学者约翰·梅纳德·凯恩斯指出，在经济社会发展的过程中，要实现资源的优化配置、提高人民的生活水平、减少财富浪费，政府绝不能够单纯地满足于做"守夜人"的角色消极无为，而是要积极参与到社会的公共管理中去。凯恩斯建议，为了适应政府权力与角色的变化，应该积极扩大政府的公权力、职能部门与人员编制，政府对经济社会的宏观调控应当渗透到社会的各个角落。在凯恩斯政府全面干预理论的引导下，自斯密以来，有着百余年历史的"小政府、大社会"的传统公共管理模式得到了根本的改变，美国与西欧各国在凯恩斯理念的指导下先后建立了"大政府、小社会"的新公共管理模式并相继走出危机的阴影，甚至实现了第二次世界大战结束后长达 20 年的"黄金时代"。

无独有偶，20 世纪 70 年代西方国家相继爆发长达 10 年的"滞胀危机"。在这场危机之下，再次出现了货币严重贬值、工人生活水平急剧下降的情况。然而，为了给下岗民众提供足够的救济，同时保证既定的国民经济发展计划的实施，政府依然对经营困难的工厂征收高额税收，进一步加剧了危机。如何才能够将资本主义世界重新拉回到正常的发展轨道上来？ 10 年之间，各国政府毫无作为，政府内在的刻板低效与管理导向的弊端展现得淋漓尽致。继"市场失灵"之后，"政府失灵"又一次让西方国家无所适从。在面对危机时，"小政府、大社会"或者"大政府、小社会"的公共管理模式都失去了应有的价值功效，倒逼着西方资本主义世界寻找全新的公共管理模式。

在此背景下，以罗茨、詹姆斯·罗西瑙等人为代表的学者引领了公共管理理论的新一轮革新。新公共管理的治理学派大胆质疑，甚至否定政府全面干预理论的合理性；首次提出要将企业管理理念、非政府组织与个人纳入管理的范畴，进而引发了企业家政府理论与多中心治理理论的出现。罗西瑙风靡一时的代表作甚至直接取名《没有政府的治理》。1989 年，世界银行的一份报告在讨论非洲问题的时候第一次使用了"治理危机"一词，使得"治理"概念正式出现。在此基础上，1995 年联合国下属的全球治理委员会为"治理"给出了一个较为权威的界定：治理是或公或私的个人和机构管理相同事务的诸多方式的总和，是使相互冲突或不同的利益得以调和并且采取联合行动的持续的过程[178]。此后，"治理"随即成为显学，社会学、法学、经济学、政治学都将其作为各自专业领域的基本理念加以阐释和发展。2000 年，国内知名学者俞可平将这一理论引入国内，将西方治理学派的最新论述集结成书，取名《治理与善治》，掀起了国内公共管理的新一轮研究与改革风潮。

二、城市空间分异治理的历史经验

在"原始部落、封建城池、市民社会、工业城市、智慧城市"等城市发展的主要历史阶段，城市空间均呈现出不同形式的空间隔离状态。在奴隶社会中，不同层次的居民居住生活的不同区域被严格划分、隔离开来。如卡洪城的城市空间结构体现出典型的阶级对立与空间隔离。在封建社会中，为维持王权的稳定，等级制度充分体现在封建城池的空间结构中。皇室、贵族、军人、佃户、手工业者等不同等级的居民居住在不同区域，空间隔离现象明显。在市民社会中，不同手工业者根据不同职业形成的"职业聚集地"分散于社会不同阶层之中。在前工业城市时期，仍以贵族、平民、流民构成城市空间结构的主体形态，但由于"市民社会"与工商业的活跃，逐渐形成个体私营手工业各自聚集的"分散渗透模式"。在工业城市时期，由于生产制造的需要，工厂往往建筑在交通便利的中心区域，工厂周围往往形成大量劳工的"棚舍"以容纳劳工及其家属生活，逐渐形成富裕阶层"分散居住"（富人聚集区）的城市空间形态。信息时代，智慧城市中由于大数据的共享与整合、信息的畅通与高效，社会中不同层次的居民跨越了阶层固化的鸿沟，有了更多沟通交流的渠道与机会，为未来城市空间结构的重置注入了新鲜的血液，更为混合居住的实现奠定了坚实的基础。

无论在哪一个历史时期，空间隔离所带来的分化问题始终是政府、社会、个人层面应予以关注的。在原始部落时期，生产力低下、思想蒙昧，占有丰富生活物资的少数人成为氏族首领，并通过自身强大的劳动力（勇、胜、武）维护其统治权与分配权，这其中就包括对氏族居住空间的分配权。在这一时期，氏族首领掌握着绝对的控制权，可对应理解为政府层面的主导权，但社会层面与个人层面在这一时期对空间分配呈现出相对的愚昧与无意识。

在封建城池时期，统治者普遍依靠王权维护着空间分配权力。如果说原始部落时期，人类对空间分配的意识相对薄弱的话，那么，在封建王朝时期，空间则成为国家政治权力的附属品，更成为统治者对官员的一种赏赐，是典型的等级制度化所产生的空间隔离现象，而统治者则严格捍卫等级制度的边界，维护王权的权威。同时，封建统治者通过"德育、教化"的手段维护着王朝与城市的运转。总体而言，不管是氏族首领还是封建统治者，对空间隔离的治理问题普遍采取单一分配模式。但在封建城池时期，城市空间治理呈现出政府层面与社会层面共同治理的局面。

前工业城市是中世纪欧洲所孕育的独特城市状态，手工业与工商业的快速发展使"部分财富"由执政者手中流入工商业。城市空间的分配也由相对单一的权力分配模式转向市场分配的模式，在政府层面、社会层面注入了个人层面的影响因素。随着手工业的快速发展与工业革命的爆发，城市步入了工业城市阶段。在这一时期，财富的快速聚集超出了人类的想象，城市空间分配进入了由资产、财富主导的分配、隔离时期。值得一提的是，工业革命促使财富流转的方向由国家转向个人，也赋予了个人更多参与空间分配的能力。

在历史发展的长河中，人类最终意识到市场和政府都存在内部无法克服的缺陷与弊端，单一导向的空间分配制度终究会失灵。当代城市空间分配要实现公共利益的最大化，须在市场或者政府二选一的传统选择之外寻找新的出路，这正是当代城市空间分配践行的治理模式，即"政府、社会、个人"共存的空间分配治理模式。

三、"宜居"是当代城市公共治理的目标

"宜居性"始终是城市最主要的本质特征之一。3 500多年的城市发展史展现出人类对宜居城市孜孜不倦的追求。人类因"优良生活的美好愿景"聚集于城市，建立了服务于人类生存所需的一切的城市万物，形成了复杂、庞大的城市系统。城市内的街道、学校、医院、商场、公园、桥梁、码头、教堂、影院、汽车、电脑、手机、服饰等一切事物，均是以人的核心需求为导向所生产、制造的。人与城市万物的内在关联性是构成城市系统的主导因素，人对城市宜居性的需求始终左右着城市发展的主导方向。

根据马斯洛需求层次理论，人类具有一些先天需求，越是低级的人类需求就越基本，越与动物的相似；越是高级的需求就越为人类所特有。同时，这些需求都是按照先后顺序，即需求层次出现的，一个人满足了较低级的需求之后，才能出现较高级的需求。各种基本需求一般是按照生理需求、安全需求、社交需求、尊重需求和自我实现需求的顺序出现的，但并不一定全部都是按照这个顺序出现。较低层次的需求被满足以后，人类会自发产生相对较高层次的需求，这正体现了"欲望的无限性"。

人类对城市空间所产生的需求正如马斯洛所言，当城市满足了人类基本的生存需求后，人类对城市生活质量、居住品质的追求随之提升，"城市宜居性"成为城市发展的必然趋势。从某种程度而言，"城市宜居性"是一种人类居住的体验感与幸福感。优质的教育、充足的就业、便利的生活条件、优美宜居的生活环境、较低的生活成本、安全的城市秩序、开放包容的文化等均影响着宜居城市的构建。这一切的达成则依赖于城市的公共治理能力，涉及城市生态格局规划、居住空间规划、公共设施的配套、政府服务的响应等。2000年，我国建设部设立"中国人居环境奖"，表彰在改善城乡环境质量、提高城镇总体功能、创造良好的人居环境等方面做出突出成绩的城市与乡村，为我国城市公共治理明确了目标与方向。2005年，全国城市规划工作会议指出，"把宜居城市作为城市规划的重要内容"予以重视，并将"城市宜居性"明确为城市公共治理的总体导向。

以我国上海市为例，上海是我国的直辖市之一，是长江三角洲世界级城市群的核心城市，也是国际经济、金融、贸易、航运、科技创新中心和文化大都市、国家历史文化名城。在国内城市建设与改革中，上海始终走在前列。2015 年 5 月，上海率先颁布施行《上海市城市更新实施办法》，强调城市区域空间的重构和激活，居民生活方式和空间品质的提升，公众参与和社会治理。2016 年出台的《上海市城市总体规划（2016—2040）》提出要"营造更富魅力的幸福人文之城"，积极应对未来人口结构变化和生活方式发展的趋势。同年颁布的《上海 15 分钟社区生活圈规划导则》，提出营造宜居、宜业、宜游、宜学的 15 分钟社区生活圈，为全年龄段人群提供高品质公共服务、舒适的公共空间和开放共享的社区环境。至此，上海的城市建设已正式转入以改善建成区空间形态和功能为核心的城市更新阶段。可见，"生态宜居"始终是当代城市公共治理的目标与导向。

第八章　治理城市空间分异的路径选择

土地、人口、资本、技术与权力的交集，导致城市人口贫富差距加大，提醒人们必须正视城市空间分异现象的治理路径。

近年来，我国多渠道城市住宅开发已将不同类型、不同功能、不同需求的住宅区域通过房价的过滤，形成了城市中不同收入与社会地位的群体，居住的空间不断分离与各自聚集。这不仅形成一种具有共性的亚文化现象，更形成了不同的城市居住社区。如前所述，不同特性的居民聚集在不同的城市空间范围内，这种居住社区的分化造成空间的隔离与断层，而空间隔离将阻碍社会各阶层间的群体交往，并逐渐形成群体间的冷漠与抗拒。整个城市呈现出一种居住分化或者是互相隔离的状态，会加剧社会各阶层之间的冲突与矛盾，而这是现今城市空间治理的主要难题之一。本章试图基于前文的分析，从城市社会分层与空间隔离之间的关系打开视角，去探寻城市空间分异治理问题中的共性，为城市空间分异梳理出清晰的治理路径，以期为今后的现实治理与空间建构提供一些理论借鉴与启示。

第一节　族群融合是治理城市空间分异的理论主旨

就阶层本身而言，阶层本不是问题，世界范围内只要存在私有制，阶层就必然存在于社会之中。但阶层存在的弊端是阶层之间不沟通。长期的阶层隔离所产生的阶层固化是当今城市治理过程中必然面对的挑战。它有赖于通过族群融合加强阶层间的流动与沟通，达到治理城市空间分异、促进社会发展的理想状态。

族群融合是城市空间分异治理的主导理论，是解决社会分层所导致的居住隔离现象的理论主旨，旨在解决心理隔离、心理排斥等文化冲突问题。其理论基点是"天赋人权"（Natural Right），源于古希腊哲学中的"自然法"，并成为文艺复兴时期的主要思想潮流之一。美国《独立宣言》提出，人人具有生而平等的自然权利。自然权利是追求生命、自由和幸福的基本权利。这种权利是大自然所赋予且不能被剥夺的。人类追求幸福生活的权利一直是我国社会所倡导的。因而族群融合理论是社会进步的必然结果，是和谐社会发展的主旨理论。

族群融合理论不是一成不变的单维度概念，而是动态的、渐进式的、多维度的、互动的概念[179]。族群融合理论由 3 种主要论点构成：

（1）由美国芝加哥大学社会学家帕克与伯吉斯提出，并由米尔顿·戈登（Milton Gordon）发展为经典社会学理论的融合论，又称同化论。

（2）美国学者霍勒斯·卡伦（Horace Kallen）首创的多元文化论。

（3）波特斯（Portes）和周敏（Zhou）提出的区隔融合论。

荷兰著名人口学教授恩泽格尔（H. Entzinger）提出了融合的 4 个维度：经济融入、社会融入、政治融入与文化融入。他认为对于新移民的族群融合必须从这 4 个层面来进行适应、调整与融合[180]。

融合理论在城市空间模式中的体现，可从众多西方学者的空间思想中窥探一二。例如，海德格尔"人，诗意地栖居"、霍华德提出的"田园城市"中都渗透着城市空间融合的思想与理念。马克思与恩格斯更是在众多著作中论述了城乡关系的发展历程，并指出城乡关系发展的 3 个历史阶段为"乡村培育城市""城市统治乡村"和"城乡融合"。"城乡融合"是城市发展的理想状态，是城市发展的高级阶段。随后，大卫·哈维提出的"社会空间统一体"这一概念，也指出城市空间是自然、精神、社会的融合统一模式。

不同于帕克等人的同化理论对族群关系的循环与同化，族群融合的核心在于求同存异的"融而不同"，即不同族群间既承认不同族群的民族特色，又认同社会主流观念意识的价值规范。族群融合发展的空间融合既保存了不同空间区域中各自领域的特点，又充分发展了其联动的特色，可真正实现精神空间与地理空间的价值契合。例如，可通过全民参与、多元主体共治等形式进一步促进新旧空间区域居民的精神价值的融合，以实现物质地理空间与精神文明空间的真正统一。概括而言，城市空间融合模式应从城市的不同层面同步进行，从宏观、中观、微观层面多方渗透，政府、城镇、社区等多方协同共治，以促进空间价值的融合统一，进而真正达到族群融合。但不管是何种融合理论，族群融合均取决于不同族群居民的自愿程度以及政府的政策支持力度。无论何种融合模式的成功，都离不开以下三方面的因素。

一、共同富裕是实现族群融合的前提

社会经济的富足与利益均衡是实现族群融合的必要条件与前提条件。美国社会学家阿尔巴教授指出，"职业流动与经济融合本身就应该是移民社会融合的一个最重要的指标与维度"，并不止一次地强调经济融合与共同富裕是实现族群融合的重要因素，是社会融合的前提 [181]。事实也是如此，物质水平的丰富与经济的富足直接影响到区域内公共资源的配置和利益的分配。相对公平的社会资源与相对细微的贫富差距，是减弱社会分层的有效措施之一。在经济富足、利益分配相对均衡的社会，族群融合更容易实现，而贫富差距巨大的社会，其社会冲突频繁发生，族群融合更为艰难。如北欧的丹麦、瑞典等国都十分重视利益均衡分配，有效地促进了族群融合。这正是各国各地区持续大力发展经济的原因。这正契合历史唯物主义中的基本理论，即经济基础与上层建筑的一般规律：经济基础决定上层建筑，上层建筑反作用于经济基础，并影响着国家意识形态的建构。

在新的社会制度中，社会生产力的发展非常迅速，生产将以所有人的富裕为目的。生产力的快速发展与彻底解放是实现共同富裕的必要条件。正如前文所言，生产力发展推动社会演化历程，生产力创造的物质财富是社会发展的必要前提条件。消除私有制、一切剥削制度与两极分化是共同富裕的基本思想。消除资本主义私有制，建立社会主义公有制，是实现共产主义与共同富裕的基本路径。但是，共同富裕并不代表社会中财富的平均分配，而是消除社会中的两极分化，消灭剥削，真正实现人的全面自由发展。例如，按劳分配的阐述很好地论证了共同富裕是基于个体劳动贡献率而进行的社会分配。共同富裕指的是社会的一种整体形态。对于社会中的弱势群体，可根据罗尔斯的"社会家庭共同体"的差异原则对其进行救助，以达到社会整体的共同富裕。共同富裕的本质在于基于生产资料公有制，

不断解放和发展生产力，创造出极其丰富的商品和服务，满足所有劳动人民的物质需求[182]。

基尼系数是当前全球范围内，普遍用于衡量国内贫富差距的指标。人们普遍认为系数 0.4 为国民收入差距与贫富差异的警戒线。我们可以看到，系数低于 0.4 的国家，国内财富分配相对平等，社会相对安定。在某种程度上，当前某些国家已逐步实现共同富裕的目标，例如北欧的一些国家已达到全民共同富裕的目标，其社会稳定、族群融合，成为世界瞩目的宜居国家。此外，经济的富足使人们能摆脱物质财富的束缚，转向精神文明建构。认同主流文化、承认族群文化的差异是族群融合的核心，而这一切均依赖于经济的繁荣与物质的丰富。

二、道德共识是实现族群融合的核心

随着全球城市流动人口的增加以及区域内多民族、多种族共存现象的增多，建立不同族群共同认同的社会道德共识，成为族群融合的核心。文化融入不仅包括语言、规范习俗，还包括价值认同。区域内，尤其是跨区域不同族群间民众的思想意识融合尤为重要。思想意识形态的建设历来是所有政府关注的焦点问题。党的十八大提出了我国社会主义核心价值观："富强、民主、文明、和谐、自由、平等、公正、法治、爱国、敬业、诚信、友善。"这 24 个字代表着我国政府对民众思想意识形态建设的引导，是构建我国社会"道德共识"的核心，更是实现族群融合的关键。

"思想、观念、意识的生产最初是直接与人们的物质活动，与人们的物质交往、现实生活的语言交织在一起的。观念、思维、精神交往在这里还是人们的物质关系的直接产物，表现在某一民族的政治、法律、道德、宗教、形而上学等语言中的精神生产也是这样。"[183] 价值认同是道德共识的核心所在，是不同民族、不同阶层融合的核心。品格与素质的培育是价值观形成与达成道德共识的主体。只有达成有价值认同的道德共识，才是解决社会中多阶层冲突问题的有效途径。对于道德共识的培养与形成，政府与企业、学校与社会都肩负着不可推卸的责任与义务。以新加坡为例，新加坡由于有着长期的殖民统治生涯，其多民族多种族聚集的情况尤为突出。华人、马来人、印度人、欧亚混血族裔等共同生活聚集在这个

国家，使得"民族融合"与"多元化和谐共处"始终处于其城市治理的核心位置。20世纪50年代，新加坡因种族隔阂所导致的暴乱事件频起。从"玛利亚事件""反全国服务暴动""福利巴士暴动""华文中学暴动"到1964年导致新加坡脱离马来西亚的"种族暴乱"（华人与马来人）事件，均表明新加坡一直深受族群隔离之害。因此，自20世纪60年代起，新加坡将族群融合摆在了城市治理的首要位置，并致力于新加坡全社会"价值共识"与"道德共识"认同的建构，效果显著。"一个民族，一个国家，一个新加坡"，印在新加坡政府1991年颁布的《共同价值观白皮书》的显要位置。政府大力倡导五大价值观："国家至上，社会优先；家庭为根，社会为本；关怀扶持，同舟共济；求同存异，协商共识；种族和谐，宗教宽容。"从这五大价值观中不难看出新加坡政府对"道德共识"理念的倡导。可见，族群融合对于多族群共存的新加坡而言，是立国之本。

道德共识同样体现于城市空间规划理念中，有什么样的规划意识，就会规划出什么样的空间结构。现今，城市规划多以"互利与共生"作为城市空间规划的核心价值观。共生的核心在于"双赢与共存"。不同城市空间由于功能不同，其设计侧重点也不同，譬如居住区的宜居性、商业区的聚集性、工业区的效益性、行政区的效率性等。"双赢与共存""互利与共生"是维持城市不同功能区域间连续性的必要原则。不同区域、不同功能的空间应通过沟通与协作产生的正面效应，达到真正的融合与共生。城市空间建构应通过充分了解各空间区域的核心利益与基本问题，确定各空间区域之间的内在联系，设计出符合人类需求的"有机空间"。例如，工业区和商业区的联合应注重生态效应与聚集效应的联合，规划出符合自然生态环境需求的工业生产区（考虑地势、气候等）。人口密集的商业区应充分考虑安全隐患，使城市空间、景观、建筑、人类与生态环境完美地融合于一体，形成独具特色的现代化城市。可见，价值意识同样体现在空间规划与结构上，是治理空间分异的有效路径之一。

三、政策主张是实现族群融合的保障

社会公平、社会融合、社会和谐是所有公众最基本的生存诉求。政府的政治愿景与群体融合的契合度，是决定社会群体融合的主要因素和驱动力。政府是政策设计与执行的主体，在城市空间分异治理方面起着决定性作用。同时，有效的居民保障制度、救助政策以及住房分配等公共政策的设计与实施，是实现族群融合的有力推手。从政府层面上坚定社会融合的政治愿景，从公共政策上致力缩小区域内的贫富差距，实现社会平等与族群融合，制定符合人类与城市共同发展诉求的族群政策，是治理城市空间分异的有效途径之一。

关于政策对族群融合的关键性。美国学者贝利指出："族性确定了城市的利益群体，并在城市的公共政策制定中被认可，以及受到政客和已建立的制度的支持。"[184]我国学者姚尚建也指出，城市制度的坚硬是决定族群城市隔离或融合的关键。"一般情况下，在城市政府看来，族群与外来流动人口并无不同，族群城市隔离的背后，是城市制度的坚硬。"[185]政府对城市的建设拥有毋庸置疑的决定权，其拥有运用政治权力对城市资源分配的权力，以及对不同族群制定相应对待政策的权力。从政策制定与制度制约角度，户籍制度的制定、流动人口的管制，均体现出政策制定在城市发展进程中对族群融合的重要性。

"权变族群政策"的制定，在保障族群融合的基础上，应根据不同国家、不同城市、不同族群的现实情况，制定具有针对性的、权变的族群政策。其具体制定应遵循以下几点原则：

首先，政府应依据专家意见和技术理性，对族群融合政策的制定进行整体考量。例如，我国历史悠久、民族众多、融合发展历程漫长、族群存在贫富差距，针对我国社会民族现实情况制定了"民族平等、团结和共同繁荣"的民族政策；同时相应制定了新疆、西藏等地少数民族教育扶持、经济扶持等众多脱贫政策。

其次，权变因素的考量。在不同国家、不同区域，族群的现实情况是极具差异性的。例如，美国的发展史又可看作是一部移民的变迁史，其移民种族众多，白人、黑人、黄种人等有色种族组成了美国社会这一共同体。故其混合居住模式倡导种族分散居住，以达到族群融合。我国种族相对单一，但民族众多，拥有56个民族，其中汉族约占我国总人口的92%。因此，我国现行的混合居住模式，以贫富阶层混合居住为主。对于少数民族聚集区，实行"民族区域自治"，在弘扬其民族文化的同时充分融入汉文化。可见，不同区域的民族政策制定应因地制宜，充分考虑权变因素与现实情况。

族群融合在不同的政治体制、不同的国家民族、不同的文化背景中，具有不同的实现途径。族群融合政策的具体措施，要根据不同的社会形态有所侧重。如美国社会中频繁发生的种族矛盾注定其族群融合是基于多元文化的融合，而我国社会的族群融合更趋向于同化融合模式。普适性的族群融合模式显然并不存在，但族群融合的理论主旨却是基本相似的。尽管现实社会中无法实现绝对的族群融合，然而和谐共存与社会发展始终是我们不懈追求的奋斗目标。

第二节　混合居住是治理城市空间分异的具体措施

从社会发展与城市形态演化的历程中，我们不难看出，无论在何种社会体制下，种族差异、贫富差异和文化差异均将直接导致社会分层的出现，而社会分层所导致的居住隔离，又直接体现在住宅市场分化上。

混合居住模式是目前解决住宅市场分化的主要办法，它起源于英国，普及于欧洲，盛行于美国，在西方各国住宅市场中占据主导地位。混合居住模式提出的初衷是试图缓解与治理居住隔离和阶级冲突现象。这与国家的住宅分配制度是密不可分的，旨在将不同阶层、不同职业、不同文化背景的居民通过政府住宅规划等措施，使其共同居住在不同阶梯价位的混合居住功能区内，从而达到居住融合。如"田园城市"的设想、"邻里单位"的验证，都在试图探索和论证混合居住模式的可行性。由于欧洲整体社会福利水平较高、贫富差距较小、文化背景相似、种族隔阂不大、社会道德共识较高，故而混合居住模式推行得十分理想。但在美国，由于种族隔阂、贫富差距较大，居住隔离以及族群心理隔离现象普遍，所以，混合居住模式的推广在美国变得缓慢而艰难。运用混合居住模式解决空间分异问题的具体措施可归纳为如下几点：

一、资源共享是实现混合居住模式的前提

公共资源是一种城市全民共享的社会资源，是社会全民自我组织或由政府主导所进行的集体创造的产物，理应在分配与使用上保证全民的公平性。公共资源可分为有形公共资源与无形公共资源两类。有形公共资源主要是自然资源，如水资源、

森林资源和空气等；无形公共资源主要是在长期的生存发展中形成的文化资源。城市中有形公共资源的开发以及无形公共资源的创建皆源自集体力量，理应由全体社会成员共同占有。这就定义了城市共享资源的公有属性，"没有一个人对任何特定资源的使用和处置拥有专属控制权"，这一特点与私人财产有着本质区别[186]。但是，大卫·哈维在美国马里兰州最大城市巴尔的摩发现，城市中如雨后春笋般出现的高楼大厦及配套完备的基础设施并不完全是为了满足人们的生存需求而建立起来的，而是出于使资本无休止地运转下去、获得最大利润的目的。在城市化建设中产生的过剩资本可通过加大对物质基础设施（住房、交通运输网络等）投资的方式来增加资本周转时间，从而延缓经济危机的爆发。但地域是有限度的，资本主义城市不可能无限度地持续扩张下去，对城市空间进行扩张与重新规划成为必然。整齐、崭新的高楼大厦必然以销售的方式不断为资本主义带来更多的资本积累，周边配套的公共设施则变成了影响地价与房价上涨的直接因素。资本主义热衷于进行房地产投资，导致城市空间不断地向外扩张，传统街区被摧毁重建，自然资源不断被挤占，城市中出现了一幢幢密集、整齐的高楼，形成了一个个封闭而独立的新的社区，各社区拥有独立、隔离的门禁。不同的房价也促使城市形成不同的空间分化与隔离的状态。然而，公共资源共享是打破这一僵局的手段之一。

城市公共资源包括学校、医疗、交通、商业等有形资源配套设施。现代化城市共享资源的创造应有效整合社会力量，发动多方积极性和主动性，以政府的有形之手、市场的无形之手和城市居民的勤劳之手形成合力，协同合作完成。公共资源共享首先应以公共交通网络站点为基准进行建设，在附近兴建配套生活设施，满足不同收入人群的生活需求。一般来说，应采取"大配套，小社区"的思路，除了在社区内设有满足居民日常需求的保健所、幼儿园、街区公园等设施之外，5个交通站点之内还应配套满足居民需求的大型教育、医疗、商业公共设施，使居民能够共享社会资源改革的红利。同时，政府应大力提倡建设混合居住社区，形成私有住宅与保障房一体化的社区模式。

在网络日益发达的今天，公共资源共享形式已从建设有形资源配套设施转向无形共享资源。共享型城市的发展，首先应当通过大数据平台，实现城市交通、公共设施、公共服务等诸多方面的信息共享。例如，开放政府的数据库，帮助政府更好地为公众提供公共服务，同时也有利于拓宽公众获取共享资源信息的渠道，进一步提高现有公共设施的共享能力，增加共享途径，加强政府与产业部门的合作和协调，整合共享型公共资源。

目前，我国城市的"共享经济"是"共享资源"分配的一种新形式，并已成为社会服务行业内最重要的一股力量。在住宿、交通、教育服务以及生活服务及旅游领域，优秀的共享经济公司不断涌现：从宠物寄养共享、车位共享到专家共享、社区服务共享及导游共享，甚至移动互联强需求的 wifi 共享。新模式层出不穷，在供给端整合线下资源，在需求端不断为用户提供更优质的体验。但"共享经济"在快速发展的过程中衍生出一系列问题，安全、监管、损耗等诸多问题不断显现，说明"共享经济"与"共享资源"的发展仍任重而道远。

"资源共享"不是一句口号，而是一种理念与认知的转变。对城市而言，城市最初产生的目的之一就是使更多居民可共享城市所拥有的优质公共资源，进一步推动城市的繁荣与发展。从真正实现资源共享这一方面而言，如何满足不同阶层对空间的需求，真正实现资源信息互通，是混合居住模式需要解决的首要问题，更是居民实现城市权利的体现。不同的空间区域应通过不同的空间规划方式提高空间效率，实现真正的资源共享，从而走上理想的城市空间分异治理路径。

二、多户型同质规划是实现混合居住模式的基本原则

融合理念应始终贯穿于混合居住社区规划设计中，以多户型住宅和同等质量规划为基本原则。多户型规划设计要能够满足不同收入人群的实际需求。对于保障性住房，政府可以采取财政补贴的形式予以实现。住宅建设质量应一视同仁，在一定程度上体现社会公平，以促进不同社会阶层居民的情感融入和价值认同。同时，在混合居住社区的规划设计中，应注重不同户型之间的连廊和公共露台规划设计，以及连接不同住宅单元和楼宇架空层的运动场所、休闲空间等公共娱乐设施的规划，以增加居民的交往和接触物质空间。这种规划设计在新加坡的混合居住中取得了巨大的成就，对推动新加坡多民族融合的进程做出了重大的贡献，值得我们借鉴。混合社区规划理念应充分考虑下列因素，以加强不同阶层民众沟通和交往的机会，达到真正意义上的族群融合。

（1）通过质量验收与信用评价保障同质化住宅建设。住宅产品质量的监测应由政府和居民共同参与，形成"政府质量检验为主，居民实际居住体验为辅"的共同监督模式，以保障住宅同质化。住宅产品验收以政府职能部门为主进行质量验收。同时，住宅投入使用后，由居民的住宅使用体验与报修次数，形成对开发商的信用评价，并将其信用评价纳入土地出让的评判准则系统之中。信用等级低于一定级别的开发商应限制其获得土地开发权、制约其再次开发或予以处罚。

（2）开发多户型住宅空间，满足不同阶层居民的需求。畅通、自由的多信息沟通渠道应为多户型同质规划的基本要素。混合居住并不是无差异化地均分住宅空间，而是充分认识到不同居民的多样化需求。例如，美国提倡通过"小分散"模式将社会低收入阶层融入中等收入阶层社区，并通过连接空间实现不同阶层的沟通交流。这类似于日本的缘侧空间，在满足私密性的基础上设计出空间的连接地带，以促进民众的沟通与交流。这类空间既可连接室内，又可连接室外的结合区域，具有交互性与融合的功能和性质，可以将室内外的环境更好地融合为有机整体，是现代城市空间融合的重要因素。因此，城市空间在规划与设计的过程中可充分运用缘侧空间的理念，对不同区域、不同功能的空间进行协调与对接，实现多户型空间的连接与交互。如利用绿地、公园、交通枢纽等公共设施来连接不同的空间区域，努力达到城市空间的"有机一体化"。

三、改变土地供给方式是实现混合居住模式的保障

土地是城市空间与混合居住的基本载体。由于地租的差异，城市不同区域住宅建设的成本不同，最终导致区域空间的隔离。正是通过"房价的过滤"，城市不同区域的住宅空间才产生了同质聚集的社会现象。在级差地租的影响下，不同阶层的居民聚集在不同地租的区域中，公共资源分配不公，社会矛盾进一步激化。可见，要实现族群融合、混合居住，应改变土地供给方式，通过政策的宏观调控引导城市空间格局的形成。从基本原则而言，政府应通过以下几个方面对土地供给方式进行调整，促进混合居住的实现。

（1）宏观土地规划调控。城市在进行整体规划与扩张规划的过程中，应充分考虑到跨阶层交往的可能性。城市整体规划应采取"多中心"规划的理念，避免

城市出现单一中心导致的地价高涨。政府应进一步加强对土地市场的监控，明确国土资源出让的各项标准。例如，从土地出让源头对城市不同区域的土地使用功能进行调控，避免同一区域大块住宅用地的转让，以防止城市中同一区域同一阶层大量居民的聚集。同时，对土地的产出，即生活空间的出让价格进行宏观监控，合理促进同一区域内各类空间互补，合理优化空间结构。

（2）住宅模式配额制。政府应对混合居住社区进行充分的验证，建立住宅模式配额制，以推动混合社区的实现。在种族差异导致的空间隔离区域，提倡居住族群配额制。以新加坡为例，新加坡在其"居者有其屋"计划中将住房分配与族群比例挂钩，以便真正地实现混合居住，避免同族群的过量聚集，以免产生社会与心理空间隔离。新加坡政府于1989年3月颁布的族群整合政策中明确规定，住房的分配与转售必须严格遵守族群配额原则。这代表着政府分配房屋之后，房屋的出售与出租必须根据社区的族群配额进行，当某族群的配额满额后，这一区域内的房屋将无法出租和出售给满额的族群。区域内族群配额的实时信息将每月更新于建屋发展局官网供民众实时查阅。另外，新加坡政府鼓励居民通过异族通婚与生育来改变自身的族群，促进真正的族群与文化融合。在贫富导致的空间隔离区域，可通过改变住房开发模式来加强对住宅空间的调控与监管。例如，住房独立开发建设模式应转变为商品房用地与保障性用地相结合的开发与建设模式，强制性要求在商品房建设中必须涵盖一定比例的保障性住房。在西方发达国家的住宅建设中，保障性住房的最低比例是20%，并根据项目中保障性住房所占的比例，调整对开发商的政策补偿。在我国，可考虑运用政策调控手段，适当提高混合住宅项目中保障性住房的比例，推广混合居住模式。

（3）公共配套设施的匀质性。中国2010年上海世界博览会的主题"Better city, better life"（城市，让生活更美好），体现了人们对美好生活的追求，更体现出城市优质资源与良好的生活环境是人类聚集于城市生活的基本诉求。区域内公共配套设施的投资是引导居民选择居住空间的重要考量因素之一。基于空间救济原则，政府对城市弱势群体应本着"社会家庭共同体"的思想对其进行救济与补贴。例如，在城市交通便利的地段，保障性住房的产权可由政府统一收购，提倡以租赁的方式出租给低收入人群，以解决租金收益与开发商所追求的短期回报之间的冲突矛盾，并建立专门机构进行统一管理。在城市"多中心"建立规划的思想下，应注重不同区域公共配套设施的匀制化投资。如旧城区的更新、新城区的建设以及新旧城区联合区域的规划，应做到同时进行。如在城市资源有限的情况下，应提倡运用多渠道共同投资建设的方法，使公共配套区域的建设能同时进行。例如，对城市弱势群体聚集区应采取更新改造的方法，对其居住区域进行科学的分流引导，而对城市传统富人区的公共设施应采取适当维护原则。政府投资、社会募捐、企业赞助等多渠道共建，以确保城市各区域内多中心公共配套设施的均质性。

混合居住模式与土地、住宅市场息息相关，故具体实施依赖于政府管控、土地及住宅政策的主张。混合居住模式的推广依赖于政府政策的制定和实施的决心。新加坡"居者有其屋"计划的全面推行与其百分之百的社会拥房率表明了新加坡政府对混合居住模式的贯彻与实施决心。这正与新加坡一贯坚持城市空间是"人的空间"的理念不谋而合。城市的发展是全社会所有居民为了达到理想的生活状态而努力奋斗的结果。这正是"人，诗意地栖居"最好的体现，更是治理城市空间分异的基本路径。

第三节　公众参与是治理城市空间分异的有效对策

公众参与是城市治理的内在需求。通过公众参与能够有效建立一种社会关系密切、互相影响的活态公共关系网络系统。公众参与是实现公众价值认同的重要途径。它不仅有利于居民社会认同感的达成，更有利于促进不同阶层居民间的沟通，为族群融合与混合居住的实现奠定基础。美国著名的行为建筑学家奥斯卡·纽曼（Oscar Newman）在"防卫空间理论"中，将这种公众关系网络称为"街上的眼"（eyes on the street），希望借助公共参与模式，形成无形的监督和预防系统，来改变居民的生活和行为方式[187]。由此可见，如何通过提高公众参与度来建立有效的公共关系网络系统，实现族群融合和社会融合，值得我们认真考量。

一、政策设计的公众参与

在空间分异治理的政策主张与空间分配制度的设计过程中，有效地贯彻公众参与并得到公众的价值认同是十分重要的。公开、公平、公正的政府态度与双向沟通，不仅能大大提高政府的公信力，也能提高公众的"主人公"意识。

政治公平与全民参与可进一步提升城市空间分配的公平性。政府的政治愿景与群体融合的契合度，是决定社会群体融合的主要因素与驱动力。例如，新加坡一直以"廉洁、高效、公平"的政府闻名于世，政府一贯提倡民众与社会组织参与政治事件。

构建"政府—民众信任链"与"信任伙伴"模式，提高政策设计的公众参与度和政府的公信度，其根本在于政府对公众意见的反馈和处理政策。政府应建立专门的居民信息沟通渠道，并保证其处理信息的公平和有效性。为提高信息处理效率，可分区设置下级居民联系点和三级社区居民信息沟通中心。由三级社区居民信息沟通中心负责与基层居民的面谈、沟通、协调和收集信息等，然后将可行性的建议加以筛选，再报上级单位处理。同时，还需设立居民直接与政府机构沟通的渠道，以保证信息流通的有效性。新加坡政府为促进族群融合、提升居民社会认同感而设立的人民协会就是连接公众与政府的桥梁。人民协会包括下属的3个主要机构：公民咨询委员会、民众联络管理委员会以及居民委员会。公民咨询委员会负责公民直接与政府进行沟通和交流，而民众联络管理委员会以及居民委员会负责区域内民众和社区居民的文体活动建设[188]。根据我国人口众多的现实国情，公众信息沟通渠道应以分级设置为主，构建"信任伙伴"模式，推动公众参与。在参与网络中，各层应建立分层主体参与模式，政府作为"信任伙伴"模式的"核心节点"，是影响参与网络中各行为主体间信任水平的关键。政策设计中充分渗透公众参与的理念，有利于政府公信力的提升，更有利于政府在推进族群融合与推行混合居住模式时提高执行力。

在城市规划与空间分配的过程中，通过"事前主动参与"广调民意，通过"事中有限参与"确保规划制定的有效性，通过"事后全面参与"确保实施的可行性。居民的全程参与有益于避免"塔西陀陷阱"现象的产生，更有益于政府在治理城市空间分异时的民众认同与有效实施。历史上"塔西陀陷阱"的出现佐证了公信度的重要性。政治公平、全民参与、公信度提升，均可有效增强居民的城市归属感，为城市的和谐发展提供有效支持。

二、规划执行的公众参与

"政府—民众信任链"与"信任伙伴"模式的构建有助于政府政策规划的顺利实施。空间规划的实施需要强有力的执行。上层的政策主张与政策设置有赖于中层、下层工作人员的实施与执行力度。在实施与执行的过程中，公众参与可以有效降低由于民众不知情、不理解、不配合所带来的执行难度，大大提高民众的知情度、理解度以及配合度。此外，空间规划与实施执行过程中的公众参与有助于政策设计者有效识别"风险因子"，及时洞悉"一线情报"，有助于政策的顺利推进及实施改良。

创新沟通模式有利于提高信息覆盖率与普及度。提高信息覆盖率对于有效提高公众参与度是十分有用的。学校教育、社区宣传、电子信息渠道都可以使公众全面便捷地获取信息。宣传资料应由具体执行部门的企业制作，经过政府审核后印刷，最终由"信任伙伴"与社区居民点负责张贴、发放与宣传。同时，依托现今所推广的"智慧城市""智能社区"模式，通过各种移动终端设施，如手机APP等媒介与公众进行互动与沟通。通过互联网的传播，使公众更快地获取政策信息或进行信息反馈，不失为一种创新的沟通模式。例如我国政府便依托信息化平台构建了各种互联网沟通模式，"国家政府网""中国政府网"的微信公众号，各级政府部门的官网、公众号等，均体现出创新沟通模式的有效性。

同时，政府内部应该建立相关沟通准则：明确各部门的沟通责任，规定沟通的时间限制，规范沟通的汇报形式；实时处理收集的大量信息，保障决策者能及时洞悉"一线情报"。当出现意见分歧时，应建立三方参与的讨论会议机制：由政府职能部门负责领导组织，企业和居民列席参加。对当地的群众意见、项目具体实施的过程、意见分歧点以及涉及度与影响范围进行分析与论证，及时处理，以保证政策制定的正确性与执行的有效性。

从整体而言，实施过程中的公众参与不仅是一种沟通交流的方式，更促进了族群文化的融合与认同，也是公众获取知识、自我提升的平台。可以说，它在某种程度上促进了国民素质的提高，推动了人的全面自由发展。

三、文化融合的公众参与

如前文所述，城市空间分异的治理原则及具体路径选择中，充分融入了为增加民众交往所规划的各类公共空间，在空间设计与规划的过程中，充分考虑到了公共空间的交互功能。为使空间与其使用者之间最充分地互动，公共空间的规划应关注空间使用者的心理感受，使人性化的交互设计理念融入其中，通过信息的接收与反馈，促进人类的交流，达成道德共识与目标共识。"空间不仅具有物质形式和物质内容，更是人类社会关系的集合，体现的是人类对美好生活的一种诉求。"[9]人类在交流中不断求同存异，不断创造着文化，实现着文化融合。

教育作为文化融合的基础，可加强"族群融合""社会共同体"意识的培养，提高国民素质，增强国家竞争力。社会中普遍存在族群差异是人类进程中必然产生的社会现象。教育是城市发展的基本保障。亚里士多德指出，城邦与国家的兴盛与衰亡，其根本在于对公民德行与品德的培育。城邦中必须设定保障教育的具体措施，以确保教育的有效性与广泛性。"人创造环境，同样环境也创造人"是马克思的至理名言。马克思著名的实践理论不仅强调了人对世界主观能动的改造，更强调了环境对人的影响。教育环境不仅能影响人主观意识的形成，更能影响人对世界的改造，影响城市的发展与社会的形成。教育不仅具有培育、影响、改造人的功能与作用，也能促进道德共识的形成，更是文化融合的前提条件。

文化融合应以公众参与为核心，以文化活动为手段，以老年人和青少年群体为切入点，带动全民参与。公众参与文化活动是文化融合的重要形式。提高居民交往频率，能有效打破不同阶层间的心理隔阂，是文化融合的基本措施。现今社会，中年人往往由于工作繁忙和工作压力大，缺乏参与公共社交活动的热情。但青少年与老年人的公共社交活动，却能很好地带动中年人参加活动。例如，从青少年入手的亲子文化活动可有效提升家庭的参与率，以老年人为主的社会孝心行动可进一步提升中年人的活动参与度。具体可以通过组织举办各种教育、娱乐、体育、亲子活动展开。另外，文化融合活动的开展，应以政策支持为前提，以社区为主导，鼓励志愿者参与，围绕融合理念精心进行公共文化活动的策划、组织与实施。

公众参与从宏观层面而言，直接影响政府政策的制定；从微观层面而言，反映了社会的民主与公平状态。通过扩大公众参与的领域和范围，不仅能增强民众对政府的信任感，更能提高民众自身的社会认同感，在公众参与的过程中，求同存异，达成道德共识，进而实现族群融合与城市空间分异的治理。

简而言之，在对城市空间分异进行全面审视的过程中，我们不难发现，空间分异现象或显性或隐性地存在于社会发展的任一阶段。我们应该认识到，只有正确剖析空间分异现象形成与演变的历程，才能真正构建人类向往的和谐社会与实现人的全面自由发展。对城市空间治理原则与路径选择的提炼，不仅是一种尝试，更是一种对美好社会的期许与追寻。

第九章 未来城市的发展趋势：
智慧生态城市

　　高速发展的城市化进程促使城市不断向周边辐射，像巨大的磁体吸引着周围人口涌入。然而，大规模的人口增长，不仅会造成交通堵塞、居住条件差、就业困难等问题，还会造成环境污染加剧、生态环境恶化。如何满足当地需求，解决城市生活与生态中存在的问题，成为当前社会关注的另一大焦点。生态城市是人类、社会、自然协调的并具有可持续性的良性城市发展状态。生态城市的提出不仅能解决资源恶化对城市发展的瓶颈制约，更契合着现代智慧城市绿色可持续发展的要求。智慧生态城市提供了一种有效的解决方案，即在尽量减少对自然系统的影响、保护自然生态环境的同时，推广应用各种新兴的生态技术，提升人民的生活质量，确保城市可持续发展。未来城市的发展应在遵循可持续发展的生态原则上，从城市五大基本功能入手，将现代信息化技术融入城市的养育功能、生产功能、教育功能、管理功能、社交功能，努力构建智慧生态城市创新模式。

第一节　智慧与生态城市的完美结合

　　智慧社会是人类社会发展的高阶状态，智慧城市是智慧社会的主要载体。社会结构扁平化、组织虚拟化、信息透明化、产业网络化、资源社会化等，均是智慧城市发展的主要特征。智慧生态城市是在智慧城市中充分渗透环境绿色化、生态优美化，按照生态学原理进行城市规划设计而建立起来的高效、和谐、健康、可持续发展的人类宜居环境，是把新一代信息技术（互联网、云计算、大数据、社交网络等）充分运用在城市的各行各业之中的高级信息化形态的宜居城市。目前，智慧生态城市已成为当今城市发展的主要趋势。它将人性化、信息化、智慧化、生态化作为城市发展的主要原则，将"以人为本、持续创新、协调融合、共建共享、数据驱动、统筹管理、安全可控以及可持续发展"作为城市建设的基本内容，在探讨"新资源、新技术、新设施、新服务、新模式"的同时，强调人与人之间的和谐互动、人与生态之间的可持续发展，构建信息对等、权利平等、绿色管理、开放包容的理想城市空间。可以说，正是现代科技的快速发展给予了智慧城市构建的有效支撑，更给予了世人更加全面地了解城市的机会。将信息化技术运用于当今智慧生态城市的建构中，不仅有利于智慧生态城市的发展，更有利于人类"生态文明思想"建设的加速发展。

一、智慧生态城市的信息化介入

随着全球化经济的发展与随之而来的环境恶化，生态城市的理念在城市治理中的作用日趋重要。生态城市概念的正式提出源于苏联学者扬尼斯基："理想城市模式就是生态城市，在其中，人类社会各方面技术与自然环境充分融合，人的想象力和生产能力得到最高程度的发挥，最高程度地保护市民的身体心理健康和城市生活环境质量，生存物质、环境能量、社会信息高速流通，城市生态环境与外部生态环境良性循环"，并致力将生态城市的理念推广至全球城市治理的范围内，以解决区域内环境恶化、资源短缺所带来的对城市发展的制约问题。可见，智慧生态城市是一种新的城市形态，是信息化发展的产物，是由信息生产力所推动发展而达到的一种通过智慧化等现代技术手段构建的，既符合生态发展规律，又符合人类发展需求的新型绿色生态城市形态。

智慧生态城市是按照生态学原则建立起来的社会、经济、自然协调发展的新型社会关系，是有效地利用环境资源实现可持续发展的新的生产和生活方式。这与生态文明思想中坚持人与自然和谐共生，贯彻"创新、协调、绿色、开放、共享"的发展理念，坚持"绿水青山就是金山银山"等生态原则不谋而合。

智慧生态城市不仅应涵盖"物（包括自然生态）"与"人"两个方面，更应该明确两者之间的关联度。智慧生态城市应大力发展信息技术等高新科技，并充分依托信息技术等高新科技为人类提供良好的服务与创造更理想的家园。信息化技术的广泛应用促使城市的建设、管理、运行等各个领域的功能与效率大幅度提升，使城市达到一种"智慧"的状态，从而更好地为人类服务，不断满足人民日益增长的对优美生态环境的需求。例如，GPS 导航系统、生态环境监测系统、城市数字监控系统以及各式各样的信息屏、广告屏、社区的安保系统、广播系统等都大大推动着城市的快速发展。

智慧生态城市遵循"以人为本、生态为基、智慧发展"的原则，其重要特征为知识性与创新性。信息化技术带来的红利主要体现在三大方面：一是信息化技术促使社会传播方式显著进步；二是信息化技术的广泛应用为人类与社会带来了更便捷与智慧的生活方式；三是信息化技术促使当代社会与生态城市结构的全面智能化更新，有利于城市综合性管理与创新治理模式的建构。

二、智慧生态城市是城市发展的新理念、新模式

智慧与生态是当今城市建设的基本主题，代表着未来城市发展的主导方向。智慧生态城市不应是智慧城市与生态城市的简单叠加，而应是两者之间的融会贯通，具有两者叠加发挥的最大能效。它融合了智慧城市、生态城市、绿色城市、低碳城市、数字城市、田园城市和园林城市等的特点，用信息流引领技术流、资金流、人才流，提升信息采集、处理、传播、利用等能力，便于实现稳增长、调结构、惠民生、绿色环保的目标。

对于智慧生态城市的建设应遵循"以人为本、生态为基、智慧发展"的原则，构建适合人类发展的理想宜居地。如前文强调的，首先，城市应始终基于人类发展的需求而建设；其次，生态为基强调城市建设应充分考虑、保护自然生态资源，尊重自然，顺应自然的客观发展规律，不破坏自然界生物的多样性，最大限度地保护生态圈、生态系统、生态链；最后，智慧发展强调的是对信息化与智能化的应用，指的是当今城市建设应充分基于智能信息化，使信息更加透明、更加通畅，治理决策更加精准，人民生活更加便捷。

例如，充分将信息化技术渗透到城市建设的方方面面。信息化技术是信息生

产力发展到一定阶段的新型产物，它是现代科技的创新与融合，它的主要特征是集成性与交互性。它可将文字、图像、声音结合起来，形成整体的视觉感知，实现"物与人"的真正交互。互联网的加入为信息化注入了新鲜的血液与活力，显著增强了现代信息化技术的交互性。相对于传统的媒介方式，现代信息化技术可充分调动与刺激人类的感官感知，使人类能从视知觉的认知意义上真正全面感受多媒体传递的信息，避免人类在信息接收过程中由于认知差异与其他种种原因导致的信息传递损失。其中，多媒体技术便是运用图形、色彩、文字、数据、动画、音效等多种感官要素来组织、承载和传递管理信息，从而提高认知效率与增进管理效益。在根本意义上，信息化技术、多媒体技术的运用，可以看作人类感官认知融入管理过程的实践。可以说，它是一种更符合人类发展的重要信息媒介，是构建未来智慧生态城市创新模式不可忽视的重要组成部分之一。简而言之，各类信息技术的出现大大增强了信息传递的有效性与准确性，并全面覆盖、改变、影响着人类的城市生活。

智慧生态城市是在城市发展过程中，随着信息技术的出现而产生的一种全新的城市形态，是现代城市发展至更高阶段的产物。在知识社会，信息革命开创了以信息资源为关键要素的知识经济：一是信息处理和传播方式的巨大进步；二是现今的信息处理和传播方式的广泛普及化应用；三是由此对生态自然环境、社会面貌、社会状态、社会结构和社会体制的全方位、综合性和全局性改造。由此可见，知识与创新、高新科技发明与应用是推动智慧生态城市产生的核心，更是推动其发展的关键因素之一。

现代产业革命是推动智慧生态城市快速发展的另一主要特征。新工业革命是推动智慧生态城市发展的主要因素，通过创新催生新工业革命，才能真正建设出高效、低耗、可持续发展的宜居之地。我国城市建设应基于中华文化的历史底蕴，提倡天人合一、融合协调、集成创新、总体规划、顶层设计的智慧生态城市，筑造美丽中国梦。

第二节　城市的五大基本功能与"智慧生态化"

城市的基本功能是城市服务于人类的主要手段。虽然城市的治理模式会随着不同时期城市的发展而不断改变，但是，城市的基本功能却是相对稳定的，并能持久、长远、不断地发挥正面效益，为人类与城市的发展做出巨大贡献。因此，未来智慧生态城市的构建应基于城市的基本功能，充分发挥信息化、互联网的智慧化优势，结合绿色生态化的可持续发展理念，进而创建智能的、人物共存的、可持续发展的智慧生态城市。

一、城市养育功能的"智慧生态化"

养育功能是城市产生的根本。城市的起源便是人类为了满足其基本生存需求而进行的聚集，是人类为了满足衣食住行，为了延续生存、共同抵御大自然恶劣的生存条件而进行的聚集。可见，城市最核心的原始功能就在于其养育功能。

现代城市为人类提供的基本养育功能，首先体现在城市居民的居住场所上，更多地体现在当代居住空间，即建筑物的建设与规划上。智慧城市将在城市规划与建筑设计中充分利用信息化触屏技术、三维成像技术、4D 展示技术、VR 虚拟仿真等技术，设计、优化出更符合人类居住需求的城市空间。这不仅为城市的养育功能提供了更大的实现可能，更极大地推动了人类理想栖居地的实现。例如，VR 虚拟仿真技术的出现，使人类在对城市规划与建筑物设计的过程中，能更加真实地体验"虚拟建筑物的真实性"，从而大大减少规划与建筑的不足与缺陷，将全数字化类型、多媒体总体设计、3D 数字内容制作、软硬件集成、施工管理、后期维护等融入城市规划，为智慧城市构建提供必要的支持。这促使了大量专业化的企业产生，比如凡拓数字集团 [189]。图 9-1 为运用 VR 技术构建的虚拟城市规划图。

智慧生态城市必须符合自然界发展的客观规律，充分融入绿色、生态、可持续发展等理念。这不仅是城市可持续发展的必要条件，更是人类生活的必要元素。试想,脱离绿色生态的钢筋水泥世界将为人类带来什么样的居住体验？近年来,"金山银山不如绿水青山"与"生态城市"等理念的提出，均体现出城市的发展只有符合自然界发展的客观规律，才能长久可持续发展。运用信息化与智能化的先进科学技术对当地生态环境进行监测，包括对气候、空气、湿度、温度、绿色容积率等一系列生态环境指标进行现代化监测，才能将智慧化与生态化的效用发挥至最大限度。

图 9-1 运用 VR 技术构建的虚拟城市规划图

此外，在智慧生态城市空间的建设中应充分融入低碳、环保、集约等理念。例如，柏林在城市建设中充分利用网络信息化，在提高公共卫生水平、提升城市清洁水平与增强城市宜居性方面做出了巨大的成就。柏林所提出的"现代城市综合集成方案"就是通过应用智慧信息技术，试图达到改善居民居住品质、提高对气候变化的应对能力、节约能源、促进可持续性的提升等未来城市发展目标。其中，被动式节能住宅便是基于低能耗建筑而诞生的一种新型节能概念，如图 9-2 所示。该类住宅通过屋顶铺设的太阳能进行可再生能源收集与转化，为室内供电与采暖提供清洁能源支持。为了最大限度地接收阳光与能源，该建筑在设计上均为南向，并普遍采取落地窗的形式增大采光面积。同时，为了阻断室外温度，该建筑采取了三层隔热窗，并配备自动通风系统，将废热量中的可利用能源提取出来进行能源的再次转换。

综上，绿色、生态、智能、科技、创新、宜居等现代城市空间建构理念，应始终贯彻于智慧生态城市的养育功能之中。

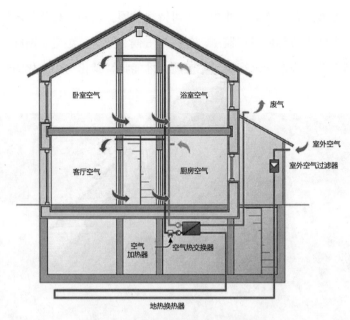

卧室空气　　浴室空气　　废气

客厅空气　　厨房空气　　室外空气　　室外空气过滤器

空气加热器　　空气热交换器

地热换热器

图 9-2　德国被动式节能住宅示意图

二、城市生产功能的"智慧生态化"

安居才能乐业，乐业则需要生产。智能化的出现极大地提高了人类生产制造的效率。在传统的城市中，生产力特指农业生产能力，比如对土地的耕作、农作物的生产等。在现代社会中，以机械设备为主的机械生产力为城市的发展做出了杰出的贡献。在智慧生态城市中，将"智能化"运用在生产制造领域，不仅可以促进机械设备的进一步研发，还有助于人类在使用机械设备时更精准地操作机械设备，环保生产，让智慧生态城市在不破坏生态环境的基础上实现更多的物质财富创造。

计算机与信息化技术可以在机械制造业中得到充分的运用，如 CAD 技术的应用。CAD 技术在生产制造业中的运用主要体现在以下两个方面。首先，CAD 技术集合了计算机的高效率处理能力与多媒体图像处理技术。它可以帮助机械制造行业在产品开采过程中完成各种复杂、重复的工作。同时，它可以提高图像的处理效率与质量，并能够显著地减少机械制造行业产品设计与开发的时间消耗[190]。具体而言，就是在产品设计的过程中，通过主要数据和参数的导入，CAD 技术可实现三维虚拟图像的全方位计算与对比，从而有助于对机械产品的设计与改良，进而提高生产效率。其次，计算机技术的应用有助于对生产制造流程的精准控制。这有助于工人在实际操作过程中，及时了解产品生产流程的每一个环节，并可以及时发现问题、解决问题。同时，企业管理人员可以通过计算机多媒体技术，实现对生产制造的远距离操控，及时解决工人在实际操作过程中遇到的问题。这均有助于生产制造的发展，更有利于新时代创新产业革命的来临。

Multi-Agent System、CAPP以及虚拟车间技术（虚拟车间系统技术架构如图9-3所示，虚拟车间系统架构如图9-4所示）的出现，代表着信息化技术对生产制造业的全面渗透。将虚拟技术运用在车间制造，是一种运用仿真技术进行生产优化的过程。它可以优化产品的设计、集成测试、分析、生产布局，增强其可靠性，甚至可以模仿车间的布局、物流的运输路径等，从而极大地优化生产流程，降低生产成本，

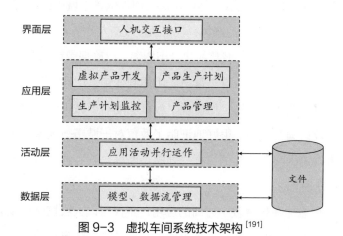

图 9-3　虚拟车间系统技术架构 [191]

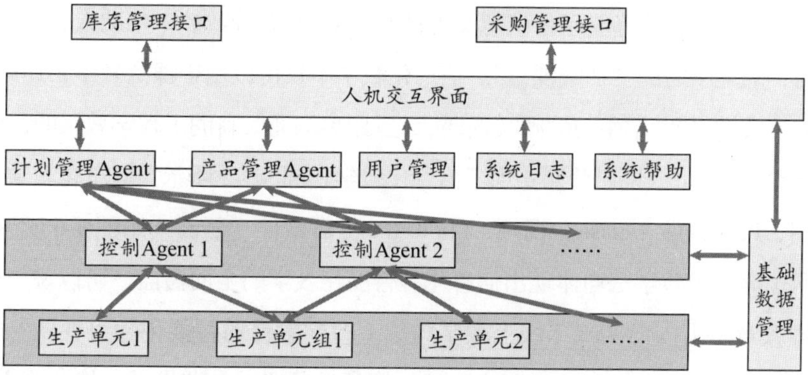

图 9-4　虚拟车间系统架构图 [191]

实现环保生产。智能技术可将繁复的制造过程变得真实、简便，更有效地推动生态城市建设，更好地彰显节能减排、保护环境等生态理念。如今，随着虚拟车间技术被广泛应用于生产制造，它已成为当代智慧生态化城市发展的坚定基础。

三、城市教育功能的"智慧生态化"

教育功能是推动城市建设与发展的关键。亚里士多德认为，城邦与国家兴盛与衰亡的根本在于对公民德行与品德的培育。城邦中必须设定保障教育的具体措施以确保教育的有效性与广泛性。教育不仅影响着人的主观意识的形成，更通过教化影响着人对世界的改造。教育具有培育、影响、改造人的功能与作用，而人是创造城市的主体。一旦城市形成，人类基本的生存需求得以满足，人类对精神、文化的需求随之演变为城市的核心需求。然而，这一切都依赖于城市的教育与教化功能。归根究底，人和环境都是教育的产物，教育通过改造人改造着世界。

亚里士多德将教育计划与城邦的建设相捆绑，以确保教育的有效性与普及性。历年来，确定教育体制，将教育与官员任用体制挂钩，广建学堂，利用各种途径和手段来宣扬正面的人性观等，均体现了教育功能对于城市建设的重大意义。我国确定的"科教兴国"战略，很好地证明了教育对于城市与国家的重大意义。人类只有把教育确定为终身奋斗的目标，才能不断地自我完善与自我发展，才能推动城市的快速发展。

信息化与智能化在教育教学方面的应用，不仅可以大大增强情境教学的有效性，更能提高学生学习的兴趣，达到最优的教学效果。信息化技术的运用拓宽了教学的渠道，使教学挣脱了传统意义上被时空束缚的"课堂"，帮助人类实现了可以随时、随地学习的"在线课堂"。信息化教学不仅可以用于课堂教学，还可以用于辅助性教学，帮助学生与教师实现课后"零距离沟通"，有助于教学效果的最佳化。

当今社会,可以说已普遍实现了信息化教学（如图9-5所示为信息化教学展示）的运用，PPT课件、Flash、视频、FluidSIM仿真软件、慕课（如图9-6所示为慕课展示）等各类教学法均体现出信息化、智能化教学的全面覆盖。可以说，目前，在世界教育范围内已实现了线上教学与线下教学融合的智能化教育模式。当前，Coursera、edX、Udacity、Stanford Online等各类慕课平台的出现，均代表着信息化、多媒体等智能技术在教育教学中的充分发展与体现。尤其是在这次新冠肺炎疫情的冲击中，信息化教学发挥着无与伦比的功效，有效保障了校园"停课不停学"，是智慧生态城市构建的有机组成部分。

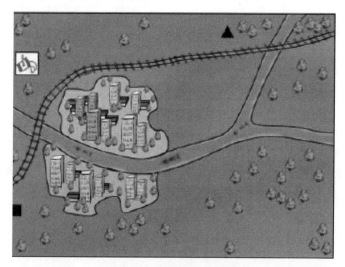

图9-5 信息化教学展示

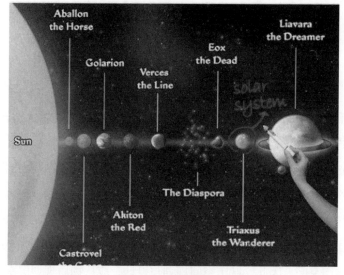

图9-6 慕课展示

四、城市管理功能的"智慧生态化"

随着信息化与城市化进程的不断加速，城市规模与人口数量不断地扩张与增加。对城市日益增加的人口与事务进行有效管理，成为城市可持续发展的先决条件。城市的管理功能就在于协调不同利益集体的利益冲突，平衡、监督、引导城市的综合发展，从而做到真正满足广大市民的基本利益，并为人类的不断发展创造有利、有序的物质环境。

智慧生态城市是基于互联网、云计算等新一代信息技术以及大数据、社交网络、Fab Lab、Living Lab、综合集成法等工具和方法构建而成的。同时，应将智能化与资源循环、资源再生相结合，实现资源、产品、废弃物三者之间的循环再生与再利用（如图9-7所示）。这其中，城市管理功能的有效性决定了生态理念能否有效地贯彻与实施。

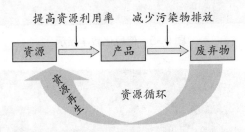

图9-7　智慧生态城市中生态理念的贯彻

归纳而言，未来城市应营造有利于创新涌现的生态，实现全面透彻的感知、宽带泛在的互联、智能融合的应用以及以用户创新、开放创新、大众创新、协同创新为特征的可持续发展。智慧生态城市的治理模式应通过以下3个维度来实现。

（1）物质分配维度的智能化介入。城市资源的公平、合理、有效分配是城市智能化的体现。城市由功能各异、形态各异的多种不同空间组成，如工作空间、居住空间、娱乐空间、休闲空间、交通空间等。它们全面构成了人类整体的生存空间，即城市空间。因此，城市空间规划与设计，应从物质规划层次对空间进行合理划分。例如，将智能技术融入遥感图像处理技术，可实现城市物理空间的全方面展示，更有助于遥感技术的实施。如图9-8所示，将遥感技术科学运用于城市空间与资源的分块处理之中，有助于城市生态环境的合理规划与优化。此外，由信息化技术介入形成的虚拟仿真与图像分割技术，有助于城市管理更加精准、高效、高产。这不仅代表着人类拥有的城市权益可更好地实现，更为智慧生态城市的建设提供了有效的支撑。

图9-8　用遥感技术对城市空间进行分块处理

（2）制度约束维度的智慧化介入。毫无疑问，构建和谐的智慧生态城市依赖于规章、制度、法律条款的监督与督促。可以说，制度的约束是智慧生态城市有效运行的保障。没有制度约束的城市管理是极不稳定的，是极易被打破的。此外，规章制度的有效贯彻依赖于广泛的宣传与沟通。其中，多媒体技术的运用可极高地提升宣传的有效性，有助于城市各项政务的有效开展。现今的智能社区建设，同样依赖于社区智能宣传栏、电视、广播、电梯宣传屏以及掌上APP等新型媒介，体现着信息化传播的有效性。

（3）道德引导维度的智慧化介入。道德价值与伦理规范是人类人文秩序的核心，对城市管理具有指引与引导的作用。如前文所述，美国著名学者简·雅各布斯提出的"城市精神"与"市民精神"很好地验证了这一点。精神文明建设是城市建设的价值规范，当代城市多通过信息化智能技术对居民的价值观进行塑造与引导。例如，通过各类信息化手段对社会主流价值观进行传播，可以进一步使国家意识与公民意识相融合，从而对公民行为进行指引，真正形成公民意识的"共识"。

五、城市社交功能的"智慧生态化"

城市是人口密集、交易频繁的集中区域,人类在城市这一社会区域中生活,当然不能忽略其社交功能。近年来,由于人类对计算机、云技术、数字多媒体的依赖,在某种程度上说,人与人之间的社交关系反而被弱化了。因此,有效运用信息化、智能化,去强化人与人之间的社会活动,是未来智慧生态城市不容忽略的另一主要功能。

针对城市的社交功能,刘易斯·芒福德曾这样描述:"城市通过它集中物质的和文化的力量,加速了人类交往的速度,并将它的产品变成可以储存和复制的形式。通过它的纪念性建筑、文字记载、有秩序的风俗和交往关系,城市扩大了人类活动的范围,并使这些活动承上启下、继往开来。"[40]这代表着城市的社会功能可以从两方面解析:一方面是过程,指的是人类在社会交往的过程中产生的社交活动,包括文化沟通与休闲娱乐活动等一系列社交活动;另一方面是成果,指的是由人类社会交往活动所产生的具体成果可进一步推动人类的社交活动。比如璀璨的文化、传统的风俗与礼仪、独具一格的建筑,这些人类社会所传承下来的宝贵遗产,不仅保留在人类的记忆里,更由城市客观地展现出来,供后人参观、游览。

"智能社交"的提出,代表着信息化技术在社交领域的拓展。微信、微博、博客、陌陌、BBS、QQ、推特、脸书、Skype、LINE 和 Instagram 等中外新型社交媒介与传播方式快速普及,使当今社会的交流方式越来越智能化。未来智慧生态城市的社交传递,应倾向于越来越接近还原真实的人类社交情景,以大数据、云计算为支撑,以保护私人隐私为安全屏障,通过人机互动实现人际互动的真实社交。同时,应关注如何使人类在智能化的社交中满足原始社交与接触的需求,真正实现城市社交功能的"新时代智慧化"。

2019 年 7 月,腾讯科技推出的"WeCity 未来城市"计划,就充分融入了"智能生态"理念。它将 CITY 解读为 Connect+Intelligent+Tool+Ecology,将"连接、智能、工具、生态"融入未来城市建设的核心区域。"WeCity 未来城市"以腾讯云的基础产品为建设基石,运用微信、小程序等工具构造出城市的"零障碍社交圈",再以"零障碍社交圈"带动"城市数字政务、城市治理、城市决策与产业互联",真正实现通过互联网社交提升城市的便利性，给未来城市生活带来丰富的可能性与宜居性，也为未来智慧生态城市的建设提供了蓝本。

城市如人，也有它的社交功能与社交地位。评论一个城市是否宜居，不仅要评估城市自身的实力，还要看它在全球经济体系中的社交能力和圈层关系。在这个新的视角下，城市自身的经济实力不再是唯一的竞争维度，更重要的是城市与其他城市的联系度。据统计，伦敦的社交能力在全球城市中排名第一，纽约的社交能力也极强，亚洲的中国香港特别行政区和新加坡的社交能力也非常出众。可见，城市自身的社交功能与居民的社交功能已成为判断城市是否步入新时代智慧生态城市的主要因素之一，更影响着人类对城市宜居性的感知。

简而言之，随着"互联网+"创新发展模式的出现、信息数字化的普及以及创新技术的全面应用，"智慧化"不仅将贯彻于这五大基本功能之中，更将贯穿于生态文明思想之中，从而真正实现其巨大的整合功效，成为未来智慧生态城市发展的新趋势。

第三节　整合效应中的共生城市建设

养育功能、生产功能、教育功能、管理功能、社交功能所产生的巨大整合效应，是未来城市建设的核心内容。这种整合效应更应以生态文明思想、低碳环保、可持续发展等理念为向导，实现全人类共同追寻的人类发展终极目标。

共生城市是智慧生态城市发展的高级阶段，代表着人与自然和谐共生。共生城市建设应始终坚持人与自然和谐共生，明确人类的发展应遵循自然生态的客观发展规律，坚持保护自然生态环境，坚持贯彻"绿水青山就是金山银山"的生态理念，并将创新、协调、绿色、开放、共享作为城市发展的核心理念，加快形成节约资源和保护环境的空间格局、产业结构、生产方式、生活方式。此外，共生城市应构建严格的生态自然保护法规与检测预警系统，用科学的信息化技术，实现智慧与生态的全面发展。这不仅是全人类共同谋求的发展目标，更关乎着人类未来的发展命运。在共生城市中，城市系统与自然系统将和谐地融合在一起，不再继续扩大对自然系统的索取，而是在尽量减少对自然系统的影响、保护自然生态环境的同时，推广应用各种新兴的生态技术，提升人民的生活质量，确保城市可持续发展。

所谓"共生"，是指两种或者多种生物之间所形成的紧密、互利的关系，存在于自然界的不同生态系统中。共生关系往往意味着对资源的最大化利用与利益最大化。人类生存的城市环境，也像一个巨大的生态系统，在组成城市的各个因素之间也存在着相辅相成、共生同存的关系。这巨大的生态系统涉及城市内所有的方面，例如交通、建筑、景观、能源、废弃物、水循环、政务服务等各方面，直接影响着人类在城市中生活的便捷性、健康性与宜居度，是未来城市发展的主要趋势与导向。

一、生态智能垃圾收集系统

垃圾是人类生产和生活中必然产生的遗弃废物，更是全球城市发展面临的最主要问题之一，也是绿色、生态、环保、宜居的主要阻碍之一。垃圾的无害化处理、垃圾与生态的有机再利用、智能垃圾分类等号召的出现与实施，都体现着现代城市对生态智能垃圾收集系统的迫切呼唤，是保障城市健康可持续运行的关键。

2020年2月，上海发布的《关于进一步加快智慧城市建设的若干意见》中提出，上海市政府将持续致力优化城市智能生态环境，加强对水、气、林、土、噪声和辐射等城市生态环境保护相关数据的实时获取、分析和研判，提升生态资源数字化管控能力；积极发展"互联网+"回收平台，完善生活垃圾全程分类信息体系，实行全程数字化、精细化、可视化管控；推动气象数据与城市运行应用联通，提升气象精准预测、预防能力。这其中提到的"生活垃圾全程分类信息体系"应为智慧生态城市的主要构成要素之一。

现行较为先进的垃圾处理系统，普遍认为是瑞典的自动真空垃圾收集系统，其运行方式是通过地下管道高速传送垃圾，孔道传感器指示何时需要清空垃圾，并确保每次只有一种垃圾通过管道。这些管道汇集到中央处理设备上，使用自动化软件将垃圾直接引导到对应的容器中。垃圾被压缩并运送到最终目的地，如垃圾填埋场或堆肥站。该系统目前已在30多个国家使用，中国的天津生态城项目以及美国迪士尼乐园与罗斯福岛就应用了该系统。

芬兰赫尔辛基的一个居住区，也在使用这套系统服务住宅和公寓大楼。该系统有助于垃圾分离和回收。每栋建筑都有一个收集点和 5 个终端垃圾箱或孔道，每个对应不同类型的垃圾，并能储存好几包垃圾。地下管网的运作方式类似于交换包裹的电信网络，每次传输一种垃圾。一旦终端垃圾箱被填满，它就会被传送到中央收集站，和其他同类垃圾堆放在一起。

该系统应用规模最大的项目，位于沙特阿拉伯的麦加大清真寺附近。斋月和朝圣时，该寺每天会产生 600 吨（大约 4 500 立方米）的垃圾，使当地的垃圾处理面临巨大挑战。而应用了该系统以后，垃圾会从遍布整个区域的 74 个终端垃圾箱自动收集，然后通过 20 公里长的管网传送到中央收集点，保证所有的垃圾收集活动都在视线看不到的地下区域进行，而且中央收集点也是远离公共区域的。自动真空垃圾收集系统已经成为欧盟资助的"智慧增长"项目的主要构成部分，旨在使欧洲变得更可持续化，在环保方面更加智能化。

生态智能垃圾收集系统基于瑞典的自动真空垃圾收集系统，融入"垃圾转化能源"的环保理念，将生态、智能、可持续发展有机融合于一体，是未来智慧生态城市发展的主要趋势。目前，美国一家能源公司正致力研发、升级一项新的技术，并已初步完成科研攻关。该技术能够将垃圾转化为清洁能源，通过使用一个垃圾汽化器，可以在不需要燃烧的情况下，将垃圾加热到极高温度，其产出物包括氢和一氧化碳，它们可以合成燃气，又称合成气。这种合成气可以用来燃烧发电，也可以制成乙醇或柴油。该公司表示，该系统可处理有机材料和无机材料，从香蕉皮、旧MP3 播放器到未经处理的污水等均可处理。

2009 年瑞典启动的斯德哥尔摩皇家海港生态城，预计 2030 年完成建设，目标是将原有的工业区改造建设为世界一流的可持续发展城市。该生态城充分融合自然、生态、智能的理念，是未来智慧生态城市发展的先驱。该生态城建筑使用封闭式垃圾自动收集系统，即利用空气作为动力进行垃圾运输，将垃圾收集过程由地面转移到地下，且完全自动化。和传统的人工回收垃圾方式相比，智能系统可减少 90% 的运输成本，且系统运行寿命可长达 30 年。在能源使用方面，生态城项目对房地产商提出了非常高的节能环保要求。斯德哥尔摩地区普通居民楼一年平均能耗最低为 140（千瓦·时）/米²，而海港生态城居民楼一年能耗不得超过 55（千瓦·时）/米²，这意味着将削减 60% 以上的能耗。其环境目标是到 2020 年实现人均碳排放低于 1.5 吨，到 2030 年完全弃用化石燃料[192]。未来的城市理想状态应是具有生态智能垃圾收集系统的可持续发展模式，能够变废为宝、改善自然生态状态、促进经济社会发展，达到社会、经济、自然完美复合的理想城市阶段。

二、绿色、生态、智慧的共生城市发展

共生是最原始的自然形态，也是最理想的社会状态。虽然中西方历史上具有不同理念的城市观，但对"共生城市"这一理念的界定和追求却是一致的。东晋文学家陶渊明的《桃花源记》将现实和理想境界联系起来，通过对桃花源的安宁和乐、自由平等生活的描绘，表现了作者追求美好生活的理想和对当时的现实生活的不满，体现了古人的"理想城市梦"。又如，我国古代的风水理论，均体现出古代人类对"自然环境与人居环境"共生的理想。19 世纪末，英国学者霍华德针对工业革命后西方城市出现的拥挤、污染、疫病流行等问题，提出了"田园城市"这一具有先驱性的城市规划思想，提倡建设一种把城市生活的优点同乡村的美好环境和谐地结合起来的田园城市。这种城市的增长要有助于城市的发展、美化和方便。当城市人口增长达到一定规模时，就要建设另一个田园城市，若干个田园城市环绕一个中心城市（人口为 5 万至 8 万人）布置，形成城市组群；最终，遍布全国的将是无数个城市组群。田园城市实质上是城和乡的结合体，它充分融合城市的便利与乡村自然生态的优美，运用山、水、城等因素构建人与自然共生的理想城市体。

首先，绿色生态是共生城市最重要的特征之一。未来城市的发展应着重于可再生能源以及建筑一体化设计、施工和运行，把太阳能、风能、地热能、电梯下降能、废弃物转化为沼气能，在一个建筑内完成协同转化利用，使建筑不仅是人类居住的空间，也是能源的发生集。如果城市的基本单元——建筑可以与能源共生，那么城市也可实现与自然生态环境的共生。[193] 城市中一切可再生的能源资源都得到均衡分配，在空间、时间上均衡地分布、循环利用。雨水收集与水循环利用的理想状态实际上就是 200 年前的西方世界或 300 年前的我国各地的状态，当时所

有的城市河流都是清澈见底、鱼虾成群的，这就意味着水体有着很强的自净能力。水生态的自净与环境的绿色覆盖率息息相关，例如新加坡的垂直绿化设计不仅对雨水、城市地下水具有缓冲功能，对空气具有净化功效，对气候具有调节功效，对城市景观具有美化功能，对提升居民生活的幸福感更具有显著功效。由此可见，山、水、城、人的和谐共生是未来城市发展的永恒趋势。

其次，多样性是共生城市的另一特征。城市是巨大、复杂的系统工程，应在有限的城市土地资源上，将城市各区间进行多功能分区布局，使稀缺的空间可以高效利用，真正实现人类居住与就业的共生。例如，将城市绿地、河道等规划成重要的城市公共空间，形成生态化的城市公共空间网格，实现海绵城市水循环、居民健康慢行无污染的交通、工业余热转化为清洁能源等。同时，通过数字化、网络化等先进现代信息技术，达到城市各子系统网格与母系统的有机整合，使城市虚拟空间与视听空间产生共生的关系。这也是未来智慧生态城市建设的主要思路。

可见，未来城市发展应融合城市各项服务，以提高城市利用效率、居民生活便利度为目标进行城市化革新。随着互联网技术的高速发展，城市服务应大力结合互联网的诸多优势，在城市管理体系建设中充分应用智能化与数字化技术，大幅提升城市利用效率，促进新型绿色制造业发展。例如，利用"数字城市"的经验，将信息技术与成熟经验相结合，可有效提升市政府部门的管理效率，实现智能化管理。智慧城市理念通过对基于互联网技术的城市交换方式进行探讨，展开城市间的商业合作，进而有效提升城市经济效益，提升城市民众生活质量，为新时代"绿色、生态、智慧"的共生城市发展奠定坚实的基础。

三、培育共生城市的自组织成长系统

"绿色、生态、智慧"的共生城市发展，应充分发挥政府部门的监管与服务职能，并极大限度地激发城市"自治能力"的发挥与"自组织成长系统"的运行。共生系统演进的主体是居民、企业、社会团体和政府，其主动力在于主体所产生的能动性、创造性，是城市朝着生态化方向演进的基本动力。虽然城市服务与生态产业协同的实现首先依靠政府顶层设计的推动，但城市系统的长久可持续发展却多依靠自下而上激发的自组织运行机制。可见，共生城市的自组织成长系统是城市

自上而下与自下而上双向融合的结晶。

自组织成长系统是共生城市最重要的特征。城市发展不仅应包括自上而下的人工系统，也应该有自下而上的自组织运行机制。在城市发展演变的过程中，城市自身所规划的组织系统会不断受到新兴事物的挑战而发生自我调整。这种具有适应性的自我调整与有序转换将形成新的城市形态与规律，我们称其为"城市自组织成长系统"。可以说，城市每一次的自组织成长所产生的生态效果远胜于一次性科学规划。但城市的科学规划却在某种程度上能快速、有效地推动自组织成长系统的形成。从简单到复杂，从低级到高级，从不共生到高度共生，通过对这类演进规律的认识，我们才能领悟到大自然的智慧。未来共生城市的规划要为具有新陈代谢能力的城市空间结构自演进奠定良好基础，而不是设置障碍。如果盲目按照开发格局来设计城市，将会给可持续发展带来障碍。因而，所有城市规划在最初设计时就该考虑如何有利于终极共生关系演进以及城市高度演进后的复杂共生体形态，为城市未来发展铺设一条正确的轨道。

首先，城市的生态环境是城市自组织成长系统的主要构成部分，包括再生能源应用、水循环、绿化空间覆盖率等方面。城市的生态环境是城市发展的基本载体与重要基础，直接影响着城市的布局、空间结构与人的生活方式。未来共生城市应将其地形、地貌、气候、水文、资源、绿化等生态自然特征与城市区位、社会、经济等的发展特征相结合，通过生态系统循环实现区域生态平衡。共生城市的生态发展应将城市水循环系统，城市建设、工业余热转化为清洁能源，绿化覆盖调节城市气候等方面，作为建设城市自组织成长系统的首要考虑因素。

其次，城市的经济、文化环境是城市自组织成长系统的内在驱动。经济发展、技术创新、社会人文是推动城市发展与个性形成的主要驱动力。任何一个城市的发展都是与区域经济、人文社会息息相关的。经济的增长对城市基础设施投入与城市产业结构、空间布局调整具有直接影响。此外，城市形态蕴含着丰富的当代社会文化内涵，体现着当代、当地人文的独特性。因此，在未来共生城市的发展历程中，"共生"这一理念需从人文社会层面融入当地城市规划与发展的理念中，在交通规划、功能分区、经济结构、建筑布局等方面，影响与改变整体城市系统，实现城市空间结构的重组，达到理想的共生状态。

最后，政治政策是城市自组织成长系统的导向性因素。政治导向是影响城市形态演化的重要因素之一。千年的城市进化史展现了王权对城市空间建构的干预性与影响性。从某种层面上而言，政治政策具有自组织成长系统，王权的更替同样具有优胜劣汰的内生性规律。未来共生城市的政治政策导向应形成积极的推动力，不仅可以稳定城市形态，更能够极大地推动共生城市的建设与发展。例如，在新加坡城市发展历程中，政府政策导向对推动绿色建筑、生态规划、空间布局具有绝对的引导与控制权，使城市自上而下形成了自循环的生态城市系统，并大力推动社会与居民自下而上维护城市自组织生态系统的运转，最终获得了闻名于世的"花园城市"赞誉，为新加坡城市经济、生态、社会带来了巨大的正面效应。

可以说，以上 3 个层次的自组织系统，其自我成长越自主，系统整体就越能够应对外界干扰，城市空间的复杂性和共生效益才能越顺利地形成。城市的发展是一个择优发展、优胜劣汰的过程，例如在遇到自然生态情况变化，或者新的功能与需求产生，又或者有新的经济因素刺激等情况下，自组织系统往往会自发地进行调节、适应与进化，进而形成更为合理的城市形态，在一段时间内形成新的平衡并逐渐固化。只有当新的外部刺激再次产生的时候才会再次调整，直至新的平衡出现。

四、实例探讨——新加坡经验

新加坡作为亚洲著名的政治、经济、文化中心之一，其政治稳定、经济繁荣、社会和谐、民主开放，是亚洲极具幸福感、公平感与归属感的宜居国家。新加坡多民族、多族裔聚集的特点使其始终将城市空间建构这一议题列为城市治理的首要任务，其在城市治理中所取得的显著成效是其他国家值得借鉴的"城市治理教科书"。

自 20 世纪 60 年代脱离马来西亚而独立以来，新加坡便开始致力发展与研究城市空间构建这一重要议题，研究如何在 724.4 平方公里的有限国土面积中容纳 400 多万居民生活。2017 年我国外交部所发布的新加坡国家概况中，新加坡的人口数量统计为 561 万。显然，新加坡有限的国土面积面临着人口不断增长的问题，城市空间建构问题始终是新加坡面临的首要难题。因此，新加坡城市重建局在政府中始终占据着不可忽视的重要核心位置。城市重建局承担着新加坡的开发、改造、规划、保护等重要职责。也许正是土地资源的稀缺使得新加坡城市空间的规划尤显重要。在这个将城市空间物尽其效、最大限度利用的国度，其城市空间构建的具体措施是十分值得我们借鉴的。

（一）以人为本是新加坡城市空间建构的首要原则

首先，如前文所示，新加坡在其城市重建局的图标设计上就将其宗旨与图标融为一体，以凸显其部门"以人为本"的目的性的明确。新加坡政府始终坚持"城市的发展"应与"人的发展"高度统一、互促互进，真正实现"理想城市家园"的构建。

（二）族群融合是新加坡城市空间治理的理论主旨

由于新加坡有着长期的殖民统治生涯，所以多民族多种族聚集的情况尤为突出。华人、马来人、印度人、欧亚混血族裔等共同生活聚集在这一区域，使得"民族融合"与"多元化和谐共处"始终处于其城市治理的核心位置。20世纪50年代，新加坡因种族隔阂所导致的暴乱事件频起，各类"种族暴乱"事件深刻地影响了城市发展的进程，促使新加坡政府将族群融合作为城市发展的根本。

（三）混合居住是新加坡城市空间治理的核心理念

新加坡成功的族群融合依赖于"混合居住"这一政策的贯彻，为不同族群的居民提供了沟通交流的机会，更为新加坡充分实现和谐社会奠定了基础。新加坡在其"居者有其屋"计划中实行严格的"族群配额住房政策"，致力于让华人、马来人、印度人、菲律宾人、高加索人、欧亚混血人等多民族多种族人群交叉居住，避免同族的过量聚集而导致的社会与心理空间隔离，以减少"种族暴乱"事件的发生。同时，新加坡政府鼓励居民通过异族通婚与生育来实现真正的族群融合。事实证明，新政府这一策略在20世纪末取得了巨大的成功。

（四）公众参与是新加坡城市空间治理的有效途径

政治公平与全民参与提升了新加坡城市空间分配的公平性。政府的政治愿景与群体融合的契合度是决定社会群体融合的主要因素和驱动力。新加坡政府一直以"廉洁、高效、公平"闻名于世，其对民众与社会组织对政治事件的参与一贯持积极与支持态度，如"议会共和制"是新加坡的政治体制，其总统由全民民主投票产生。新加坡为了加强民众与政府之间的联系，提升民众参与的积极性，广泛设立社区组织与人民协会，使得社区组织成为民众与政府之间有效沟通与协调的重要媒介，并在城市规划与空间分配中通过"事前主动与实质参与"广调民意，通过"事中有限参与"确保规划制定的有效与迅速，通过"事后全面参与"确保实施的可行性。政治公平、全民参与使得新加坡人民的归属感进一步提升，为城市的和谐发展提供了有效支持。

（五）资本调控与政府主导

资本市场的调控是城市空间治理不可忽视的重要因素。新加坡作为东南亚最发达的国家之一，其重要的地理位置、快速腾飞的资本市场使其成为东南亚乃至全球重要的交通枢纽与金融中心，其独具特色的"国家资本主义"经济模式一直是全球所关注的热点之一。资本的运营、生产力的发展对城市空间治理具有极大的影响。新加坡作为一个自然资源匮乏的国家，资本对其的重要性不言而喻。李光耀曾这样形容资本对新加坡的重要性："作为一个没有自然资源的国家，新加坡取得成功的关键在于手握资金的人或机构对该国的信心。"与"看不见的手"相比，新加坡政府在市场经济中一贯起着重要的指引、主导、调控并直接参与市场运作等作用，但这并不影响资本对新加坡城市空间布局的作用。比如，新加坡国有淡马锡控股集团，通过运用大量资本对新加坡房地产行业进行调控，体现了城市空间建构与市场调控的密切关系。

归纳而言，有什么样的人文本源、政治制度、市场需求，就有什么样的城市空间规划。新加坡在其"居者有其屋"计划中很好地贯彻了其"社会融合"的城市空间规划思想。政府在兴建公共组屋的过程中，大量设计了"居住连廊""交通连廊""底层架空层""社区娱乐室""开放型公园社区"等公共活动空间。这虽然在某种意义上提高了建筑成本，但却为民族融合带来了显著成效。新加坡成功的公共空间规划与个人居住空间分配的模式使得其"多元化族群融合"的宗旨得到了进一步的实现。

（六）"绿色、生态、智慧"的共生城市发展

过去半世纪，新加坡将"绿色、生态、智慧"的共生城市发展模式极致地融

入其城市化进程之中，赢得了世界赞颂。踏入新加坡，从机场开始，映入眼帘的就是大片的垂直绿化，包括大楼的外立面、空中花园、屋顶绿化带等。政府巧妙地把绿色元素植入城市建筑物的硬件配套中，尝试突破开辟绿化带的固有思维，开拓出不占地面土地的绿化空间。

"绿色、生态、宜居"的城市定位一直完美地贯彻于新加坡城市空间规划理念之中。例如，生态组屋中大片绿色公共空间贯穿于整个屋苑，加上错落有致的建筑风格，使得屋苑每个位置都十分通风，从而营造出恬静怡人的绿色生活空间。此外，组屋屋顶和花园普遍采用了自然采集雨水的装置，该装置遍及整个住宅空间的绿色植被，滋养着绿化植被的自然生长。这使以人为本、与自然共生的生态城市思维通过城市组屋建设表露无遗。图9-9为"绿色、生态、智慧"的新加坡共生城市一角。如图所示，大片植物与建筑物完美地融合于一体，体现出其绿色、生态、宜居城市建设的成功。

图9-9 "绿色、生态、智慧"的新加坡共生城市一角

此外，"智慧性"也很好地体现在新加坡的城市建设之中。例如，新加坡的公共交通系统非常善于利用大数据技术，政府利用全球定位系统来对公交车进行定位，以准确记录行驶路线和距离，从而缓解交通拥堵状况，并实现了对机动车的有效管理。此外，政府通过电子收费系统征收汽车税已近20年，所有交通工具上都会安装一套政府控制的微信导航系统。这套系统可以在后台随时监控汽车的位置，并提供大量可供分析的数据。在医疗问题上，新加坡一直在试验"老年人监

测系统"。这种非侵害性的系统可通过在门上及室内安装传感器来检测老年人的日常活动。一旦被监测者缺乏活动迹象或者系统监测到其他事故，系统将会立即向其家人或者专业人员发出警报，以帮助独居在家的老年人得到有效的救助。

此外，新加坡政府通过安装智能程序与传感器为居民提供日常行为数据的反馈，帮助他们合理减少水、电等资源的使用，达到节约日常开支、有效使用能源的目的。对政府来说，收集汇总这些数据可为大数据分析提供有效的分析样本，为改进城市规划、优化公租房设计和运营提供支持。同时，广泛的信息收集有助于快速判断城市的问题所在，并开发相关解决方案，为优化各类与社区服务有关的后勤、治理和运营提供更加有效、准确的决策。

他山之石，可以攻玉。新加坡的成功验证了在生态城市空间建构与空间分异治理中各项因素之间的内在逻辑与关联性。与此同时，新加坡城市生态空间规划的成功又有着众多的前提条件，这为城市空间治理增加了许多权变因素。因此，城市空间治理问题除了要考虑以上普适性的构建与治理原则，更应该因地制宜，考虑到不同城市的不同情况。

参考文献

[1] 詹和平. 空间 [M]. 南京: 东南大学出版社, 2006: 2.

[2] 吴国盛. 追思自然 [M]. 沈阳: 辽海出版社, 1998: 150.

[3] 柏拉图. 理想国 [M]. 郭斌和, 张竹明, 译. 北京: 商务印书馆, 2002.

[4] 亚里士多德. 政治学 [M]. 吴寿彭, 译. 北京: 商务印书馆, 1965.

[5] FOUCAULT M. Discipline and punish: the birth of prison[M]. Trans. Alan Sheridan. New York: Vintage, 1977: 13-14.

[6] LEFEBVRE H. Rhythm analysis[M]. London: Continuum, 2004.

[7] 恩格斯. 论住宅问题 [M]// 马克思恩格斯全集: 第 18 卷. 北京: 人民出版社, 1964: 211.

[8] HARVEY D. The geopolitics of capitalism[M]//Gregory and Urry (eds): Social relations and spatial structure. New York: St. Martin's Press, 1985: 143.

[9] HARVEY D. Social justice and the city[M]. Oxford: Blackwell, 1988: 78-90.

[10] HARVERY D. The urbanization of capital: studies in the history and theory of capitalist urbanization[M]. Baltimore: The John Hopkins Uni verity Press, 1985.

[11] 福柯. 空间、知识、权力 [C]// 包亚明, 主编. 后现代性与地理学的政治. 上海: 上海教育出版社, 2001: 13-14.

[12] 洪涛. 罗格斯与空间: 古代希腊政治哲学研究 [M]. 上海: 上海人民出版社, 1998: 256.

[13] 包亚明. 现代性与空间的生产 [M]. 上海: 上海教育出版社, 2003.

[14] 彭立群. 哈贝马斯公共领域理论探析 [J]. 安徽大学学报 (哲学社会科学版), 2008(5)：137.

[15] 列斐伏尔. 空间与政治 [M]. 李春，译. 上海：上海人民出版社，2008.

[16] RAWLS J R. A theory of justice[J]. Harvard law review, 1971, 85(8)：311-324.

[17] HARDIN G. The tragedy of the commons[J]. Science, 1968(162).

[18] 奥斯特罗姆. 公共事务的治理之道 [M]. 余逊达，陈旭东，译. 上海：上海译文出版社，2012：67-69.

[19] COASE R H. The lighthouse in economies[J]. Journal of law & economics, 1974(2)：357-276.

[20] 藤田昌久，等. 空间经济学：城市、区域与国际贸易 [M]. 梁琦，译. 北京：中国人民大学出版社，2011：11-23.

[21] TALEN E. Visualizing fairness：equity maps for planners[J]. Journal of the American planning association, 1998, 64(1)：22-38.

[22] 迪尔. 后现代都市状况 [M]. 李小科，等译. 上海：上海教育出版社，2004.

[23] 冯周卓，孙颖. 论城市空间公平及其基本维度 [J]. 湖南大学学报 (社会科学版)，2018(2)：155-160.

[24] 雅各布斯. 美国大城市的死与生 [M]. 金衡山，译. 南京：译林出版社，2005：150.

[25] 罗，科特. 拼贴城市 [M]. 重明，译. 北京：中国建筑工业出版社，2003：71-82.

[26] BURGESS E W. The growth of the city[M]. Chicago：The City University of Chicago Press, 1925.

[27] HOYT H. The structure and growth of residential neighborhoods in American cities [R]. Washington：U. S. Federal Housing Administration, 1939.

[28] HARRIS J R, ULLMAN E. The nature of cities[R]. Washington：Annals, American academy of political and social science, 1945.

[29] MURDIE R A. Factorial ecology of metropolitan Toronto[R]. Chicago：Dept. of Geography, University of Chicago, 1969.

[30] CASTELLS M. The urban question: a marxist approach[D]. London: Edward Arnold, 1977.

[31] HARVEY D. Class monopoly rent, finance capital and the urban revolution[J]. Regional studies, 1974, 8(3): 239-255.

[32] PERRY C. The neighborhood unit[R]//Regional survey of New York and its environments. New York: Committee on Regional Plan of New York and Its Environments, 1929.

[33] WILSON W J. 真正的穷人 [M]. 成伯清, 等译. 上海: 上海人民出版社, 2007: 200-235.

[34] SCHWARTZ A, TAJBAKHSH K. Mixed-income housing: unanswered questions [J]. Cityscape, 1997(1).

[35] BROPHY P, SMITH R N. Mixed-income housing: factors for success[J]. Cityscape: a journal of policy development and research, 1997, 3 (2).

[36] GOETZ E. Housing dispersal programs[J]. Journal of planning literature, 2003, 18(1): 3-16.

[37] 梅仁毅. 亨廷顿的《我们是谁?》与当前美国移民争论中的僵局 (英文) [C]// 北京论坛 (2007) 文明的和谐与共同繁荣——人类文明的多元发展模式: "族群交往与宗教共处" 社会学分论坛论文或摘要集. 北京: 北京大学北京论坛办公室, 2007: 61-92.

[38] 彭庆军. 西方城市族群居住隔离的空间整合: 理论、政策与反思 [J]. 民族研究, 2018(5): 14-29+123.

[39] 桑德斯, 袁晓辉. 基于人类生态学的城市生态系统研究 [J]. 城市与区域规划研究, 2009, 2(1): 151-170.

[40] 芒福德. 城市发展史: 起源、演变和前景 [M]. 宋俊岭, 倪文彦, 译. 北京: 中国建筑工业出版社, 2005.

[41] 宋平. 生态城市: 21世纪城市发展目标: 以南京为例 [J]. 地域研究与开发, 2000(3): 26-30.

[42] 臧鑫宇, 王峤. 可持续城市设计的内涵、原则与维度 [J]. 科技导报, 2019, 37
    (8): 6-12.

[43] 陈勇. 生态城市理念解析 [J]. 城市发展研究, 2002, 8(1): 15-19.

[44] 刘哲, 马俊杰. 生态城市建设理论与实践研究综述 [J]. 环境科学与管理, 2013,
    38(2): 159-164.

[45] 夏铸久. 公共空间 [M]. 台北: 艺术家出版社, 1994: 17.

[46] 包亚明. 城市文化地理学与文脉的空间解读 [J]. 探索与争鸣, 2017(9): 41-44.

[47] 高鉴国. 城市规划的社会政治功能: 西方马克思主义城市规划理论研究 [J].
    国外城市规划, 2003(1): 65.

[48] 黄怡. 城市社会分层与居住隔离 [M]. 上海: 同济大学出版社, 2006.

[49] 吴启焰. 大城市居住空间分异研究的理论与实践 [M]. 北京: 科学出版社, 2001: 6.

[50] 何雪松. 社会理论的空间转向 [J]. 社会, 2006(2): 39-40.

[51] 杨卡. 大都市居住问题的社会、空间分异研究 [J]. 城市观察, 2014(2): 166-174.

[52] 耿慧志. 大城市人户分离特征综述和对策思考 [J]. 城市规划学刊, 2005 (4):
    67-71.

[53] 李春敏. 近年来马克思社会空间思想研究综述 [J]. 南京政治学院学报, 2010
    (3): 121-125.

[54] 李春敏. "去居化"、空间抵抗及居住理想的重构 [J]. 天津社会科学, 2017(6):
    67.

[55] 张兵. 关于城市住房制度改革对我国城市规划若干影响的研究 [J]. 城市规划,
    1993(4): 11-15+63.

[56] 单文慧. 不同收入阶层混合居住模式: 价值评判与实施策略 [J]. 城市规划, 2001
    (2): 26-29+39.

[57] 李志刚, 薛德升, 魏立华. 欧美城市居住混居的理论、实践与启示 [J]. 城市
    规划, 2007(2): 38-44.

[58] 施昌奎. 北京吸引民间资本进入保障性住房建设的制度创新思考 [J]. 宏观经
    济研究, 2011(6): 11-18.

[59] 张祥智，叶青．我国混合居住研究进展 [J]．城市问题，2017(6)：36-45．

[60] 杨桓．空间融合：城乡一体化的新视角 [J]．社会主义研究，2014(1)：120-125．

[61] 沈洁，罗翔．郊区新城的社会空间融合：进展综述与研究框架 [J]．城市发展研究，2015，22(10)：102-107．

[62] 井晓鹏，杨伟良．城市更新中城中村空间融合探索 [J]．科技创新与生产力，2016(6)：8-11．

[63] 许鑫，汪阳．从共生到融合：大都市边缘区空间价值重塑之路：以成都为例 [J]．广西民族大学学报 (哲学社会科学版)，2018，40(1)：141-148．

[64] 王如松，刘建国．生态库原理及其在城市生态学研究中的作用 [J]．城市环境与城市生态，1988(2)：20-25．

[65] 黄光宇，陈勇．生态城市概念及其规划设计方法研究 [J]．城市规划，1997 (6)：17-20．

[66] 陈天鹏，陈雪丽．生态城市建设管理主体研究 [J]．商业时代，2007(13)：8-9．

[67] 杨立新，郭珉媛．论生态城市与科学发展观 [J]．环渤海经济瞭望，2010 (7)：37-40．

[68] 欧阳志云，王桥，郑华，等．全国生态环境十年变化 (2000—2010 年) 遥感调查评估 [J]．中国科学院院刊，2014，29(4)：462-466．

[69] 李月．城市起源问题新探：从刘易斯·芒福德的观点看 [J]．史林，2014 (6)：169-173+183．

[70] 黄苇．城市与乡村间对立的形成、加深与消灭 [M]．上海：上海人民出版社，1958：10．

[71] 马克思，恩格斯．马克思恩格斯全集第 42 卷 [M]．北京：人民出版社，1979．

[72] DURKHEIM E. Dela division du travail social[J]//Alcan, Paris. 1893. cf. Anne Buttimer. Social space in inter-disciplinary perspective. Geographical review, 1969, 59(3):418.

[73] 魁奈．谷物论 [M]．北京：商务印书馆，1981．

[74] 李斯特．政治经济学的国民体系 [M]．陈万煦，译．北京：商务印书馆，1961：

126.

[75] COHEN G A. Karl Marx's theory of history：a defense (Expanded Edition)[M].
Princeton：Princeton University Press, 2001：44, 55.

[76] 哈贝马斯. 重建历史唯物主义 [M]. 郭官义，译. 北京：社会科学文献出版社，
2000：148.

[77] 马克思. 1844 年经济哲学手稿 [M]. 北京：人民出版社，2000：92.

[78] 列宁. 列宁选集第 2 卷 [M]. 北京：人民出版社，1995：425.

[79] 马克思，恩格斯. 马克思恩格斯选集第 2 卷 [M]. 北京：人民出版社，1995.

[80] 宋峰，刘中军. 全球碳排放量 2018 年再创新高 [J]. 生态经济，2019，35（2）：
5-8.

[81] 中共中央宣传部. 习近平新时代中国特色社会主义思想三十讲 [M]. 北京：学
习出版社，2019：242.

[82] 郝佳婧. 习近平生态文明思想的原创性贡献 [J]. 中南林业科技大学学报（社
会科学版），2020，14(2)：1-6+34.

[83] 李锋，王如松. 城市绿色空间生态规划的方法与实践：以扬州市为例 [J]. 城
市环境与城市卫生，2003(16)：46-48.

[84] 吴良镛. 人居环境科学导论 [M]. 北京：中国建筑工业出版社，2001.

[85] 蒋伟. 城市传统文化与地方社区精神的失落、贫穷、遗憾与振兴、发展和回
归 [C]// 中国民族建筑研究会、全国工商联住宅产业商会. 亚洲民族建筑保护
与发展学术研讨会论文集. 北京：中国民族建筑研究会，全国工商联住宅产
业商会，2004：5.

[86] 李罕哲，李铁军. 关注群体行为的城市设计 [J]. 哈尔滨工业大学学报（社会
科学版），2008(1)：53-58.

[87] 李亚. 郑东新区和洛南新区城市空间宜居性比较分析 [D]. 郑州：河南农业大
学，2015.

[88] ASAMI Y. Residential environment：methods and theory for evaluation[M].
Tokyo：University of Tokyo Press, 2001.

[89] 梁鸿，曲大维，许非．健康城市及其发展：社会宏观解析 [J]．社会科学，2003
（11）：21．

[90] 童强．空间哲学 [M]．北京：北京大学出版社，2011：8．

[91] 童强．论空间语义 [J]．厦门大学学报，2005（4）：15．

[92] 李嘉图．政治经济学及赋税原理 [M]．北京：商务印书馆，1962：55．

[93] 黑格尔．美学：第一卷 [M]．北京：商务印书馆，1979：38．

[94] 中国社会科学院语言研究所词典编辑室．新华字典 [M]．北京：商务印书馆，
1998：4．

[95] 寇晓东．基于 WSR 方法论的城市发展研究：城市自组织、城市管理与城市
和谐 [D]．西安：西北工业大学，2006：18．

[96] 韦伯．非正当性的支配：城市类型学 [M]．康乐，简惠美，译．桂林：广西
师范大学出版社，2005．

[97] HAMMER W. Handbook of system and product safety[M]. Englewood
Cliffs：Prentice Hall Inc.，1972.

[98] Occupational Health and Safety Management Systems Guidelines for the Imple-
mentation of OHSAS 18001：2008[S]. OHSAS 18002：2008, 2008.

[99] 赵宏展，徐向东．危险源的概念辨析 [J]．中国安全科学学报，2006（1）．

[100] 弗格森．文明社会史论 [M]．林木椿，王绍祥，译．沈阳：辽宁教育出版社，
2010：18．

[101] 夏甄陶．人是什么 [M]．北京：商务印书馆，2000：9．

[102] 盖尔．交往与空间 [M]．何人可，译．北京：中国建筑工业出版社，1992：
46-47．

[103] 马斯洛．动机与人格 [M]．许金声，程朝翔，等译．北京：华夏出版社，1987．

[104] SOJA E W. Seeking spatial justice[M]. Minneapolis：The University of Minnesota
Press, 2010：70-71.

[105] 习近平．决胜全面建成小康社会夺取新时代中国特色社会主义伟大胜利 [M]．
北京：人民出版社，2017：20-26．

[106] 布鲁格曼. 城变 [M]. 董云峰，译. 北京：中国人民大学出版社，2011：90.

[107] 罗尔斯. 正义论 [M]. 何怀宏，何包钢，廖申白，译. 北京：中国社会科学出版社，1988.

[108] 李新廷. 从起点的平等到结果的平等 [J]. 武汉科技大学学报 (社会科学版)，2014(1)：57.

[109] RAWLS J. Political liberalism[M]. New York：Columbia University Press, 1993：141.

[110] 米切尔. 城市权：社会正义和为公共空间而战斗 [M]. 强乃社，译. 苏州：苏州大学出版社，2018：18.

[111] 肖特. 城市秩序：城市、文化与权力导论 [M]. 郑娟，译. 上海：上海人民出版社，2011：102.

[112] 哈耶克. 法律、立法与自由 (第 1 卷) [M]. 邓正来，张守东，李静冰，等译. 北京：中国大百科全书出版社，2000：55.

[113] 马克思，恩格斯. 马克思恩格斯全集第 3 卷 [M]. 北京：人民出版社，1960：37.

[114] 许德明，朱匡宇. 文明与文明城市：《全国文明城市测评体系》研究 [M]. 上海：上海人民出版社，2005：19.

[115] 奥沙利文. 城市经济学 [M]. 周京奎，译. 北京：北京大学出版社，2008：2.

[116] 任少波. 城市：集聚化交易的空间秩序：关于城市本质的制度经济学理解 [J]. 浙江大学学报，2012(7)：157.

[117] 梁琦. 空间经济学：过去、现在与未来 [J]. 经济学，2005(3)：1077.

[118] 赛维. 建筑空间轮：如何品评建筑 [M]. 张似赞，译. 北京：中国建筑工业出版社，2006：173.

[119] WILSON W H. The city beautiful movement[M]. Baltimore：The Johns Hopkins University Press, 1989：92.

[120] 田名川. 当代中国城市秩序研究 [D]. 天津：天津大学，2013：3.

[121] 杨柳. 风水思想与古代山水城市营建研究 [D]. 重庆：重庆大学，2005：123.

[122] 方可. 解读美国大城市生与死 (上) [J]. 北京建筑规划，2006(2)：47.

[123] 马克思，恩格斯．马克思恩格斯文集第9卷[M]．北京：人民出版社，2009：421．

[124] 黄英贤．试论原始社会史分期[J]．华南师范大学学报（社会科学版），1979（4）：63-70．

[125] 张云飞．马克思东方社会结构理论："亚细亚生产方式"的科学扬弃[J]．社会科学研究，2004（4）：11．

[126] 沈聿之．原始社会多空间居住建筑探讨[J]．考古，1999（3）：53-64．

[127] 柴尔德．考古学导论[M]．安志敏，安家瑗，译．上海：上海三联书店，2008：25-31．

[128] 向岚麟，陈康琳，尹伟．从景观要素看中外城市起源时期的形态及内涵[J]．新建筑，2017（6）：106．

[129] 纪晓岚．论城市的基本功能[J]．现代城市研究，2004（9）：34-37．

[130] 自然科学大事年表编写组．自然科学大事年表[M]．上海：上海人民出版社，1975．

[131] 黄志宏．城市居住区空间结构模式的演变[D]．北京：中国社会科学院研究生院，2005：100．

[132] 皮雷纳．中世纪的城市[M]．陈国樑，译．北京：商务印书馆，1985：35．

[133] 威廉斯．关键词：文化与社会的词汇[M]．刘建基，译．北京：生活·读书·新知三联书店，2005：4344．

[134] 黄志宏．世界城市居住区空间结构模式的历史演变[J]．经济地理，2007（2）：245-249．

[135] 马克思，恩格斯．马克思恩格斯选集第1卷[M]．北京：人民出版社，1995：277．

[136] 鲍姆．工业与帝国：英国的现代化历程[M]．梅俊杰，译．北京：中央编译出版社，2016．

[137] 阿诺斯．全球通史[M]．吴象婴，梁赤民，译．上海：上海社会科学出版社，1999：553．

[138] 庄解忧. 英国工业革命时期人口的增长和分布的变化 [J]. 厦门大学学报，1986 (3)：89-97.

[139] CHOLDIN H M. Cities and suburbs[M]. [S. l.]：McGraw-Hill Book Company, 1985：11.

[140] 王世伟，等. 智慧城市辞典 [M]. 上海：上海辞书出版社，2011：8.

[141] Forrester Research. Helping CIOs understand and "smart city" initiatives：defining the smart city, its drivers, and the role of the CIO[R/OL]. Forrester Research, Inc. , 2010[2011-12-20].

[142] CARAGLIU A, BO C D, NIJKAMP P. Smart cities in Europe[J]. 3rd Central European conference in regional science, 2009：45-59.

[143] 陈柳钦. 智慧城市：全球城市发展新热点 [J]. 青岛科技大学学报（社会科学版），2011(1)：8-16.

[144] 赵大鹏. 中国智慧城市建设问题研究 [D]. 长春：吉林大学，2013：71-72.

[145] 李重照，刘淑华. 智慧城市：中国城市治理新趋向 [J]. 电子政务，2011(6)：13-18.

[146] 张小娟. 智慧城市系统的要素、结构及模型研究 [D]. 广州：华南理工大学，2015：160.

[147] ADAMS R M. The evolution of urban society[M]. [S. l.]：Aldine, 1996：127.

[148] 徐春燕，智慧城市的建设模式及对"智慧武汉"建设的构想 [D]. 武汉：华中师范大学，2010：10.

[149] 李德仁，姚远，邵振峰. 智慧城市中的大数据 [J]. 武汉大学学报：信息科学版，2014(6) .

[150] 郑杭生. 社会学概论新修 [M]. 北京：中国人民大学出版社，1998：12.

[151] 当代中国社会阶层研究课题组. 当代中国社会划分为十大阶层 [J]. 政工研究动态，2002(Z1)：15.

[152] 宋兰萍，车震宇. 2000 年以来国内外城乡空间分异研究述评 [J]. 建筑与文化，2018(11)：75-77.

[153] 余佳，丁金宏. 大都市居住空间分异及其应对策略 [J]. 华东师范大学学报，2007(1)：67-72.

[154] 黄怡. 城市居住隔离及其研究进程 [J]. 城市规划汇刊，2004(5)：65-72.

[155] 马克思，恩格斯. 马克思恩格斯选集第 2 卷 [M]. 北京：人民出版社，1995：573.

[156] HARVEY D. The urbanization of capital[M]. Oxford：Basil Blackwell Ltd.，1985：3-8.

[157] 哈维. 后现代的状况 [M]. 阎嘉，译. 北京：商务印书馆，2003：232.

[158] 哈维. 新帝国主义 [M]. 初立忠，沈晓雷，译. 北京：中国社会科学出版社，2009：73.

[159] 哈维：希望的空间 [M]. 南京：南京大学出版社，2006：190.

[160] 福柯. 另类空间 [J]. 王喆，译. 世界哲学，2006(6)：52-57.

[161] 包亚明. 权力的眼睛：福柯访谈录 [M]. 严锋，译. 上海：上海人民出版社，1997.

[162] 福柯：规训与惩罚 [M]. 刘北成，杨远婴，译. 北京：生活·读书·新知三联书店，1999.

[163] 何雪松. 空间、权力与知识：福柯的地理学转向 [J]. 学海，2005(6).

[164] 福柯. 性史 [M]. 黄勇民，俞宝发，译. 上海：上海文化出版社，1988.

[165] 谢立中. 现代性后现代性社会理论 [M]. 北京：北京大学出版社，2004：161.

[166] 包亚明. 都市与文化 [M]. 上海：上海教育出版社，2005：43.

[167] LEFEBVRE H. The production of space[M]. Trans. Donald Nicholson Smith, Malden, MA：Blackwell Publishing, 1991：64.

[168] 黄凤祝. 城市与社会 [M]. 上海：同济大学出版社，2009：197.

[169] LEFEBVRE H. The urban revolution[M]. Minneapolis：University of Minnesota Press, 2003.

[170] HALL P. Sociable Cities[M]. London：Wiley, 1998.

[171] 胡锦山. 20 世纪美国城市黑人问题 [J]. 东北师大学报 (哲学社会科学版)，

1997(5)：36-42.

[172] 李建新，任强，吴琼，等．中国民生发展报告2015[M]．北京：北京大学出版社，2015.

[173] 吴启焰．城市社会空间分异的研究领域及其进展 [J]．城市规划汇刊，1999(3)：23-25.

[174] 吴庆华．城市空间类隔离：基于住房视角的转型社会分析 [D]．长春：吉林大学，2011：55-56.

[175] 庄德林，张京样．中国城市发展与建设史 [M]．南京：东南大学出版社，2002：16.

[176] 杜德斌．论住宅需求、居住选址与居住分异 [J]．经济地理，1996(3)：82-90.

[177] 胡锦涛．坚定不移沿着中国特色社会主义道路前进 为全面建成小康社会而奋斗 [M]．北京：人民出版社，2012：24.

[178] 王浦劬，臧雷振．治理理论与实践：经典议题研究新解 [M]．北京：中央编译出版社，2017：4.

[179] 杨菊华．从隔离、选择融入、到融合：流动人口社会融合问题的理论思考 [J]．人口研究，2009(1)：17-19.

[180] ENTZINGER H, SCHOLTEN P, PENNINX R, et al. Intergrating immigrants in Europe：research-policy dialogues[M]. Springer：Springer Open, 2015.

[181] ALBA R, 2003. Remaking the American mainstream：assimilation and contemporary immigration[M]. Boston：Harvard University Press.

[182] 苏畅．马克思主义共同富裕思想与我国的实践路径研究 [D]．北京：中共中央党校，2018：22.

[183] 马克思，恩格斯．马克思恩格斯选集第1卷 [M]．北京：人民出版社，1972：30.

[184] 贝利．比较城市化 [M]．顾朝林，等译．北京：商务印书馆，2008：90.

[185] 姚尚建．城市场域中的族群认同与权利保障 [J]．民族研究，2017(5)：17-26+123.

[186] 关巍，崔柏慧. 大卫·哈维城市"共享资源"理论研究 [J]. 渤海大学学报 (哲学社会科学版)，2019，41(3)：78-82.

[187] NEWMAN O. Defensible space：people and design in the violent city [M]. London：Architectural Press, 1973.

[188] 程庆云. 城市多族裔共存视角下的新加坡：住房民族一体化政策研究 [D]. 北京：中央民族大学，2015：36-37.

[189] 凡拓：城市规划多媒体展馆专业服务商 [J]. 城市规划，2014，38(6)：105.

[190] 甘露，雷梁. 计算机多媒体技术在机械制造行业中的应用 [J]. 科技资讯，2016，14(1)：31-32.

[191] 薛立功. 基于多智能体的数字制造软件平台关键技术研究与实现 [D]. 武汉：武汉理工大学，2011.

[192] 屠锐. 走访未来的"共生城市"：瑞典斯德哥尔摩皇家海港生态城 [J]. 公关世界，2014(8)：42-43.

[193] 仇保兴. "共生"理念与生态城市 [J]. 城市规划，2013，37(9)：9-16+50.